P. N. Sprengels

Handwerke und Künste in Tabellen.

Mit Kupfern.

Fortgesetzt von O. L. Hartwig.

Funfzehnte Sammlung.

Berlin,
im Verlag der Buchhandlung der Realschule.
1777.

Vorerinnerung.

Nach dem gegebenen Versprechen endiget diese funfzehnte Sammlung gegenwärtiges Werk. Es sind in demselben überhaupt gegen 200 Fabriken und Profeßionen beschrieben, welches schon meine anfängliche Erwartung übertrift. Denn neben andern nahmhaften Schwierigkeiten bey Verfaßung einer solchen Schrift, fehlt es noch bey sehr vielen Profeßionen an tüchtigen gedruckten Nachrichten, und der Zutritt zu den Werkstätten und insbesondre zu den Fabriken ist oft mit den grösten Schwierigkeiten verknüpft oder wol gar untersagt. Ich bekenne daher gern, daß dieses Werk noch auf eine doppelte Art mangelhaft ist. Es musten sich nemlich hin und wieder Mängel und Fehler einschleichen, und überdem fehlen auch noch einige Profeßionen und Fabriken. Soviel ich mich jetzt entsinne, sollte noch folgendes beschrieben werden: Die Porcelan- und Fayancefabrik, die Blondenfabrik, der Trompetenmacher, der Pott-

Pottaschsieder, der Theerschweler. Bey einigen dieser Fabriken ist der Zugang völlig versperrt, andre fehlen in Berlin, und es mangelt an Gelegenheit, auswärtig Nachrichten einzuziehen, die Blondenfabrik, ich muß es bekennen, ist bis jetzt meiner Aufmerksamkeit entgangen. Ueberhaupt muß aber der Leser in diesen Sammlungen weiter keine Fabriken und Professionen suchen, als solche, die in hiesiger Gegend eingeführet sind. Die beyden ersten Sammlungen sind in der Verlagshandlung abgegangen, und es wird nächstens eine neue Auflage erscheinen. Find ich noch Gelegenheit von den fehlenden Fabriken und Professionen Nachricht einzuziehen, so werd ich sie diesen beyden Sammlungen anhängen. Ich habe diese Fabriken und Professionen zwar in dem letztern alphabetischen Verzeichniß aufgeführt, aber durch einen * ausgezeichnet.

Inhalt.

Erster Abschnitt. Die Tapetenfabrik. S. 1.

I. Papiertapeten 5. II. Wachstuchtapeten 19 und nach Peckingsart 34. III. Gewirkte Tapeten 36, nemlich Baßeliße- 40, Hauteliße- 59, und Savonnerietapeten 66. IV. Lederne Tapeten 75.

Zweyter Abschnitt. Der Strumpfwirker. 90.

Auf einem künstlichen Stuhl 92 wirkt er 1) wollene 122, 2) baumwollene 163, 3) seidene Strümpfe 163. Appretur der letztern.

Dritter Abschnitt. Der Strumpfstricker. 188.

Er läßt insgemein von Frauenzimmern aus Wolle 190 Strümpfe stricken 191, er selbst aber walkt 206, rauhet 207, und scheret sie 208.

Vierter Abschnitt. Der Färber. 210.

I. Der Schwarz- und Schönfärber färbt Leinen, Schaf- und Baumwolle 214, druckt und glättet Leinwand 261, und rollet verschiedene Zeugarten

ten 262. II. Der Seidenfärber kocht 268 und färbet blos Seide 274.

Fünfter Abschnitt. Die Blumenfabrik. 288.

I. In der italiänischen Blumenfabrik werden vorzüglich aus Coconhäuten 289 Blumen verfertiget 390.

II. In der Federblumenfabrik entstehen aus Federn 300 Blumen 302 Hutfedern 304 u. d. gl.

Sechster Abschnitt. Der Wattenmacher. 308.

Verfertiget hansene 309 aus Florettseide und Coconhäuten, seidene 312 und baumwollene Watten 314.

Siebenter Abschn. Der Knopfmacher 316

Macht Kammelgarn 317, gewöhnliche 326 und reiche Knöpfe 331 und ähnliche Waaren 334.

Achter Abschnitt. Der Schneider 338.

I. Der Mannsschneider nimmt zum Kleide Maaß 339 schneidet es z. B. aus Tuch zu 343, und nähet es 350.

II. Der Frauenschneider 363 nimmt gleichfalls vorläufig Maaß 371 und verfertiget z. B. die Schnürbrust 363 und eine Roberonde 371.

Erster Abschnitt.

Die Tapetenfabriken.

Die Gewohnheit, die Wände der Zimmer mit Tapeten zu verkleiden, ist gleichfalls der Mode unterworfen, so wie beynahe alles in der verfeinerten Welt. Bald ist diese, bald wieder eine andere Art der Tapeten am gebräuchlichsten, und hieraus sind viele Tapetenarten entstanden. Ich will vorläufig diejenigen nennen, die ich in Erfahrung gebracht habe. 1) Die Prachtzimmer vornehmer Herren werden häufig mit gewöhnlichen, doch schweren, seidenen Zeugen austapezieret, wozu insbesondre Atlaß, Damast, reiche Stoffe und Sammet gehören. Diese Tapeten übergehe ich, weil ich von den nur gedachten Zeugarten in der vorigen Sammlung geredet habe. 2) Zuweilen läßt man auch die Wände eines Zimmers mit Leinwand beschlagen, diese von einem Mahler mit einem Farbengrund vermittelst Leimfarbe anstreichen, und auf dem Grunde Landschaften und dergleichen mit Saftfarben mahlen. Auch hiervon sag ich in der Folge nichts, weil diese Tapeten gänzlich zur Mahlerey gehören. 3) Vordem waren auch Tapeten von gedruckter Leinwand Mode. Die Leinwand war gefärbt, und es wurde darauf mit einer einzigen Leimfarbe gedruckt, oder auch statt dessen wol mit einer Oelfarbe. Die mit Leimfarbe gedruckten Tapeten waren insofern vortheilhaft, daß man die Druckfarbe, wenn sie verblich, abwaschen, und die Tapete von neuen drucken konnte. Der Cattun hat überhaupt die gedruckte Leinwand, und also auch die gedachten gedruckten Tapeten aus der Mode gebracht. Ich werde daher bey diesen Tapeten in der Folge gleichfalls nicht stehen bleiben, weil das Drucken theils schon aus der Beschreibung der Cattunfabrik bekannt ist, theils noch in der Folge bey den Wachsleinwandtapeten gezeiget wird. 4) Die papiernen Tapeten sind eine neue Erfindung, und ihre Dauerhaftigkeit hängt davon ab, daß sie auf der Wand des Zimmers, oder besser auf Leinwand gut und fest angeklebet werden. Ihr Entstehen werde ich in der Folge zeigen. 5) Die Wachsleinwandtapeten können auf eine dreyfache Art entstehen. Man schneidet nemlich erstlich Leinwand in erforderlicher Länge nach der Höhe des Zimmers, worin die Tapete angebracht werden soll, nähet mehrere Stucke zusammen, spannet diese in einem Rahm auf, gründet die Leinwand, wie bey einem Mahlertuch, und läßt auf dem Grund Landschaften oder historische Stücke gewöhnlich mahlen. Diese Wandtapeten sind freylich die besten, aber sie sind auch theuer. und ich rede von denselben nicht, weil sie gänzlich zur Mahlerey gehören. Wohlfeiler ist die zweyte Art, da man auf Wachsleinwand den Grund und Umriß der Gemählde mit Formen abdruckt, und diesen Abdruck mit dem Pinsel ausmahlen läßet. Diese Verfahrungsart ist in der berlinischen Wachstapetenfabrik die gewöhnlichste. Endlich setzt man auch wol drittens nicht nur den Grund und den Umriß der Gemählde, sondern auch die verschiedenen Farben selbst mit Formen auf. Von diesen beyden letztern Arten der Wachsleinwandtapeten werde ich in der Folge umständlich reden. 6) Die sogenannten Pequins, oder Tapeten nach Pekingsart, wurden ursprünglich von einem seidenen Zeuge verfertiget, auf welchen man in dem bizarren chinesischen Geschmack mit hohen Farben mahlte, ohne auf die Natur zu sehen. Die auf feiner Leinwand gemahlten Pequins sind nur eine Nachahmung der vorgedachten, und nur seit einiger Zeit Mode. Billig sollte man bey den leinenen den vorgedachten Geschmack in der

Mahlerey beybehalten. In der Folge rede ich umständlich von diesen leinenen Pequins. 7) Die schätzbarsten, aber zugleich auch die theuersten Tapeten sind die Hautelisse- und Basselissetapeten, die, wenn sie sammtartig sind, auch den Nahmen Savonnerie führen. Das eingewebte Gemählde dieser Tapeten ist jederzeit ein historisches Stück, und der Tapetenweber copirt, so zu sagen, nur dieses Gemählde. So leicht wird niemand, der Geschmack hat, eine solche Tapete kaufen, wenn das Originalgemählde nicht von der Hand eines großen Meisters gemahlet ist. Daher kostet das Gemählde oft mehr, als die Tapete an sich genommen selbst. Auch aus dieser Ursach müßen diese Tapeten sehr theuer seyn. 8) Man hat diese nur genannte Tapeten durch das Mahlen auf Segeltuch nachzuahmen gesucht, und diese letztere Tapeten gehören also blos zur Mahlerey, daher ich sie übergehe. Beym Anschlagen dieser groben Tapeten verletzet man die Wände der Zimmer sehr, und daher sind sie ziemlich aus der Mode gekommen. 9) Endlich findet man noch hin und wieder, aber nur in alten Pallästen gedruckte Tapeten von vergoldeten und versilberten Leder. Ohnerachtet diese Tapeten jetzt nicht mehr Mode sind, so werde ich doch hiervon in der Folge mit ein paar Worten reden, weil ich noch keine Gelegenheit gehabt habe, des gedruckten Leders zu gedenken. Aus dem ganzen Zusammenhang erhellet nunmehro, daß ich in diesem Abschnitt von den Papiertapeten, Wachs-

lein-

leinwandtapeten, den Pequins, den Hautelissen und Baßelißen, und endlich von den ledernen Tapeten umständlicher handeln werde.

I. Von den Papiertapeten.

Zu den Papiertapeten erstehet der Fabrikant das Papier Ballenweise von den Papierhändlern. Man kann hiezu aber nur ein starkes und großes Papier gebrauchen, so in hiesiger Gegend unter dem Nahmen Royalpapier bekannt ist. Von diesem Papier klebet man zuerst 18 bis 19 Bogen mit Buchbinderkleister dergestalt zusammen, daß die Bogen ihrer Länge nach auf einander folgen, und aus den sämtlichen Bogen eine lange sogenannte Bande entstehet. Man leget nemlich die Papierbogen auf eine lange Tafel, die vollkommen rechtwinklich ist, damit man die Bogen an ihrer Kante genau nach dem Schnurschlag zusammenkleben kann. An jeder äußern Seite der sämtlichen Bogen wird mit Bleystift nach dem Linial eine Linie gezogen, wornach sich der Tapezierer beym Zusammenkleben und Befestigen der Banden richtet. Alsdenn werden jedesmal zwey und zwey benachbarte Bogen mit einem Kleister von Leim und weißer Stärke mit den Handgriffen der Buchbinder an den Kanten zusammengeklebet, und die Zusammenfügung wird gut glatt gestrichen.

Sobald diese Zusammenfügung der Bande von 18 bis 19 Bogen trokken ist, so giebt man dem Papier auf derjenigen Seite, wo gedruckt werden soll, einen Grund oder Anstrich von Leim und Stärke, um hiedurch dem Papier eine Steife zu ertheilen. Man kocht nemlich Leimwasser, worin etwas weisse Stärke gerühret wird, und dieses deshalb, damit sich der Leim gut auseinander streichen läßet, und sich nicht in Klößen oder Klumpern auf das Papier setzet. Mit diesem Brey bestreicht der Fabrikant die vorgedachte ganze Seite der Bande vermittelst eines Borstenpinsels, und streicht den Leim gut auseinander, damit der Grund glatt wird. Sogleich ist alsdenn eine andre Person bey der Hand, so die Bande von der Tafel, worauf man sie gegründet hat, abnimmt, und sie auf eine Stange hängt, worauf der Anstrich trocken wird. In einigen Fabriken soll man das Papier nicht anstreichen, sondern es wird jeder einzelne Bogen durch ein Leimwasser gezogen, und ein ganzer getränkter Stoß Papier wird hernach eine Nacht über in eine Presse gebracht, wodurch man den überflüßigen Leim wieder abführet. Wenn hiernächst die Papierbogen zu Banden zusammen geklebt sind, so ziehet man jede Bande nochmals durch warmes Leimwasser in einem Leimkasten, und trocknet sie auf Stangen. Allein, diese Behandlung ist umständlicher, als das vorgedachte Anstreichen.

Wenn der gedachte Anstrich trocken ist, so rollet man die Bande auf eine Walze, damit das Papier wieder glatt und gerade wird, und setzt

nun-

nunmehro auf den Leimgrund eine Grundfarbe auf. Die Farben, so man bey den Papiertapeten gebraucht, sind mehrentheils Saft- und Erdfarben. Die Hauptfarben, aus deren Vermischung die übrigen entstehen, sind folgende. Zur weißen Farbe nimmt man Kreide, und zur rothen Lack, der des Preises wegen insgemein nur schlecht ist, weil er häufig vorkommt. Zu der hochrothen Farbe sollte man billig Zinnober nehmen, er wird aber selten gebraucht, weil er bekanntermaßen theuer ist, und Mennig läßt sich als Leimfarbe nicht gut behandeln. Die gelbe Farbe entstehet aus gelber Erde, oder gewöhnlich aus Auripigment, und die blaue aus Indigo. Soll aber die Tapete vorzüglich schön seyn, so nimmt man statt des Indigs, der gewöhnlich schmutzet, auch Berlinerblau, oder beydes vermischt. Die braune Farbe kommt bey diesen Tapeten selten vor, und man nimmt im erforderlichen Fall Umbra, so wie zur schwarzen Farbe Kienruß, der bekanntermaßen vor dem Reiben in Brantwein gelöscht wird. Alle diese Farben werden bey den Papiertapeten blos als Leimfarben verbraucht. Man versetzt sie daher nach Befinden mehr oder weniger mit Kreide, und reibt sie mit Wasser auf einem Reibestein. Kurz vor dem Gebrauch vermischt man sie noch mit Leimwasser, worin etwas Stärke eingerührt ist, und rühret die Farbe gut mit dem Leim um. Unter den vorgedachten Farben fehlt noch die grüne Farbe, wozu der Fabrikant eine Oelfarbe nehmen muß, weil es unter den Saftfarben keine schöne grüne Farbe giebt. Man wählt daher Grünspan, der vorher mit gewöhnlichen Oelfirniß abgerieben ist, und verdünnt die Farbe vor dem Gebrauch mit nachstehenden Colofonienfirniß. Der Fabrikant schmelzet nemlich Colofonium, und wenn dieser noch in etwas heiß ist, dämpfet er ihn mit etwas hinzugegossenem Leinöl, damit der Kolofonium nicht gerinnet, und das Terpentinöl nicht anzündet, daß man endlich noch hinzu gießet. Mit einer oder der andern dieser Farben giebt man dem Papier auf dem Leimgrund einen beliebigen Farbengrund, da man die Farbe mit einem weichen Pinsel gewöhnlich, aber soviel, wie möglich, gleichmäßig aufträgt. Zuweilen ist der Grund durchgängig von einer Farbe, zuweilen werden aber auch vielfärbige Streifen oder Banden angebracht.

Sobald nun der Farbengrund trocken ist, so werden die Figuren, die größtentheils aus Blumen und Ranken bestehen, vermittelst verschiedener Formen aufgetragen. Im Grunde betrachtet verhält es sich mit diesem Druck eben so, als mit der Cattundruckerey, außer daß die Formen in der Cattunfabrik blos mit einem Schlägel an den Cattun angepresset werden, da man sich im Gegentheil in der Papiertapetenfabrik statt des Schlägels einer Presse bedienet, weil die Formen in dieser Fabrik insgemein größer sind, als in jener. Die Formen selbst müssen, wie alle übrige aus einem harten und derben Holz, und insgemein aus Birnbaumholz geschnitten werden.

Ich

Ich habe die Verfertigung solcher Formen bey der Cattunfabrik umständlich beschrieben, worauf ich mich anjetzt beziehe. In der Cattunfabrik druckt man erst die Umrisse jeder Figur und die Schraffirungen, oder die Anlage der innern Füllung mit schwarzer Farbe vermittelst der Vorform aus, und setzet hiernächst die Farben vermittelst der Passerformen ein. Beynahe eben so verhält es sich mit der Tapetendrukkerey, aber mit einigen Unterschied. Mit der Klatschform bedekt man erst die Stelle, wo eine Blume auf der Tapete zu stehen kommt, gänzlich mit weisser Farbe. Die Absicht ist hiebey mannigfaltig. Erstlich nehmen sich die Farben, und insbesondere die hellen, auf dem weissen vorgedruckten Grunde sehr gut aus. Ueberdem hindert dieser weisse Vordruck, daß die oft dunkeln Farben des Farbengrundes der Tapete nicht durch die Farben der Blume durchschimmern, und diese verunstalten können, und endlich muß die weisse Farbe zum Licht und Schatten der Figur das ihrige beytragen. Folglich stehet auf der Klatschform die Blume nach ihrem ganzen Umriß ausgeschnitten, aber die Figur selbst ist ganz platt und eben, ohne daß die Anlage ihrer Füllung durch eine Schraffirung angedeutet ist. Doch druckt man mit der Klatschform insgemein nur die großen Partien einer Figur vor, und die kleinern Theile werden blos durch die nachfolgenden Formen ausgedruckt. So stehet z. B. auf der Klatschform nur die Blume selbst, aber nicht der Stengel, und dieser wird durch kleine Stempel, wovon ich hernach reden werde, gleich mit der erforderlichen Farbe ausgedruckt. Auf diesem weissen Vordruck der Klatschform wird nun der Umriß nebst der Anlage der Füllung durch die Stempelformen gewöhnlich mit brauner Farbe ausgedruckt. Die Stempelform gleicht also der Größe nach der zugehörigen Klatschform völlig, außer daß sie die ganze Figur bis auf die kleinsten Theile darstellet und vorzüglich auf der Figur der Form der Umriß nebst der Anlage der Füllungen oder die Schraffirung ausgeschnitten ist, so daß diese Theile erhaben auf der Form stehen, nebenbey und um dieselbe aber das Holz vertieft weggeschnitten ist. Sie sind also der Vorform der Cattunfabrik völlig gleich. Zuweilen wird die Schraffirung durch Striche, zuweilen aber auch durch Punkte von der Form ausgedruckt. Die Striche sind in dem Holze der Form selbst ausgeschnitten, die Punkte werden aber durch meßingene Stifte ausgedruckt, die der Formschneider an ihrem Ort in die Form einschlägt, gerade wie bey einer Tippelform der Cattunfabrik. Nach Maaßgebung dieses abgedruckten Umrisses, und der Schraffirungen der Stempelform wird endlich jede verschiedene Farbe der Figur mit einem kleinen Stempel aufgedruckt. Mit einem solchen kleinen Stempel druckt man also nur eine einzige Farbe, wenn diese keine Schattirungen hat, oder auch nur eine einzige Schattirung einer Hauptfarbe aus. Soll z. B. in einer Rose dunkel- mittel- und hellroth nebst

weiß

weiß vorkommen, so gehören hiezu drey kleine Stempel, nemlich zu jeder der drey Schattirungen der rothen Farbe gehöret ein besonderer kleiner Stempel, und mit jedem muß man seine Schattirung besonders, hintereinander, und jede Schattirung an seinen Ort ausdrucken, so daß man jedesmal mit der dunkelsten Farbe den Anfang, und mit der hellen den Beschluß macht. In dem vorher angenommenen Beyspiel kam außer dem dreyfachen roth noch weiß vor, allein dieses darf durch keinen besondern kleinen Stempel ausgedruckt werden, da der Abdruck der Klatschform der ganzen Figur schon vorläufig einen weißen Grund giebet. Kommen nun in einer Blume oder Figur noch mehrere Hauptfarben nebst ihren Schattirungen vor, so wird die Anzahl der Stempel hierdurch noch vermehret. So werden also viele kleine Stempel erfordert, ehe das Muster einmal ganz auf die Tapete ausgedruckt werden kann. Ist im Gegentheil dieses Muster nicht groß, oder hat es nach seiner Breite zwey gleiche Hälften, so kann es mit einer oder ein paar Klatschformen und Stempelformen der ersten Art einmal gedruckt werden. Auch diese Formen haben an jeder Ecke einen vorspringenden Stift, oder ein anderes Merkmal, so dem Drucker anzeigt, wo er die Form neben einem vorhergehenden Abdruck wieder ansetzen soll, damit sich ein Abdruck an den andern ohne eine Lücke anschließt, gerade wie in der Cattunfabrik. Ich habe diese letzte Fabrik schon oft genennet, weil ich voraussetze, daß die obige Beschreibung derselben dem Leser bekannt ist. Daher stehet auch auf der ersten Kupfertafel keine Abbildung einer Form, damit die Kupfertafeln nicht zu groß werden.

Vorgedachtermaßen presset der Fabrikant beym Druck die Form vermittelst einer Presse gegen die Tapete, und von dieser Presse muß ich noch vorläufig reden. Man bedient sich in diesen Fabriken bald einer Schwengelpresse, die ziemlich der Buchdruckerpresse gleicht, bald einer sogenannten Bolzenpresse. Die letztere soll wirksamer, vorzüglich aber bequemer seyn, und besser ausdrucken, als die erste, und daher hat man diese Bolzenpresse auf der ersten Kupfertafel Fig. XIII abgebildet. Ich werde ihre Theile zergliedern. Die Presse d e selbst schwebt über einer langen Tafel a b. Die obere Seite des Tischblattes a c ist gepolstert, damit die Tapete, welche beym Druck auf diesem Polster ruhet, eine weiche Unterlage hat. Das Polster wird vermischt mit Reh- und Pferdehaaren ausgestopft. Denn die Rehhaare sind weich, und geben beym Druck nach, da im Gegentheil die elastischen Pferdehaare das Polster, und zugleich die darauf ruhende Tapete wieder gegen die Form pressen. Auf dieses Polster legt man einige Bogen Papier oder dagegen Leinwand, und auf dieser Unterlage kommt die Tapete selbst zu liegen. Die mit Farbe benetzte Form e g wird auf die Tapete an ihren Ort gesetzt, und diese wird mit der Presse d e gegen die Tapete gedruckt. Die Presse hat eine

metal-

metallene oder vielmehr meßingene Mutter d h, in welcher eine eiserne Schraubenspindel steckt. Unter dieser sitzt ein eiserner Stempel i k e, den man Bolzen nennt, und welchen man mit dem Schwengel l im erforderlichen Fall gegen die Form presset. Die ganze Presse d e ist beweglich, und sie hängt daher nur mit einem eisernen Ring in d auf dem oben mit Eisen beschlagenen Balken m n, so, daß man sie nach der Richtung m n und wieder zurük nach n m verschieben kann. Diese Beweglichkeit der Presse verschaft den Vortheil, daß man die Form e g nach Befinden bald an diesem bald an jenem Ort auf die Tafel a c nach der ganzen Länge der leztern setzen, und allenthalben mit der Presse d e an die Tapete drukken kann. Die Bewegung der Presse wird dadurch erleichtert, daß man den Ring d, und die eiserne Schiene auf dem Balken m n zum öftern mit Baumöl einschmieret. Bey einigen Pressen läßt sich der Bolzen auch nach der Breite des Tisches verschieben, welches aber nicht nothwendig ist, indem man weit bequemer die Tapete selbst nach der Breite des Tisches ziehen kann. Dergleichen Presse ist in dem Schauplatz der Zeugmanufacturen im ersten Bande S. 245 beschrieben.

Mit Beyhülfe der vorausgeschickten Nachrichten von den Formen hält es nunmehro nicht schwer, den Druck der Tapeten selbst zu zeigen. Doch muß ich der Deutlichkeit wegen diese Tapeten nach ihren drey Arten abtheilen, und von jeder Art besonders reden.

1) Die Figuren einiger Papiertapeten werden zwar mit verschiedenen Wasserfarben ausgefüllet, oder coloriret, aber ohne, wie die nächste Art, gestäubet, oder auch vergoldet zu werden, und diese ist die erste Art dieser Tapeten. Wenn der Farbengrund dieser Tapete, wovon ich vorher geredet habe, trocken ist, so wird zuerst an der Stelle, wo eine Figur auf der Tapete angebracht werden soll, mit der Klatschform ein weißer Grund abgedruckt. Bey den Wachsleinwandtapeten nimmt man zu der Druckerfarbe dieses weißen Grundes Bleyweiß, bey Papiertapeten aber, des wohlfeilen Preises wegen, nur Kreide, die, wenn sie mit Wasser gerieben ist, durch Leimwasser, mit etwas weisser Stärke versetzt, verdünnet wird. Wenn nun alle Figuren einer Tapetenbande mit der Klatschform vorgedruckt sind, und dieser Vordruck trocken ist, so werden die Umrisse und Schraffirungen der Füllungen auf dem weißen Vordruck mit den großen Stempelformen abgedruckt. Zuweilen druckt man wol diese Umrisse und Schraffirungen mit schwarzer Farbe aus, wozu man Kienruß nimmt, so mit Wasser gerieben und mit dem nur gedachten Leimwasser verdünnet ist. Die schwarzen Umrisse und Schraffirungen sind aber zu hart, und daher druckt man sie insgemein braun aus, und bedienet sich hiebey des Bolus mit etwas Kienruß versetzt, so mit Wasser gerieben, und mit dem vorgedachten Leimwasser verdünnet wird. Sowohl bey dem Druck der gedachten Klatsch- als

gro-

großen Stempelform trägt man die geriebene und verdünnte Farbe auf ein Farbenpult Fig. XI a b auf, so neben der Tafel a c der Presse Fig. XIII befestiget ist. Die mit dem Druckerbaln Fig. XI c gut auseinander geriebene Farbe wird entweder mit eben diesen Baln auf die Figur der Form aufgetragen, oder die Farbe wird dagegen aufgeklatschet. In dem letzten Fall taucht man die Form selbst in die Druckerfarbe, und reibt sie mit dem Baln auseinander. Alsdann wird die Form an ihrem Ort auf die Tapete aufgesetzt, und man preßt sie mit der Presse d e Fig. XIII gegen die Tapete. Diese liegt also auf dem gepolsterten Tischblatt a c, und da das Blatt lang ist, so kann man die Form e g ein paarmal hintereinander ansetzen, ohne eine neue Strecke der Tapete auf das Tischblatt zu ziehen. Dieserhalb kann auch die Presse d e vorgedachtermaßen von m nach n und wieder zurück verschoben werden. Den bedruckten Theil der Tapete hängt man über eine oder ein paar Rollen, so an der Decke der Werkstätte hinter der Presse befestiget sind. So wird nun die Tapetenbande erst mit der Klatschform, und hiernächst mit der großen Stempelform gedruckt. Nach Anleitung der Umrisse dieser letzten Stempelform müssen nun endlich die verschiedenen Farben der Figuren mit den kleinen Stempeln eingetragen werden. Man bedient sich bey diesem Druck eben der Leimfarben, womit der Farbengrund angestrichen wird, und die ich bereits oben bey den Farbengrunds beschrieben habe.

habe. Zuerst setzt man die dunkelste Farbe, die nur vorkommt, auf die ganze Bande auf, und geht auf eben die Art von der dunkelsten nach und nach über zu der hellesten. Jede Farbe, ja jede Schattirung einer Hauptfarbe, muß aber mit einem besondern kleinen Stempel ausgedruckt werden, und man setzt jeden Stempel an seinem Ort, nach Anleitung des abgedruckten Umrisses und der Schraffirung aus. Jeder Stempel wird endlich so oft hintereinander auf der Tapetenbande abgedruckt, als der Theil der Figur, den er mit der erforderlichen Farbe coloriren soll, auf der ganzen Bande vorkommt. Doch ist hiebey zu bemerken, daß man mit einem solchen Stempel alle Theile jeder Figur des Musters von gleicher Farbe zugleich ausdruckt, es sey denn, daß das Muster sehr groß wäre, da denn auch zu demselben wol einige Stempel erfordert werden.

2) Die andre Art der Tapeten nennt man gestäubte Tapeten, weil ihre Figuren ganz oder zum Theil nach einem Vordruck mit kurzer Flockwolle bestreuet oder gestäubet werden. Hiedurch erhalten diese Figuren das Ansehen eines Plüsches oder Sammts. Zuweilen ist die ganze Blume gestäubt, zuweilen aber nur die Blume selbst, und der Stengel wird blos mit einer Farbe, vermittelst einer kleinen Stempelform gedruckt. Zuweilen wird auch wol der Grund, aber nur wenn er weiß ist, gestäubet, es geschiehet aber selten, weil solche Tapeten theuer sind, und daher selten gesucht werden. Man bedient sich bey diesem

Stäu-

Stäuben der Flockwolle, oder der Scherflocken, so beym Scheren der feinen spanischen Tücher abgehen, und die daher die Tapetenfabrik von der Tuchmanufactur erstehet. Erhält man nicht Flockwolle von der erforderlichen Farbe, so schickt die Fabrik weiße Scherflocken zu dem Färber, und läßt sie erforderlich färben. Dieser spület die Scherflocken in reinem Wasser nach dem Färben, und preßt das Wasser gut aus, damit die kurzen Flocken nicht zusammen kleben. Ueberhaupt müssen aber diese Flocken sehr kurz und recht trocken seyn, wenn sie zum Stäuben brauchbar seyn sollen. In der ersten Absicht, damit sie nemlich recht kurz werden, zerhackt man sie entweder, siebet sie hierauf, sondert hiedurch die feinen und brauchbaren Flocken von den groben und unbrauchbaren ab, und zerhackt diese von neuen, bis sie kurz und fein genug sind. Oder man zerschneidet die Flocken auch mit einer Stockschere, Fig. XII. c, die über einem Kasten a b befestiget ist. Die zerschnittene Flocken fallen in ein Haarsieb c d, und was durch dieses Sieb durchfällt, ist brauchbar, der Ueberrest muß aber von neuem mit der Stockscheere kürzer geschnitten werden. Nachher setzt man die Scherflocken einige Zeit auf einen luftigen Boden, damit sie völlig austrocknen. Diese Scherflocken trägt nun der Fabrikant folgendergestalt auf. Wenn die Umrisse der Figuren mit den großen Stempelformen vorgedruckt sind, so druckt man hiernächst nach der vorigen Beschreibung mit kleinen Stempeln; druckt aber vermitteist dieser nicht mit Farben, sondern blos mit einem starken, steifen und klebrichten Druckerfirniß, den ich in der Folge bey den Wachstapeten näher beschreiben werde. Diesen abgedruckten Firniß läßt man etwas weniger trocken werden, damit die Wolle nicht in denselben ersäuft. Hiernächst wirft der Fabrikant Scherflocken von erforderlicher Farbe in ein feines Drathsieb, und bepudert oder bestäubet vermittelst desselben den noch nassen Firniß des Abdrucks mit Scherflocken. Das Sieb hält alle zu grobe Theile der Flocken zurück. Wenn eine einzige Farbe der ganzen Tapetenbande auf diese Art abgedruckt und gestäubet ist, so hängt man die Bande auf Stangen auf, läßt den Abdruck trocknen, und wenn er trocken ist, wird die Flockwolle, die sich nicht mit dem Firniß vereiniget hat, behutsam mit einem Borstwisch abgewischt. Auf diese Art kann eine Farbe nach der andern gedruckt und gestäubet werden. Die Farbe der Flockwolle färbt also die Figuren, und giebt ihnen ein plüsch- oder sammtartiges Ansehen. Zuweilen ist die ganze Figur von einer einzigen Farbe, zuweilen hat sie aber auch mehrere Farben, und in diesem Fall wird jede Farbe durch die ganze Bande abgedruckt und gestäubet, und alsdenn erst, wenn diese trocken ist, kann man die nächste Farbe aufsetzen u. s. w. Selten erhalten aber die Hauptfarben Schattirungen, weil diese oft zu sehr ins kleine fallen, und zu viele Mühe verursachen würden.

3) Endlich werden die Figuren auch wol hin und wieder vergoldet oder versilbert. Doch vergoldet oder versilbert man selten ganze Figuren, sondern man bringt dieses nur Theilweise neben den übrigen Farben an. Sobald die übrigen Farben auf die vorher beschriebene Art abgedruckt sind, so wird zuletzt das Gold- oder Silberblatt, so insgemein nur unecht ist, folgendergestalt aufgetragen. Der Fabrikant reibet lichten Ocker, und etwas Bleyweiß mit einem starken Druckerfirniß, wovon ich in der Folge rede, trägt diese Farbe mit einem kleinen Stempel auf die Stelle, wo vergoldet oder versilbert werden soll, erforderlich auf, läßt diesen Farbendruck gröstentheils trocken werden, legt alsdann das Gold- oder Silberblatt auf die Farbe, und druckt es mit Baumwolle an. Zuletzt wird die vergoldete oder versilberte Stelle gut abgerieben, damit das Metall einen Glanz erhält.

II. Von der Wachstuchfabrik, und Wachstuchtapetenfabrik.

Der allgemeine eingeführte Sprachgebrauch nennt eine Leinwand, die unten mit einem Grund von Kleister, über diesem aber mit einem Farbengrund auf einer Seite bedeckt ist, Wachstuch, oder auch Wachsleinwand, ohnerachtet hiebey wenigstens anjetzt, kein Wachs gebraucht wird, wie doch die Benennung anzudeuten scheinet. Man verfertiget theils Wachstuch zum Einpacken, und zum Ueberziehen, z. B. der Kutschen, theils wird auch auf dem Wachstuch gemahlet oder gedruckt,

druckt, da es dann zur Bekleidung, z. B. der Tische, oder auch zu Tapeten gebraucht wird. Die letztern sind nicht nur dauerhaft, sondern auch in sofern schätzbar, daß man sie mit einem nassen Tuch abwaschen und reinigen kann.

Die Fabrik, worin Wachstuch verfertiget wird, muß nothwendig eine solche Lage haben, daß ein umzäunter und mit Gras bewachsener Ort in der Nähe ist, wo die angestrichene Leinwand getrocknet werden kann; denn, wenn ein Wind entstehet, so würde an einem unbewachsenen Ort die noch nasse und erst kürzlich angestrichene Arbeit von dem Staub oder Sand überzogen und beschädiget, da im Gegentheil das Gras hindert, daß der Staub nicht aufsteiget, und die Arbeit wenigstens unansehnlich macht. Entstehet ein Wind, so legt man die in Rahmen eingespannte Leinwand platt auf das Gras nieder, da onst die Rahmen aufrecht stehen, um durch jenes aller Beschädigung vorzubeugen. In einem Zimmer läßt sich das Wachstuch zum Einpacken sowohl, als zu Tapeten nicht trocknen, weil die Rahmen, worin die Leinwand ausgespannet wird, zu groß sind, und das Tuch, so in einem Zimmer getrocknet ist, nie das Ansehen hat, so ein solches erhält, das in freyer Luft getrocknet ist. Nimmt man nach dem Gründen das Wachstuch aus dem Rahm, so kann es zwar nach der fernern Bearbeitung in einem Zimmer getrocknet werden, es hat aber auch nicht ein so gutes Ansehen, als wenn es in freyer Luft getrocknet ist. Daher

läßt

läßt die Fabrik die Leinwand wenigstens im Sommer gründen und anstreichen, und im Winter mahlen und drucken.

Die Berlinische Fabrik erhält die rohe Leinwand zu ihrem Behuf am vortheilhaftesten aus der Lausitz, insbesondre aus Cottbus und Peitz, und der benachbarten Gegend. Die Leinwand ist theils $\frac{6}{4}$, theils $\frac{7}{4}$ Elle breit, und erstere wird zu gedruckten oder gemahlten Tapeten, die letzte aber zu Packleinwand gebraucht. Vorläufig schickt die Fabrik die Leinwand zu einem Färber, der sie auf seiner großen Rolle rollet. Hiedurch werden die Knoten und starken Faden platt niedergedruckt, wodurch man sich schon viel Vortheil bey der weitern Bearbeitung der Leinwand verschaft. Gewöhnlich wird nunmehro die $\frac{7}{4}$ Ellen breite Leinwand in Stücke, die 10 Ellen lang sind, die $\frac{6}{4}$ breite zu Tapeten aber in 14 Ellen lange Stücke zerschnitten. Jedes Stück wird in einem besonders zu diesem Gebrauch verfertigten Rahm Tab. I. Fig. X mit Bindfaden ausgespannt, gerade so, wie man Zeug zum Ausnähen oder Stikken in einen Rahm spannet. Wird im Gegentheil eine Tapete zu einem bestimmten Zimmer bestellt, so schneidet man die Leinwand gleich nach der Höhe des Zimmers zu, nähet mehrere Längen, so viel, als zu der Wand des Zimmers erforderlich sind, an den Ecken oder Kanten zusammen, spannet das Ganze in einem großen Rahm aus, und bearbeitet dieses auch in der Folge im Ganzen. Alsdenn fallen die Zusammenfügungen der zusammengenäheten Banden nicht in die Augen, wie ohne eine solche Zusammenfügung gewöhnlich ist. Sobald nun alle diese Leinwand auf eine oder die andre Art in den Rahm gespannt ist, so reibt oder schleift man sie mit Bimsstein ab, und nimmt hierdurch alle Knoten weg. Hiernächst giebt man der Leinwand einen Ueberzug oder Anstrich mit einem Kleister, der die Löcher ausfüllen, und der Leinwand zugleich die erste Steife geben muß. Man gießt nemlich siedendes Wasser auf Rockenmehl, so in einen Zober geschüttet ist, rühret den Brey um, und verdünnet ihn nach Befinden. Ueberhaupt muß aber dieser Kleister nur dünn seyn, und er wird auch nur ganz dünn auf die ganze Leinwand aufgeschmieret. Man bedienet sich bey diesem Aufschmieren eines sogenannten Grundirmessers, welches einer Mauerkelle gleicht, aber doch länger ist. Man kleistert die Leinwand aber nur einmal, und wenn dieser Ueberzug in der Luft ausgetrocknet ist, so setzt man den ersten Farbengrund von Kienruß, und ordinären Oelfirniß auf. Dieser Firniß wird folgendergestalt verfertiget. Unter $\frac{1}{8}$ Centner Leinöl schüttet man $1\frac{1}{2}$ Pfund Silberglätte, 1 Pfund rothen Mennig und etwas Umbra, und läßt diese Mischung so lange kochen, bis sie anfängt klar zu werden. Von diesem Firniß nimmt man etwas in erforderlicher Proportion, und rühret in demselben Kienruß um, so daß eine dicke und steife Masse entstehet, die man gleichfalls auf die gekleisterte Leinwand mit dem vorgedachten Grundirmesser

ser aufträgt. Sachverständige Männer verwerfen zu diesem Gebrauch den Kienruß, weil er die aufgesetzten Farben verdirbt, und wünschen, daß dagegen Kolschwarz genommen würde, welches leicht und wohlfeil aus Kolen von weichen Holz verfertiget werden kann. Allein in den Fabriken ist diese Verfertigung doch zu kostbar und zu mühsam, wenigstens wie man sagt, und Kolschwarz läßt sich auch schwerer, als Kienruß reiben. Daher nimmt man dieses Kolschwarz allenfalls nur beym Anstreichen des eigentlichen Farbengrundes, wovon ich in der Folge reden werde. Ich habe diese Bemerkung schon bey der Verfertigung des Mahlertuchs an einem andern Ort hinzugefügt, denn das Mahlertuch und das Wachstuch zu Tapeten ist ziemlich von einerley Art. Auf die vorgedachte Art wird nun der sogenannte erste Grund bey jedem Wachstuch aufgetragen, und dieser Ueberzug muß abermals in der Luft gut austrocknen. In der Folge geht aber die Behandlung der Packleinwand von der bey der Wachsleinwand zu Tapeten ab, und daher muß ich von jeder Art besonders reden. Insbesondere erhält die Wachsleinwand zu Tapeten einen Bolusgrund, der zwar gut deckt, aber macht, daß die Leinwand leicht bricht. Daher darf man diesen Grund nicht bey der Packleinwand anbringen.

1) Die Packleinwand ist insgemein schwarz, zuweilen auch marmorirt, und man nennt sie auch Wachsleinwand. Die Farbe mag nun schwarz oder marmorirt seyn, so wird der

vorgedachte erste Kienrußgrund, sobald er völlig trocken ist, mit Bimsstein abgerieben und alsdenn gründet oder grundiret man zum zweyten mal mit der vorgedachten Mischung von Kienruß und ordinären Firniß, doch darf die Masse zu diesem zweyten Grunde nicht so stark und dick, als bey dem ersten seyn. Ist dieser zweyte Grund trocken, und die Leinwand soll schwarz bleiben, so giebt man ihr endlich noch einen Glanz durch einen Anstrich mit ordinären Oelfirniß, in welchen man vor dem Gebrauch nur so viel Kienruß einrühret, daß dieser jenen in etwas anschwärzet.

Umständlicher ist schon die Verfertigung der marmorirten Packleinwand, die man von verschiedenen Farben verfertiget. Soll der Grund eines marmorirten Wachstuchs hellblau seyn, so setzt man auf den vorgedachten Rußgrund einen Farbengrund von Bleyweiß und Berlinerblau, oder statt des letztern nimmt man lieber Schmalte, weil das Berlinerblau leicht verbleicht und gelbet. Diese Farben werden mit gewöhnlichen Oelfirniß gerieben, und mit dem Pinsel aufgetragen, so wie in der Folge bey jedem Farbengrund. Ist dieser Farbengrund trocken, so wird Indigo fein mit Eßig gerieben. Eine Person streicht diese Eßigfarbe ganz dünn auf den vorgedachten Farbengrund mit einem Pinsel, und eine andre Person reibt diese Eßigfarbe schnell mit einer Rinderblase auseinander, und zwar so, daß die bekannte Marmorirung entstehet. Eilen muß diese letzte Person mit dem Marmoriren, weil die Eßigfarbe

leicht

leicht trocken wird, und eine Eßigfarbe wählt man, weil diese die Oelfarbe des Grundes nicht wieder auflöset. Bey den übrigen Farben verfährt der Fabrikant eben so, und ich brauche diese Farben daher nur zu nennen. Zu hellgrün ist die Grundfarbe Auripigment, worauf man mit einer Eßigfarbe von Indig marmorirt, und mit eben dieser Farbe marmorirt man auch bey dunkelgrün, nachdem man eine Grundfarbe von Auripigment mit etwas Berlinerblau vermischt aufgetragen hat. Braun marmorirt man dieses Wachstuch selten. Geschiehet es, so ist die Grundfarbe Ruß und Bolus vermischt, und zur Eßigfarbe nimmt man Umbra. Zuletzt giebt man der marmorirten Packleinwand noch einen Glanz durch einen Firnißanstrich. Ist die Farbe nur schlecht, so wird das Wachstuch blos mit dem schon oft genannten gewöhnlichen Oelfirniß angestrichen; ist die Farbe aber schön, so nimmt man statt des vorhergehenden einen weißen Glanzfirniß, dessen Entstehen ich weiter unten zeigen werde.

Es hält nicht schwer, Packleinwand von allen Farben zu verfertigen, und die Hauptsache ist hiebey nur, daß man diesem Wachstuch keinen Bolusgrund giebt, weil dieser macht, daß die Leinwand bricht. Es wird also nur gleich auf den doppelten schwarzen Grund eine beliebige Oelfarbe aufgetragen, und zuletzt giebt man diesem Farbengrund einen Anstrich und Glanz mit einem Firniß.

Ich kann hiezu auch das sogenannte Schweißtuch rechnen, dessen sich die vornehmen Frauenzimmer zur Reinlichkeit bedienen, und es unter andern unter den Armen der Kleider tragen, damit der Schweiß nicht die Kleider verletze. Man nimmt hiezu eine feine Leinwand, nähet an beyden Ecken einen Band an, damit der Bindfaden, womit man es in dem Rahm ausspannet, nicht die dünne Leinwand verletze, und spannt diese gewöhnlich in einem Rahm aus. Weil sie geschmeidig und nicht steif seyn muß, so wird sie nicht gekleistert, sondern nur auf beyden Seiten auf die vorgedachte Art mit Ruß gegründet. Wenn dieser erste Rußgrund trocken ist, so trägt man den zweyten Oelfarbengrund von geriebenen Bleyweiß ganz dünne auf, und giebt endlich über diesen weißen Grund der Leinwand den sichtbaren Farbengrund. Dieser ist insgemein grau, und wird aus Ruß und Bleyweiß mit Oelfirniß gerieben. Aus dem ganzen Zusammenhang erhellet, daß bey dieser Leinwand nicht nur auf beyden Seiten gegründet, sondern auch der Farbengrund auf beyden Seiten aufgetragen wird.

2) Umständlicher muß ich nunmehro von dem Wachstuch zu Tapeten und von der Verfertigung der letztern reden. Aus dem vorhergehenden erhellet, daß alle Leinwand zu Wachstuch gekleistert, und hiernächst einmal mit Ruß und Oelfirniß grundiret wird, und diese allgemeine vorläufige Behandlung findet auch bey dem gegenwärtigen Wachstuch statt. Der zweyte Rußgrund der Packleinwand fällt aber bey dem Wachstuch zu Tapeten weg, dagegen man einen Bolusgrund

grund anbringt, theils weil der Bolus gut deckt, und dem Wachstuch Steife und Stärke ertheilet, theils, weil auch Bolus wohlfeiler ist, als Ruß. Den rothen Bolus reibet man mit dem vorhergenannten gewöhnlichen Oelfirniß, und trägt ihn mit einem Pinsel auf. Ich bemerke hier ein für allemal, daß ein aufgetragener Grund jederzeit trocken seyn muß, ehe man wieder einen Grund oder überhaupt eine Farbe aufsetzen kann, und dies gilt also auch von dem Bolusgrund. Sobald dieser trocken ist, so schleift man ihn mit Bimsstein ab. Damit nun der erste Grund von Ruß die Farben, die man in der Folge beym Anstreichen, Drucken oder Mahlen aufsetzet, nicht verletze, so wird über den Bolusgrund noch ein Bleyweißgrund aufgetragen. Zu diesem Grunde nimmt man gewöhnlich Bleyweiß mit etwas wenigen Ruß versetzt, weil dieser gut deckt. Diese Mischung wird mit gewöhnlichen Oelfirniß gerieben, und mit einem Pinsel aufgetragen.

Nunmehro ist die Wachsleinwand völlig gegründet, und man kann nunmehro jede beliebige Grundfarbe mit einem Borstenpinsel auftragen, wenn nemlich der Bleyweißgrund trocken ist. Die Handgriffe beym Anstreichen selbst sind bekannt genug, und ich darf daher nur die Farben nebst dem Firniß nennen, so man sich bey diesem Farbengrund bedienet. Die weiße Farbe des Farbengrundes entstehet aus gewöhnlichem Bleyweiß, dagegen man beym Mahlen und Drucken einen feinern Bleyweiß wählet. Der englische

ist

ist freylich der beste, seines theuern Preises wegen wird er aber selten gebraucht. Man bedient sich aber des Bleyweißes nicht blos beym Anstreichen, Drucken und Mahlen unvermischt, sondern man versetzt hiemit auch beynahe alle Farben, theils weil er gut deckt, theils weil man durch den Zusatz des Bleyweißes die Schattirungen der Hauptfarbe hervorbringen kann. Auripigment mit Bleyweiß versetzt, giebt die gelbe Farbe, und zum Dunkelroth nimmt man beym Anstreichen der Grundfarbe Kugellack, der mit Bleyweiß versetzt wird, wenn die rothe Farbe heller werden soll. Zu diesem Farbenanstrich nimmt man selten Zinnober mit Mennig versetzt, weil diese Farbe theuer ist, doch bedient man sich dieser Farbe beym Drucken und Mahlen. Aus einer Mischung von Auripigment und Berlinerblau entstehet die grüne Farbe, worunter man noch etwas Bleyweiß mischet, wenn die Farbe Neu- oder Seladongrün seyn soll. Die grüne Farbe trocknet überhaupt schwer und langsam, und daher reibt man unter die Farbe etwas calcinirten Vitriol, so das Trocknen befördert. Zur blauen Farbe könnte man zwar Indigo nehmen, weil diese Farbe aber anschmutzt, so wählt man dagegen zu dunkelblau das Berlinerblau, welches mäßig mit Bleyweiß vermischet die hellblaue, und sehr stark mit Bleyweiß vermischt, die Perlfarbe giebt. Die braune Farbe wird selten angebracht. Die schlechteste Farbe dieser Art entstehet aus Ruß und Bolus, eine bessere aber aus Umbra. Endlich giebt der Kienruß beym

Drucken und Mahlen die schwarze Farbe, statt dessen man auch Kolschwarz nehmen kann. Alle diese Farben können sowohl beym Anstreichen des Farbengrundes, als auch beym Drucken und Mahlen gebraucht werden. Der Unterschied beruhet bloß darauf, daß die Farbe beym Drucken mit einem andern Firniß verdünnt wird, als beym Anstreichen des Farbengrundes. Von diesen Firnißarten, die sämtlich aus guten alten Leinöl gekocht werden, will ich nunmehro im Zusammenhang reden.

Wie der ordinäre Oelfirniß entstehet, hab ich bereits bey der Beschreibung der Papiertapeten gezeiget. Zum Anstreichen mit allen reinlichen Farben, insbesondre zum Farbengrunde, wird ein besonderer Firniß gekocht, den man weißen Firniß nennt. Man nimmt nemlich auf $\frac{1}{8}$ Centner Leinöl 2 Pfund weißen Vitriol, calcinirt diesen, vermischt ihn mit $\frac{1}{2}$ Pfund Silberglätte, und $\frac{1}{4}$ Pfund Marienglas, und reibet diese Mischung auf einem Reibestein, bis sie klar wird. Die geriebene Masse schüttet man nach und nach in das siedende Leinöl, schäumet den Firniß zum öftern ab, und läßt ihn so lange kochen, bis er klar ist. Aus eben diesem Firniß entstehet der Druckfirniß auf folgende Art. Wenn der vorherbeschriebene weiße Firniß gekocht ist, so gießt man noch höchstens $1\frac{1}{2}$ Pfund gewöhnlichen dicken Terpentin hinzu, denn der venetianische Terpentin ist zu diesem Gebrauch zu dünn. Mit diesem Terpentin läßet man den Firniß abermals stark kochen, und zündet ihn hierauf

an.

en. Wenn die Flamme ohngefehr den vierten Theil des Firnisses verzehret hat, so deckt man diesen zu, und löscht hiedurch die Flamme aus. Der Firniß ist alsdenn zum Druck stark und steif genug. Zuweilen vergoldet man auf den sogenannten Pequins breite Stellen, da denn zu diesem Firniß Ocker und Bleyweiß genommen wird, damit er körperlich wird, und erhaben stehen bleibet. Verdünnt man endlich den nur gedachten Druckfirniß mit dem zuerst beschriebenen weißen Firniß, so entstehet hieraus ein sogenannter Glanzfirniß, womit man die fertig gedruckten Tapeten zuweilen überzieht, und ihnen hiedurch einen Glanz ertheilet. Häufiger bedient man sich aber statt dessen des Bernsteinfirnißes, der aus Bernstein und Terpentin zubereitet wird. Ich zeige jetzt nicht, wie die Farben gerieben, und mit dem Pinsel aufgetragen werden, weil dieses bekannt genug ist, sondern ich füge nur noch in Absicht der Druckfarbe eine einzige Anmerkung hinzu. Soll der Druck schnell gehen, und sollen daher die Farben schnell trocknen, so reibet man mit dem Druckfirniß bey schlechten Farben Silberglätte, bey feinen Farben aber Vitriol.

Ich habe nunmehro gezeigt, wie das Wachstuch zu Tapeten gegründet wird, und überdem eine Grundfarbe erhält, und es bleibt weiter nichts übrig, als zu beschreiben, wie dieses Wachstuch auf dem Farbengrund gedruckt und gemahlet wird, und wie hiedurch aus dem Wachstuch eine Tapete entstehet. Die Wachstuchtapeten können in Absicht der weitern Behandlung abermals in 3 Arten abgesondert werden, gerade wie die Papiertapeten.

a) Zuerst werden also auf dem Wachstuch Figuren mit verschiedenen Oelfarben, theils gedruckt, theils auch gemahlet. Das Verfahren ist hiebey eben so, als bey den Papiertapeten, außer, daß man sich bey diesen der Leimfarben, bey jenen aber der Oelfarben bedienet. Folglich kann ich die Kenntniß der Formen und der Presse aus dem vorhergehenden voraussetzen. Das erste ist also abermals, daß man auf einer Tapetenbande alle Stellen, wo Figuren von aller Art zu stehen kommen sollen, mit einer weißen Farbe bedeckt. Aus dem obigen erhellet, daß man diesen weißen Grund der Gemählde mit der Klatschform abdruckt, und zwar nur mit einer Form, weil dieser weiße Grund den Umriß der künftigen Figur nicht überschreiten darf, weil er ohnedem den Farbengrund des Wachstuchs verletzen würde. Bey den Papiertapeten nimmt die Fabrik zu diesem weißen Abdruck des wohlfeilern Preises wegen Kreide, bey Wachstapeten aber dagegen Bleyweiß mit Druckfirniß gerieben. Bey vorzüglich schönen Tapeten dieser Art versilbert man auch wol die Stelle, wo sonst weiß vorgedruckt wird; es geschiehet aber selten, weil es den Preis der Tapeten zu stark erhöhet. Auf diesen weißen Grundabdruck werden nun die Umrisse und innern Füllungen der Figuren selten schwarz mit Ruß, gewöhnlich aber braun mit Bolus und Ruß, vermittelst der großen Stempelform abgedruckt, ge-

rade

gerade wie bey den Papiertapeten. Der Unterschied ist nur, daß man zu den Papiertapeten abermals eine Leimfarbe nimmt, da man im Gegentheil bey den gegenwärtigen Tapeten den Bolus und Ruß mit dem Druckerfirniß zu einer Oelfarbe reibet. Nach Anleitung dieser abgedruckten Umrisse und Schraffirungen kann der Fabrikant nun jede Farbe, ja jede Schattirung der Hauptfarben mit einem kleinen Stempel abdrucken, so wie ich bereits bey den Papiertapeten gezeiget habe. Die Druckfarben werden im gegenwärtigen Fall nur mit Druckfirniß gerieben und verdünnt. Allein seit einiger Zeit hat man bemerkt, daß an den kleinen Formen viel Farbe hängen bleibt und verloren gehet, welches mehr Schaden bringt, als der Aufwand beträgt, den die Fabrik verwenden muß, wenn sie die Farben mit dem Fischpinsel auftragen läßet. Hiezu kommt, daß die ausgemahlten Tapeten ein besseres Ansehen haben, als die gedruckten, indem die Figuren der letzten insgemein steif und hart sind. Dieserhalb hat man in der gegenwärtigen Fabrik einigen gewöhnlichen Frauenzimmern das Ausmahlen der Figuren beygebracht, die es für einen wohlfeilen Preis verrichten. Die Sache verhält sich also folgendergestalt. Der Fabrikant druckt mit der Klatschform den weißen Grund, und mit der großen Stempelform die Umrisse und Schraffirungen der Figuren oder Gemählde ab. Nach Anleitung dieses Vordrucks mahlt oder schildert nun das Frauenzimmer die Figuren erforderlich mit Farben aus, verwäscht diese mahlerartig, und bringt zugleich die erforderlichen Schattirungen an. Der Vordruck muß sie also durchgängig leiten, und übrigens verfährt sie mahlerartig, so wie etwa der Mahler die sogenannten Lasirfarben aufträgt. Doch druckt man die Farben zuweilen auch noch mit den kleinen Stempeln ab, aber gröstentheils nur alsdenn, wenn die Figuren, also auch die Stempel, nur klein sind, und an diesen daher nicht viel Farbe hängen bleiben kann. Bey den Papiertapeten ist das Drucken noch gebräuchlich, weil die Leimfarben wohlfeiler sind. Die Tapete mag nun aber gedruckt oder ausgemahlt seyn, so wird sie, wenn sie fertig ist, auf Stangen getrocknet, und zuletzt überziehet man sie noch mit dem vorgedachten Glanzfirniß, oder gewöhnlicher mit Bernsteinfirniß, und giebt ihr hiedurch einen Glanz. Ich füge noch eine Anmerkung hinzu. In einigen auswärtigen Fabriken soll man die kleinen Figuren dieser Tapeten drucken, und die großen Partien von einem Mahler gewöhnlich mahlen laßen. In den einländischen Fabriken geschiehet dieses nie, weil es zu umständlich und zu theuer ist.

b) Ferner kann man diese Wachstuchtapeten auch stäuben, und ihren Figuren hiedurch ein plüsch- oder ein sammtartiges Ansehen geben. Hiemit verhält es sich gerade so, wie ich bey den Papiertapeten erzehlet habe.

c) Endlich werden diese Tapeten auch zuweilen hin und wieder in kleinen Stellen vergoldet oder versilbert. Auch hievon gilt alles das, was ich bey den Papiertapeten gesagt habe.

Es giebt noch eine Art grüner und zugleich durchsichtiger Leinwand, die zu Rouleaux vor den Fenstern gebraucht, und, soviel ich in Erfahrung gebracht, noch nicht in meinem Vaterlande verfertiget wird. Man soll sie auf beyden Seiten mit einer sehr dünnen Oelfarbe bestreichen, so die Leinwand nur deckt, und sie auch wol vorher, wie einige versichern, durch weißes geschmolzenes Wachs und Terpentinöl ziehen, damit sie durchsichtiger werden. Hiernächst werden sie von einem Mahler mit einer dunkeln Saft- oder Eßigfarbe zuweilen gemahlet. Sie sind bald von feiner Leinwand, bald von seidenen Zeugen.

3) Die vorige Wachstuchtapetenfabrik läßt in Berlin auch die Tapeten von gefärbter oder Glanzleinwand verfertigen. Man nennt sie gewöhnlich Pequins oder Tapeten nach Pekingsart. Soviel ich in Erfahrung gebracht habe, können diese Tapeten auf eine doppelte Art behandelt, und entweder gedruckt oder gemahlt werden. Bey den gedruckten Tapeten dieser Art trägt man erst einen Grund von Kreide und Leimwasser auf rohe Leinwand auf, worunter man noch etwas weiße Stärke mischt, weil der Leim sich ohnedem nicht gut auseinander streichen läßet, sondern klümprich bleibt. Auf diesen ersten Grund setzt der Fabrikant einen Farbengrund auf, wobey er sich jeder Saftfarbe bedienen kann, die er mit Leimwasser und weißer Stärke, gerade wie bey

den

den Papiertapeten aufträgt. Auf diesem Farbengrunde wird eben so mit Oelfarbe gedruckt, wie bey den Wachstuchtapeten. Doch muß der Druckfirniß, und zugleich die Farbe sehr steif und stark seyn, damit sie auf der dünnen Leinwand weder durchschlägt, noch ausfließet. Häufig werden auch auf diesen Tapeten Stellen vergoldet, wobey man sich aber der oben beschriebenen Mittel nicht bedienen kann, weil der oben genannte Firniß durch die Leinwand durchschlägt. Dagegen schmelzet man Wachs, Hammeltalg und venetianischen Terpentin untereinander, trägt diese Masse auf die Stelle, welche vergoldet werden soll, warm mit dem Pinsel auf, legt das Metallblatt auf diese Masse, und druckt es mit Baumwolle an. Die vorgedachte Masse muß aber beständig warm gehalten werden, weil sie sich ohnedem nicht mit dem Pinsel auseinander streichen läßet. Auf diese Art werden die gedruckten Pequins verfertiget. Gewöhnlicher läßt man aber feine geblümte, oder welsche Leinwand, oder auch schlesisches Schieyertuch von einem Färber roth, grün oder gelb färben, und hiernächst glätten. Auf diesem Farbengrund läßt die Fabrik von einem Mahler oder sonst von einer sachverständigen Person Streublumen oder geblümte Ranken mit den gewöhnlichen Handgriffen der Mahler mahlen, aber blos mit Saft- oder Gummifarben. Dergleichen Tapeten haben zwar ein sehr gutes Ansehen, doch müßen sie in sofern den Wachstuchtapeten nach-

 stehen,

stehen, daß sie nicht abgewaschen und gereiniget werden können.

Nachricht. Zu Berlin ist nur eine einzige Wachstuchtapetenfabrik, so die Kaufleute Sonnin und Bando vor 18 bis 20 Jahren angeleget haben. Die Fabrik selbst ist in der Friedrichsstraße ohnweit dem hallischen Thor, die Niederlage aber bey der Petrikirche. Eine Papiertapetenfabrik unterhalten die gedachten Kaufleute gleichfalls, und zwar in der Niederlage neben der Petrikirche. Außerdem sind noch drey Papiertapetenfabriken in Berlin, worin aber zum Theil nicht mehr fabriciret wird. Ferner ist zu Glieneke, ohnweit Potsdam eine Wachstuch- und Pequintapetenfabrik, so dem Juden Isaak Joel gehöret. Die Arbeiter in allen diesen Fabriken erlernen ihre Kenntniß blos durch die Uebung, und sind daher nicht zünftig.

III. Von den gewirkten Tapeten.

Unter dieser allgemeinen Benennung begreiffe ich die Hautelißе und Baßelißetapeten, desgleichen die Tapeten der Savonnerie zusammen. Alle drey Arten werden auf einem Stuhl gewirkt, und die beyden erstern unterscheiden sich nur dadurch von der letztern, daß sie einen glatten Grund haben, da im Gegentheil die Tapeten der Savonnerie einen sammtartigen Grund erhalten. Die Haute- und Baßelißentapeten haben einerley Beschaffenheit, außer, daß jede Art auf einem Stuhl

von

von verschiedener Einrichtung gewirkt werden. Das französische Wort Lisse bedeutet den Aufzug, oder wie der deutsche Weber sagt, die Kette eines Zeuges. Wollte man also die beyden Benennungen, Hautelißé und Baßelißé wörtlich übersetzen, und zugleich die Sache selbst ausdrucken, so müste man diese Tapeten vertikalkettige und horizontalkettige Tapeten in der deutschen Sprache nennen. Denn der Hautelißestuhl hat eine solche Einrichtung, daß die Kette oder der Aufzug vertikal oder senkrecht auf demselben ausgespannet ist, da im Gegentheil die Kette zu den Baßelißetapeten horizontal auf den Baßelißenstuhl ausgespannet ist, wie auf jedem andern Weberstuhl. Ueberhaupt giebt man beyden Arten den deutschen Nahmen Brabantische Tapeten, weil diese Tapetenweberey schon seit einigen Jahrhunderten in Brabant oder in den österreichischen Niederlanden, und außerdem in England in Uebung gebracht ist, und die brabantischen Tapeten, wenigstens vordem, den Vorzug vor den übrigen hatten. Ich habe schon im Eingange dieses Abschnitts gesagt, daß man bey diesen Tapeten gröstentheils historische Stücke nach einem Originalgemählde eines berühmten Mahlers copirt. Unterdessen kann man auch jedes andre Gemählde in eine solche Tapete nach Licht und Schatten wirken, und in den Niederlanden wirkt man in Brüssel mit vorzüglichem Geschick Abbildungen von Personen, in Antwerpen historische Stücke, und in Oudenarde und Rüssel Landschaften in die Tapeten.

Seit hundert Jahren wirkt man diese Tapeten auch in Frankreich, und diese unterscheiden sich von den übrigen vorzüglich durch die Schönheit der copirten Originalgemählde. Man hat auch eine solche Tapetenfabrik in einigen wenigen deutschen großen Städten anzulegen gesucht, und unter andern in Berlin, wo die Erben des Herrn Carl Vignes seit verschiedenen Jahren in einem großen Saal des Seitengebäudes der Academie der Wissenschaften unter den Linden Stühle dieser Art unterhalten. Doch verfertiget diese Fabrik nur Baßelißentapeten, weil es mit großen Schwierigkeiten verknüpft ist, Hautelißen zu weben, und die Baßelißen jenen an Schönheit nichts nachgeben. Denn bey diesen letzten Tapeten liegt das Originalgemälde unmittelbar unter der Kette oder dem Aufzug, und der Weber hat es daher unmittelbar unter den jedesmaligen Faden des Aufzugs vor Augen, da im Gegentheil die Natur des vertikalen Stuhls der Hautelißen es mit sich bringt, daß das Originalgemälde nur in der Ferne angebracht werden kann. Daher dient dieses Gemälde nicht so gut zum Leitfaden, als bey den Baßelißen. Dieserhalb webet man auch, wenigstens in Frankreich, selten Hautelißentapeten. Die Berlinische Fabrik hat einen Vorrath von fertigen Tapeten und Originalgemälden, und läßt daher anjetzt nur alsdenn Tapeten weben, wo sie bestellet werden. Dieserhalb hat man mir zwar mit Bereitwilligkeit die Stühle und übrigen Geräthe gezeigt, allein das Wirken selbst, welches hiebey die

die Hauptsache ist, habe ich nicht in Augenschein nehmen können, sondern ich werde die Sache blos nach einigen mündlichen Nachrichten erzehlen, die insgemein unvollständig sind, und oft zu Fehlern verleiten. Denn meines Wissens hat man bis jetzt noch keine genaue Beschreibung von der Verfertigung dieser Tapeten.

Im Gegentheil von den türkischen Tapeten, die unter dem Nahmen der Tapeten der Savonnerie bekannt sind, ist eine vortrefliche Abhandlung von Herrn dü Hamel vorhanden, die in dem siebenten Bande des Schauplatzes der Künste und Handwerke übersetzt stehet. Diese Tapetenweberey, wobey man sich der Hautelißenstühle bedient, ist schon seit geraumer Zeit in Frankreich im Gange, und schon sarazenische Weber, oder Weber, die diese Kunst von den damaligen spanischen Sarazenen erlernet haben, wie Herr dü Hamel vermuthet, haben sie in Frankreich in Ausübung gebracht. Man hat mir gesagt, daß man einst in Berlin den Anfang gemacht habe, eine solche Fabrik anzulegen, daß die Sache aber wieder ins Stecken gerathen sey, ich habe aber hiebey nie zur Gewißheit kommen können. Ich kann also in dieser Sache weiter nichts leisten, als daß ich der Vollständigkeit wegen einen kurzen Auszug aus der vorgedachten Abhandlung des Herrn dü Hamel liefere. Ich hoffe, daß diese vorläufige Nachrichten von einem so beträchtlichen Zweig der Manufacturen dem Leser nicht unangenehm seyn werden, ohnerachtet sie etwas weitläuftig gerathen musten, weil die Sache in hiesiger Gegend weniger bekannt ist.

1) Von den Baßelißetapeten.

Ich mache mit diesen Tapeten den Anfang, weil ich von diesen wenigstens etwas selbst gesehen habe. Auf dem Baßelißenstuhl webet man nicht nur eigentlich sogenannte Tapeten, sondern auch Fußdecken, Ueberzüge zu Stühlen, und der Unterschied beruhet nur darauf, daß zu den Tapeten insgemein ein feinerer und besserer Aufzug und Einschlag genommen wird, als zu den Decken und Ueberzügen, die häufig ganz von Wolle gemacht werden.

Zu dem Aufzug oder der Kette der Tapeten nimmt man eine ungefärbte oder weiße einschürige Wolle, wozu man bey sehr feinen Tapeten auch wol spanische Wolle wählt. Jeder Faden ist drey- bis sechsdräthig, oder mit andern Worten gesagt, drey- bis sechsfach, und aus jedem Pfund Wolle läßt man sechs bis 10 Stücken oder Strehnen spinnen. Die wahre Dicke und Stärke dieses Aufzugfadens hängt von der Stärke der Einschlagseide ab, denn nachdem diese fein oder grob ist, muß es auch der Kettenfaden seyn. Der Kettenfaden muß nicht nur sehr fest seyn, weil man ihn stark auf dem Stuhl ausspannet, sondern man muß ihn auch sehr gleich und eben spinnen laßen, weil ungleiche Stellen, Hocker und Ungleichheiten auf der gewirkten Tapete hervorbringen würden. Uebrigens wird dieser Faden mit den Hand-

griffen

griffen gezwirnet, die ich in der vorigen Sammlung beschrieben habe. Statt der Wolle bedient man sich auch zuweilen eines dreydräthigen leinenen oder hanfenen Zwirns, aber nur sehr selten bey sehr groben Tapeten. Der Einschlag ist jederzeit gute Organsinseide, die mit den in voriger Sammlung beschriebenen Handgriffen aus 4 bis 6 einzelnen Faden zusammen gezwirnt ist, je nachdem der einzelne Faden der Seide fein oder grob ist, oder auch die Tapeten fein oder grob werden. Die Hauptsache bey dieser Seide ist das Färben. Denn wenn der Tapetenwirker alle Schattirungen seines Originalgemähldes durch das Wirken nachahmen und copiren soll, so muß er nothwendig Seide von allen Schattirfarben jeder Hauptfarbe bey der Hand haben. Jede Haupt- und Schattirfarbe spulen sie mit einem kleinen ganz gewöhnlichen Spulrade, auf sogenannten Flieten Tab. I Fig. VI. Diese haben in a b einen Stiel, in a c eine dünnere Spille, worauf die Seide beym Spulen gewickelt wird, und in c einen kleinen vorspringenden Kopf, der so dick, als der Stiel ist. Die sämtlichen Flieden von allen Farben stellet der Weber in die Fächer eines Kastens, der beym Wirken neben ihm auf der Banke des Stuhls steht. Wenn er Figuren in die Tapete wirkt, so soll er statt des seidenen zuweilen einen wollenen Faden nehmen, der aber sehr fein und gleich seyn muß. Denn die Wolle nimmt eine weit lebhaftere Farbe an, als die Seide, und die gedachten wollenen Faden sollen also die Lebhaftigkeit der Farben vermehren und erhöhen.

Die erste Verrichtung des Tapetenwirkers ist, daß er seine Kette scheret, und dies verrichtet er nicht mit Beyhülfe einer Scheerlatte und eines Scherrahms, wie in den übrigen Werkstätten gebräuchlich ist, sondern auf eine sehr einfache Art, vermittelst eines sogenannten Schweifrahms, der vordem durchgängig, jetzt aber nur noch von dem Bortenwirker, dessen Kette nur klein ist, gebrauchet wird. Die Kette der Tapetenwirker ist verhältnißmäßig nur kurz. Ein solcher Schweifrahm Tab. I Fig. I bestehet blos aus einigen horizontalen Pflöcken, die an der Wand eines Saals angebracht sind, der länger ist, als die Kette zu seyn pflegt. An einer Seite ist nur ein einziger Pflock a, dem man bald diesen, bald einen andern Ort und Abstand von den Pflöcken b, c und d anweiset, je nachdem die Kette lang oder kurz werden soll. Daher sind in einer Reihe mit dem Pflock a verschiedene Löcher, und in eins oder das andere steckt man diesen Pflock. Die 3 Pflöcke zur Linken b, c und d sind aber unbeweglich befestiget. Beym Scheren steht vor dem Schweifrahm auf dem Fußboden ein kleiner gewöhnlicher offener Kasten, auf dessen Oefnung gerade in der Mitte der Länge ein schmales Brett, oder ein Steg befestiget ist, und in diesem Steg sind 6 Löcher in gleicher Entfernung. In dem Kasten selbst liegen gewöhnlich 6 Klauen von Kettenwolle, und den Faden jedes Klauens oder Knauls zieht

der

der Wirker durch ein Loch des vorgedachten Stegs. Alle 6 Faden bindet er an ihrer äußersten Spitze zusammen, sondert 3 und 3 von einander ab, oder theilt sie in 2 Hälften, und legt sie dergestalt auf dem Pflock a des Schweifrahms, daß 3 Faden über und 3 Faden unter demselben zu liegen kommen, aber so, daß ein Faden jederzeit oben, der benachbarte unten lieget. Hiernächst geht er mit seinen 6 Faden zu dem Pflock b, und legt sie eben so über diesen Pflock, als auf dem Pflock a. Unter diesem Pflock b lieset er die Faden ein, so daß sich zwey benachbarte Faden jederzeit durchkreutzen, und das Kreutz über den Pflock c fällt. Eben so durchkreutzet er die Faden wieder unter dem Pflock c, so daß also dieser Pflock c die Faden durchkreutzt absondert. Endlich windet er alle Faden um den Pflock d, und scheret auf vorige Art wieder zurück. Er durchkreutzet nemlich die Faden abermals unter und über dem Pflock c auf die vorige Art, legt sie in 2 Hälften abgesondert auf den Pflock b, wie vorher gedacht, leitet sie zu dem Pflock a, und sondert sie auf diesem Pflock abermals in 2 Hälften, wie vorher. Durch dieses Hin- und Zurückscheren ist nunmehro, wie bey allen übrigen Webern, ein Gang (Portée) vollendet, und ein solcher Gang bestehet also aus 12 Faden, indem der Wirker mit 6 Faden hin und zurück scheret. Diese Anzahl der Faden eines Ganges ist die gewöhnlichste. Doch giebt man dem Gang auch mehrere Faden, wenn die Wolle sehr fein ist. So wird nun ein Gang nach dem andern geschoren, bis die Pflöcke angefüllet sind, wozu insgemein 30 bis 40 Gänge erfordert werden, nachdem die Wolle fein ist. Alsdann verbindet man das Gangkreuz oder Obergelese, so durch das Einlesen über und unter dem Pflock c entstehet, mit einer Schnur, so wie auch das Fußkreuz oder das Untergelese des Pflocks a, nimmt die sämtlich geschornen Gänge von den Pflöcken ab, und schlingt sie sämtlich nach Art einer Kette in einander, damit sich die Faden nicht in einander verwirren. Der Tapetenwirker muß aber soviel Pflöcke voll Gänge scheren, als zu seiner breiten Kette erfordert wird, und alle diese Gänge werden endlich durch das Aufbäumen vereiniget. Ich habe aber nicht völlig gewiß in Erfahrung bringen können, wieviel Kettenfaden zu einer gewissen Höhe der Tapete und einer bestimmten Feinheit der Wolle erfordert werden. Soviel weiß ich aber, daß man im Durchschnitt auf Fünf Achtel Höhe der Tapete 34 Gänge rechnet, jeden Gang zu 12 Faden. Folglich gehören zu jeder Elle 54 Gänge und 5 Faden, oder 653 Faden, und wenn die Tapete z. B. 10 Fuß hoch ist, so werden hiezu 540 Gänge, oder 6530 Kettenfaden erfordert. Allein die Wolle ist bald feiner, bald gröber, und man wählt eine feine Wolle, wenn die Patrone oder das Originalgemählde fein, grobe Wolle aber, wenn es grob gemahlet ist. Folglich läßt sich die Sache nur im Durchschnitt bestimmen. Weshalb ich hier nach der Höhe, und nicht nach der Länge der Tapete rechne,

rechne, wird sich in der Folge aus dem Gang oder der Richtung der Kette bey der fertigen Tapete ergeben. In der Beschreibung der Savonnerietapeten des Herrn dü Hamel wird das Scheren der Kette auf eben dem Schweifrahm etwas anders erzehlt. Der Tapetenwirker gehet nemlich mit jeden einzelnen Faden auf dem Scherrahm hin und her, und durchkreuzet hiedurch die benachbarten Faden durch den verschiedenen Gang, den sie auf den Pflöcken nehmen. Allein dieses Scheren ist mühsamer und umständlicher, als das vorher beschriebene.

Der Natur der Weberey gemäß muß nun auch diese Kette auf den Stuhl gebracht werden, daher ich vorläufig den Baßelißestuhl beschreiben muß. Jeder, der von dieser Weberey einige gedruckte Nachrichten ertheilt, sagt, daß dieser Stuhl sehr einfach ist, und so verhält es sich auch in der That. In Absicht seines Gestelles kann ich ihn mit jeden Stuhl zu leinwandartigen Zeugen, in Absicht seiner Größe aber am füglichsten mit dem in voriger Sammlung beschriebenen Stuhl der spanischen Tuchweber vergleichen, und er ist noch größer und stärker, als der gedachte Tuchmacherstuhl. Da aber die Größe zur Sache selbst nichts beyträgt, so würde man unnöthig die erste Kupfertafel vergrößert haben, wenn man ihn auf derselben abgebildet hätte. Ein solcher Stuhl ist wenigstens 14 Fuß breit, und 4 bis 6 Fuß lang, wenn man nemlich die Länge, wie gewöhnlich, von dem Zeugbaum bis zum Kettenbaum rechnet.

Auf einem solchen Stuhl können Tapeten gewebet werden, die 6 Ellen oder 12 Rheinländische Fuß hoch sind, und es bleibt also an jeder Seite der Kette noch ein Raum von 1 Fuß zur Bequemlichkeit der Weber. Ich rechne hier abermals nach der Höhe der Tapete, und muß daher sogleich anzeigen, daß diese Höhe der Tapeten nach der Breite, und die Länge derselben gleichfalls nach der Länge des Stuhls fällt. Wollte man die Länge der Tapete nach der Breite des Stuhls weben, wie es anfänglich scheinen mögte, so würde der Stuhl ungeheuer lang seyn müssen. Bey einer fertigen Tapete gehen also die Kettenfäden nach der Länge, der Einschlag aber nach der Breite der Tapete. Aus dem letztern erhellet, daß die Figuren, die der Weber jedesmal einwirket, nicht vor ihm aufrecht, oder von einem Baum zum andern stehen, sondern daß sie nach der Breite des Stuhls liegen. Da nun mehrere Weber zugleich wirken, wie die Folge lehret, so kann ein Weber an einer Seite des Stuhls z. B. an dem Kopf, der andre aber zu eben der Zeit an den Füßen einer Menschenfigur wirken. Der Stuhl selbst hat, wie jeder andre Stuhl, einen Brust- oder Zeugbaum und einen Hinter- oder Kettenbaum, und jeder ist im Durchschnitt 1 Fuß stark. Man macht diese Bäume am liebsten aus Fichtenholz, weil dieses Holz leicht ist, und der lange Baum nebst der schweren Kette sich füglicher umdrehen laßen. Unterdessen muß es doch nothwendiger Weise schwer halten, einen 14 Fuß langen Baum, auf welchen eine Menge Kettenfaden aufgebäumet sind, umzuwälzen. Dieserhalb ist hiezu auf der rechten Seite des Stuhls eine besondre Winde angebracht, und an dem vorspringenden Kopf des Baums auf der rechten Seite des Stuhls sind verschiedene aufrecht stehende Pflöcke. An einen oder den andern Pflock wird ein Seil angeknüpft, und vermittelst dieses Seils und der vorgedachten Winde wird der Baum erforderlich umgedrehet, es sey nun, daß man die gewebte Tapete auf dem Brustbaum auf- oder die Kette von dem Kettenbaum abrollen will. Den erforderlich umgewälzten Baum spannet man wieder mit einem Seil vermittelst eines Knippels, denn die Kette ist jederzeit straff auf dem Stuhl ausgespannet. In der Umwälzung und Spannung der Bäume bestehet nun die erste Abweichung dieses Stuhls. Ferner gehet er auch von den übrigen Stühlen in Absicht der Schäfte ab. Dem Leser ist aus den vorigen Sammlungen bekannt, daß man bey jeder Zeugart wenigstens mit 2 Schäften die Kette in zwey gleiche Hälften theilet, und zwar mit Beyhülfe der Fußtritte, ferner, daß jeder Schaft wenigstens eben so lang, als die Zeugart breit ist. Allein die Breite der Tapetenkette, die sich bis an 12 Fuß und drüber belaufen kann, und die mühsame Arbeit beym Weben macht es unmöglich, daß ein einziger Weber nach der ganzen Breite der Kette allein weben kann. Daher weben wenigstens 2 bis 4 Weber zugleich, und jeder muß bequem unter die Kettenfaden, die er mit einem Schaft erhöhet, mit den Fingern fassen können, wie die Folge lehren wird. Aus allen diesen Ursachen bringt man mehr, als ein Paar Kämme an, und wenn, wie gewöhnlich, 4 Tapetenwirker zugleich weben, so sind 8 Paar Kämme vorhanden, denn für jeden sind 2 Paar Kämme bestimmt, mit welchen er wechselsweise arbeitet. Gesetzt also, es sind 8 Paar Kämme vorhanden, so ist die Kette in 8 gleiche Theile abgetheilt, jedes Achtel wird von 2 zusammen gehörigen Kämmen und 2 Fußtritten in Bewegung gesetzt, jeder Kettenfaden gehöret zu dem einen oder dem andern Paar Kämme, und alle 8 Paar Kämme zusammen genommen nehmen die ganze Breite der Tapete ein. Jeder Kamm ist etwa 1 Fuß lang, und halb so breit, und die beyden zusammengehörigen Kämme hangen an einem Gehänge, so aus 2 Wippen, 2 Kloben, und einigen Schnüren bestehet, gerade wie bey einem Leinweberstuhl. Alle diese Kämme hängen vermittelst eines Gehänges an einer Latte, so in der Mitte des Stuhls und nach seiner Breite liegt.

Die aus den vorigen Sammlungen bekannte Letzen der Schäfte haben kein Auge, wie sonst gewöhnlich ist, sondern die doppelte Ober- und Unterletze ergreifen und umschlingen sich nur in der Mitte des Schafts, nach der Breite des letztern gerechnet. Die zwölfte Letze hat jedesmal eine andre Farbe, weil jeder Gang der Kette aus 12 Faden bestehet, und jeder Schaft hat 17 bis 40 Gänge der Letzen. Wenn also der Tapetenwirker die Kettenfaden in die Letzen des Schafts einpaßiret, und er bemerkt, daß sich ein Gang der Kette nicht mit einem Gang des Kamms endiget, so ersiehet er hieraus, daß er sich beym Einpaßiren dieses Ganges geirret hat, und er kann den Fehler sogleich verbessern. Endlich liegt nach dem Kettenbaum zu nach der Breite des Stuhls eine dünne Walze, worauf die Patrone, oder das Originalgemälde aufgewickelt wird. Doch liegt jedesmal etwa eine halbe Patrone abgerollt auf einem Brett kurz vor dem Brustbaum, und der abgerollte Theil wird mit ein paar Nägeln auf dem Brett nach der ganzen Breite der Kette ausgespannt. So liegt der eine Theil der Patrone, den der Wirker jedesmal in die Tapete webt, unter der Kette, und stehet von dieser etwa 1 Zoll ab. Der Weber hat also die Patrone jederzeit vor Augen, und um so viel leichter kann er sie in der Tapete copiren.

Auf diesen Stuhl wird nun die geschorne Kette folgendergestalt aufgebracht. Der Tapetenweber setzt den bekannten Oefner Tab. I Fig. III auf den Kettenbaum, bemerkt sich auf demselben die Breite oder Höhe der Tapete, die er wirken will, nimmt die obere Leiste a b des Oefners ab, und legt zwischen zwey und zwey Pflöcke nach Beschaffenheit des Oefners, 1 oder $1\frac{1}{2}$ Gänge. Er kennet die Beschaffenheit seines jedesmaligen Oefners, ob die Pflöcke weiter oder enger neben einander stehen, und in dem ersten Fall legt er $1\frac{1}{2}$, in dem letzten nur ein Gang zwischen zwey und zwey Pflöcke des Oefners. Wenn alle Gänge der Kette in den Oefner vertheilet sind, so befestiget er den Schenkel a b wieder auf demselben. Alsdenn steckt er in das Fuß- oder Gangkreutz der sämtlichen Gänge, so auf dem Pflock a Fig I entstehet, einen Stab, den die deutschen Weber insgemein Fitzruthe nennen, und befestiget diese auf eine oder die andere Art in einer Fuge oder Falze, die bey allen Weberbäumen nach ihrer ganzen Länge ausgemeißelt ist. Ein paar Personen halten ferner den Oefner in einiger Entfernung über dem Kettenbaum, oder man befestiget ihn in der gehörigen Richtung auf eine oder die andre Art an dem Stuhl, und wirft den Ueberrest der Kette auf die Latte, woran die Schäfte befestiget werden. Nunmehro wird der Kettenbaum auf die vorgedachte Art mit der Winde langsam umgedrehet, und einige Personen beobachten die Kette, daß sie sich gleich und glatt auf den Kettenbaum aufwickele, wozu der Oefner vieles beyträgt. Wenn nun die Kette auf diese Art auf den Kettenbaum aufgebäumet ist, so steckt der Tapetenwirker durch das Obergelese, so auf dem Pflock c Fig. I entstehet, statt dieses Pflocks eine flache Ruthe, so das Obergelese unterhält, löset die Schnur, womit dieses Kreutz gebunden ist, auf, und sondert die ganze Kette in so viel gleiche Theile ab, als verschiedene Paar Schäfte vorhanden sind, und nach dem oben angenommenen Fall in 8 Theile. Durch diese Schäfte muß nun die Kette durchgezogen oder paßiret werden, weil sich der Tapetenwirker nie des sogenannten Drohms bedienet, indem er die Breite der Tapeten jedesmal nach der Höhe des Zimmers bestimmen muß, wenigstens wenn sie bestellet wird. Das Einpaßiren verrichtet er überhaupt mit den Handgriffen der übrigen Weber, und es gehören hiezu zwey Personen. Die eine Person stehet bey dem Paar Schäften, durch welche man gerade Kettenfaden paßiret, und hebet die Unterlitze jeder Litze des Schafts auf, so daß die Schlinge, womit die Unterlitze die Oberlitze ergreifet, sich öfnet. Durch diese Oefnung steckt die zweyte Person die Spitze des Kettenfadens durch, und die erste Person ziehet ihn völlig durch. So wird nun bey jedem Paar Schäfte ein Faden des Obergeleses in einen, und der benachbarte Faden des Untergeleses der Kette in eine Litze des andern Schafts einpaßiret, gerade wie bey jedem Leinwandartigen Zeuge. Endlich befestiget der Tapetenweber die Kette mit einer Fitzruthe an dem Brustbaum, so wie ich dieses in der vorigen Sammlung bey der Zeug- und Seidenfabrik gezeiget habe.

Ich komme nunmehro zu dem Wirken der Tapete selbst, worauf die Hauptsache beruhet. Den Anfang macht der Tapetenweber mit einer Sahlleiste, die an jeden breiten Ende oder an jeder Seite nach der ganzen Höhe der Tapete gewebet wird, damit man an jeder Seite die Tapete an der Wand befestigen kann. Diese Sahlleiste braucht daher nur gewöhnlich gewebet zu werden, da die sämtlichen Weber, davon insgemein, wie gesagt, viere zugleich weben, einen Fußschemmel nach dem andern treten, hiedurch die Kette in zwey Hälften spalten, und eine Fliete mit Einschlag, so nur Wolle ist, durch die ganze Breite der Tapete durchstecken, so daß einer dem andern oder seinem Nachbar die Fliete Fig. VI reicht. Jeder Weber fährt nemlich, wenn die Fliete zu ihm kommt, mit den Fingern der linken Hand, unter die sämtlichen Kettenfäden, die sein getretener Schaft erhöhet hat, zieht die Fliete durch beyde Fächer der Kette durch, und reicht sie in der gefalten Kette seinem Nachbar, der sie eben so durch seinen Theil der Kette durchsteckt. Gesetzt die Patrone zeigt dem Tapetenweber an, daß gleich nach der Saalleiste nach der ganzen Breite seines Paars Schäfte, die er gerade treten will, bloßer Grund z B. von einer weißen Farbe folgt, so webt er diesen Grund beynahe wie der Leinweber die Leinwand. Er tritt nemlich den einen Fußschemmel, erhebet hiedurch einen seiner beyden Schäfte, und spaltet hiedurch denjenigen Theil der Kette, der durch seine beyden Schäfte paßiret ist, womit er gerade webet. Zwischen den gespaltenen Theil der Kette steckt er ein Paar Finger seiner linken Hand, und hebt hiedurch das erhöhete Oberfach der Kette noch merklicher in die Höhe. Mit der rechten Hand ergreift er eine Fliete Fig. VI, in dem gegenwärtigen Fall mit weißer Flietenseide, und schläget oder schlinget die Spitze der Flietenseide einmal um den äußersten

sten Kettenfaden zur Rechten, so daß die Spitze selbst auf der obern Seite der Kette etwas vorspringt. Die Folge wird lehren, daß viele dergleichen vorspringende Spitzen auf der obern Seite des fertigen Gewebes vorspringen. Diese obere Seite wird dadurch rauh, allein es thut der Schönheit der Tapete keinen Abbruch, weil die rechte Seite der Tapete auf dem Stuhl unten ist, die rauhen Fasern also nur auf der obern linken Seite sichtbar sind. Der berlinische Weber, der von Geburt ein Franzose ist, nennt das vorgedachte Umschlingen des Flietenfadens, croiser. Sobald nun der Flietenfaden befestiget ist, so steckt er die Fliete Fig. VI mit der Seide durch die gespaltene Kette von der Rechten zur Linken durch, tritt hierauf den nächsten Fußschemmel, und steckt die Fliete auf die vorige Art von der Linken zur Rechten durch. Auf diese Art schlägt er etwa aus der Flietenseide 3 bis 4 Mal ein. Alsdenn muß er die eingeschlagenen Flietenfäden zusammentreiben, und hiezu bedient er sich eines stählernen oder knöchernen Kamms Tab. I Fig. IV, so beynahe einem Rostral gleichet. Die Spitzen oder Blechstücken a steckt er hin und wieder vor dem Gewebe zwischen die Kettenfäden, und treibt hiedurch die eingeschlagenen Flietenfäden zusammen. Alle übrigen Weber bedienen sich in diesem Fall eines Kamms in einer Lade, der so breit ist, als das ganze Gewebe: allein bey der Tapetenweberey findet Lade und Kamm aus einer doppelten Ursache nicht statt. Erstlich webt an einer Tapete nicht ein, sondern mehrere Weber zugleich, welche der Lade nicht immer zu gleicher Zeit und an einem Ort bedürfen, und überdem müßen bey den Tapeten die Fäden der Einschlagseide ungleich dichter zusammen getrieben werden, als bey jeder andern Zeugart, denn der Tapetenweber muß mit dieser Flietenseide die weiße Kette völlig bedekken, und daher den Einschlag bestmöglichst zusammenpressen. Diese Bemerkung gilt von der folgenden ganzen Tapetenweberey. Wenn nun der Grund nach Anleitung der Patrone mit dem ersten Paar Schäften gewebet ist, so gehet der Wirker zu dem andern Paar Schäfte über, die ihm gleichfalls zugehören, wenn nemlich die Patrone besagt, daß mit diesen letztern Schäften anfänglich gleichfalls blos Grund gewebet werden soll. Er verfährt hiebey, wie bey den beyden ersten Schäften, so wie auch alle übrige Weber in dem nemlichen Fall. Sobald nun aber der Weber nach Anleitung der Patrone zu einer Figur gelanget, so ändert sich die Behandlung in etwas ab. Er tritt zwar die Fußschemmel von einem oder dem andern Paar Schäfte gleichfalls wechselsweise, so daß die Hälfte der Kette bald im Ober- bald wieder im Unterfach ist, allein er webet nunmehro nicht nach der ganzen Breite der zu den beyden Kämmen gehörigen Kettenfäden, sondern er bleibt nur bey einer einzigen Farbe, und wenn Schattirungen vorhanden sind, sogar nur bey einer einzigen Schattirung stehen. Jede Farbe oder Schattirung webet

webet er abgesondert von den übrigen, so weit als die unterliegende Patrone sie nachweiset. So bald er nun den rechten Fußschemmel getreten und einen Schaft nebst der zubehörigen halben Kette erhöhet hat, so fährt er gerade an dem Ort, wo die Farbe auf der Patrone ihren Anfang nimmt, mit dem Daum der linken Hand unter die erhöheten Kettenfäden, und nimmt mit dem Daum alle die Kettenfäden auf, die über der jedesmaligen Farbe der unterliegenden Patrone schweben. Webt er z. B. hellroth, und über der hellrothen Stelle der Patrone schweben 20 Kettenfäden, so hebt er diese über die übrigen Kettenfäden in die Höhe. Hiernächst nimmt er aus dem neben ihm stehenden Flietenkasten eine Fliete Fig. VI mit Seide, die genau ihrer Farbe nach mit der jedesmaligen Farbe der Patrone übereinstimmt. Die gewählte Flietenseide schlingt oder croisiret er um den äußern mit dem Daum erhöheten Kettenfaden zur Rechten, steckt die Fliete mit der Seide unter eben diesen erhöheten Faden durch, und reißt nach dem Durchstecken den Faden ab, doch so, daß noch etwas von der abgerissenen Spitze stehen bleibt. Wenigstens hab ich aus den mündlich eingezogenen Nachrichten geschlossen, daß der Weber den Faden abreißt, und also den Flietenfaden jedesmal von der Rechten zur Linken einschlägt. Hiernächst tritt er den zweyten Fußschemmel, und das vorige Unterfach der Kette gehet nunmehro in die Höhe, das Oberfach aber sinkt hinab. Von diesem zweyten erhöheten Fach hebet er abermals mit dem Daum so viel Kettenfäden auf, als über der jedesmaligen Farbe der unterliegenden Patrone schweben. Zuweilen breitet sich diese Farbe aus, zuweilen wird sie aber auch in der Folge schmaler. Daher kann der Weber nie einmal so viel und eben dieselben Kettenfäden mit dem Daum aufheben, als das andre Mal, sondern die jedesmalige Breite der Farbe bestimmt die aufzunehmenden Kettenfäden bey jeden Einschlag. Um den äußersten aufgehobenen Kettenfaden schlingt er abermals den Flietenfaden, und steckt ihn unter den erhöheten Faden weg, wie vorher. So tritt er die Fußschemmel wechselsweise und webet seine jedesmalige Farbe, so weit sie ihm die Patrone nachweiset. Er vergißt auch nicht, die Kettenfäden mit dem Kamm Fig. IV nach der obigen Beschreibung zusammen zu treiben, er verrichtet diese Arbeit öfter, wenn die Seide stark ist. So webt er eine Farbe nach der andern nebst dem Grund mit seinen beyden Paar Schäften, und eben so arbeiten alle übrigen Weber, die zu gleicher Zeit wirken. Am schwersten hab ich aus den eingezogenen mündlichen Nachrichten begreifen können, wie nun diese einzelnen gewebten Farben gehörig zusammen hängen, zumal da mehrere Weber zugleich arbeiten. Alsdenn hat die Sache keine sonderliche Schwierigkeit, wenn die gewebte Farbe einen krummlinigten Umfang hat. In diesem Fall haben zwey benachbarte Farben hin und wieder einen Kettenfaden gemein, woran die Flietenseide

der

der nächsten Farbe durch das Schlingen befestiget werden kann. Ist aber der Beschluß des Gewebten gradlinigt, so muß das vorige Anschlingen des Flietenfadens einer neuen Farbe an den letzten Kettenfaden der gewebten Farbe gleichfalls die Vereinigung bewerkstelligen, so viel ich aus den mündlichen Nachrichten habe schließen können. Eben so müßen auch die Theile der Tapeten vereingen werden, so benachbarte Weber verfertigen. Endiget sich aber ein Bild irgendwo nach einer geraden Linie, so findet füglich keine Zusammenfügung mit dem Benachbarten statt, und man muß solche Stelle zusammen nähen. Wenn nun auf diese Art alle Arbeiter, die zugleich weben, den unter der Kette ausgespannten Theil der Patrone in die Tapete gewirkt haben, so rollen sie das Gewebte auf den Brustbaum auf, und zugleich wieder einen erforderlichen Theil der Kette von dem Kettenbaum ab. Desgleichen müßen sie auch von neuen den folgenden Theil der Patrone, so jedesmal $\frac{1}{4}$ bis $\frac{1}{2}$ Elle beträgt, von der oben gedachten Walze abrollen und unter der Kette vorgedachtermaßen ausspannen. Diese Arbeit setzen sie so lange fort, bis die Tapete fertig ist. Man siehet hieraus, daß das Mechanische beym Wirken der Tapeten nicht sowohl künstlich, als mühsam ist. Die Hauptsache beruhet darauf, daß der Tapetenwirker Witz, Uebung und Hurtigkeit genug besitzet, bey jeder Schattirfarbe der Patrone eine solche Flietenseide auszusuchen, die genau mit der Farbe der Patrone überstimmt, daß er in seiner Copie Licht und Schatten eben so geschickt vertheilen kann, als der Mahler in seinem Originalgemählde. Diejenigen, so der Arbeit dieser Wirker zugesehen haben, versichern, daß diese durch die Uebung hierin eine solche Fertigkeit erlanget haben, daß sie, ohne sich lange zu besinnen und zu wählen, die Flietenseide von der erforderlichen Farbe nehmen und treffen, wenn sie gleich nichts von der Kunst der Mahler verstehen. Uebung und ein getreues Auge muß also hier die Stelle der Kunst vertreten. Einige versichern zwar, daß sich die Tapetenweber dadurch zu helfen wissen, daß sie bey der fertigen Tapete diejenige Stelle, die sie nicht genau nach der Farbe des Originalgemähldes getroffen haben, mit Farben anstreichen und nachhelfen: allein der Tapetenweber wird dieses wenigstens nicht eingestehen, und meines Erachtens würde dieser Betrug bald und zu merklich in die Augen fallen.

Nachricht. Der Baßelißenwirker erlernet seine Kunst in 7 Jahren, und hält sich beständig als Geselle in den Fabriken auf, außer daß die Fabrik einen oder den andern zum Werkmeister macht, und hiedurch den übrigen vorsetzt. Von der berlinischen Baßelißenfabrik hab ich schon oben geredet. Ich erinnere nur noch, daß die Fabrik zur Werkstätte dem Wirker ein großes Zimmer oder einen Saal einräumen muß, und zwar der Größe der Stühle wegen. Diese stehen so, daß die Fenster dem Arbeiter gegen über sind, damit er die Patrone, die Kettenfäden, und alles übrige gut sehen kann.

2) Von den Hautelißetapeten.

Die Beschreibung des Hautelißestuhls entlehn ich aus der oben angeführten Abhandlung des Herrn Dühamel von den Savonnerietapeten, die Verfertigung dieser Tapeten selbst aber kann ich nur nach mündlichen Nachrichten und hin und wieder nach Büchern beschreiben, wie aus der Einleitung erhellet.

Auf der ersten Kupfertafel stehet Fig. II ein Hautelißestuhl abgebildet, der aber nur zu kleinen Stücken, z. B. zu Fußtapeten gebraucht werden kann, weil er nur klein ist. Die Abbildung ist aus obiger Abhandlung des Herrn Dühamel entlehnt. Nur in Absicht der Größe und der Spannung der Weberbäume sind die kleinen von den größern Stühlen unterschieden, und ich werde von beyden das Vorzüglichste nach Herrn Dühamel sagen. Der Stuhl selbst ist sehr einfach, und ich vermuthe, daß die ältesten Weberstühle eine solche Beschaffenheit durchgängig gehabt haben, weil ich in der Werkstätte einer sehr einfachen Profeßion nemlich des Siebmachers einen ähnlichen Stuhl angetroffen habe, der auch an seinem Ort bereits beschrieben ist. Das Gestell dieses Stuhls bestehet aus 2 Säulen a b und c d, die bey einer Breite des Stuhls von 30 Fuß 9 bis 10 Fuß hoch, 20 bis 22 Zoll breit und 7 bis 8 Zoll dick sind. Ist der Stuhl groß, so

sind

sind diese Säulen an der Dekke der Werkstätte mit eisernen Bändern befestiget, ist er aber nur klein, so werden sie oben unter a c durch einen Querriegel zusammengehalten. Unten stehen diese Säulen auf einem Fuß von Tischerarbeit d e, und in e f ist eine Banke, worauf die Weber beym Weben sitzen, die nicht angedeutet ist, weil sie die nöthigen Theile des Stuhls verbergen würde. In den gedachten beyden Säulen laufen 2 Weberbäume, nemlich der Oberbaum i k, und der Unterbaum g h. Bey großen Stühlen sind diese Bäume 18 bis 22 Zoll dick, an jedem Ende mit eisernen Ringen beschlagen, und ihre Zapfen, womit sie in Löchern der Säulen laufen, haben die halbe Dicke des Baums. In jeden Baum ist von einem Zapfen bis zum andern eine Fuge oder Falze, in welche die Fitzruthe der Kette geleget wird. Ein solcher Weberbaum muß leicht seyn, und daher von leichten Fichtenholz verfertiget werden, damit man ihn bey seiner eigenen Stärke und der Schwere der Kette so bequem, wie möglich umwälzen kann. Bey kleinen Stühlen drehet man die Bäume gewöhnlich um, und der Oberbaum hat in i einen Sperrkegel und ein Sperrad, wodurch er, wie bey allen übrigen Weberstühlen befestiget wird. Zur Befestigung des Unterbaums steckt in der Säule c d eine Tille in h, in welcher ein senkrechter eiserner Pflock stehet, der mit seiner Spitze in ein Loch des Unterbaums h g greift. In dem vorgedachten eisernen Ring in h dieses Unterbaums sind nemlich mehrere sol-

che

che Löcher, und in eines oder das andre fasset der vorgedachte Pflock nach Befinden. Fig. VIII stellet die vorgedachte Tille besonders vor, und Fig. VII den zubehörigen Nagel. Bey großen Stühlen, wo die Kette bis 30 Fuß breit ist, müßen die Weberbäume stärker gespannet, und eine grössere Kraft zum Umwälzen dieser Bäume angewendet werden. Dieserhalb stecken in dem eisernen Ringe neben jeden Zapfen des Baums mehrere Pflöcke, und an einen oder den andern schürzt man ein Seil an. Vermittelst dieses Seils und einer gewöhnlichen Winde oder eines Haspels drehet man vorzüglich den Oberbaum um. Der erforderlich umgewälzete Baum wird wieder mit einem Seil, so an den vorgedachten Pflöcken befestiget ist, und erforderlich um eine benachbarte Säule des Stuhls gewickelt wird, und mit einem starken Knippel gespannet und befestiget. So wird jeder Baum an seinen beyden Zapfen gespannet, und insbesondre der Oberbaum i k. Endlich liegt noch vor dem Stuhl eine 6 Zoll dicke Walze l m auf 2 starken Pflöcken l und m, und diese Walze führet den Nahmen Schaft der Litzen. Unter und über l und m wird man mehrere Löcher in den beyden Säulen des Stuhls bemerken, und an einem oder dem andern Ort werden die beyden Pflöcke l und m in zwey gegen über stehende Löcher gesteckt. Folglich kann man die Stelle des Schafts der Litzen l m nach Befinden verändern.

Mit der Kette und der Flötenseide des Einschlags der Hautelißetapeten verhält es sich eben so, wie ich bey den Baßelißetapeten bereits erzählet habe, und die Kette wird auch auf die oben beschriebene Art geschoren. Desgleichen wird diese Kette auch auf die bey den Baßelißetapeten gedachte Art auf den Stuhl gebracht, außer daß die abgeänderte Einrichtung des Stuhls einige besondre aber unbeträchtliche Handgriffe verlangt.

Da aber die Natur des Hautelißenstuhls nicht erlaubet, Schäfte anzubringen, und ziemlich die Kette in erforderliche Hälften oder Fächer zu theilen, so sieht sich der Weber genöthiget, dagegen auf eine mühsame Art einzelne Litzen an die Kettenfaden anzubinden, und dieserhalb ist der Schaft der Litzen l m Fig. II vorhanden. Sobald nemlich die Kette i h auf den Stuhl gebracht ist, so steckt der Weber eine flache Kettenruthe n o durch dieselbe dergestalt durch, daß diese Ruthe das Vorder- und Hinterfach, oder wie der Tapetenwirker sagt, die Vorder- und Hinterfaden von einander absondert, und das Kreutz oder Obergelese der Kette unter die Ruthe fällt. Die Kettenruthe n o wird dergestalt hinabgeschoben, daß sie etwas weniges über dem Schaft der Litzen l m erhöhet ist, und zwar ungleich niedriger, als in der II Fig. angedeutet werden konnte, wenn diese Ruthe n o in die Augen fallen sollte. Der Schaft der Litzen l m lieget so hoch, daß der Weber ihn bequem ergreifen kann, wenn er vor dem Stuhl auf der Banke sitzet. Diesen Schaft der Litzen l m

ent-

entfernet man erforderlich von der Kettenruthe n o durch 5 bis 6 eiserne kleine Platten, Zwischenlagen genannt. In der V Fig. Tab. I ist a der Durchschnitt des Schafts der Litzen und b der Kettenruthe, c e d aber die Zwischenlage. Diese hat unter d und c, oder an jeder Seite einen Kerb, und in einem liegt der Schaft der Litzen a, indem andern die Kettenruthe b. Nach diesen Vorbereitungen stellet sich ein Weber hinter die Kette Fig II i h, und ein anderer setzt sich vor derselben auf seine Banke. Der erstgedachte Weber schürzt an den äußersten Faden des Hintersachs oder der Hinterfäden der Kette einen starken leinenen Zwirnfaden an, so man in allen Weberwerkstätten Litze nennt. Diese Litze reicht er durch das Vordersach der Kette demjenigen Weber zu, der vorne auf der Banke sitzt, und dieser knüpft sie an eine Schnur p q an, so vor dem Schaft der Litzen ausgespannet ist. So wird nun blos an jeden Hinterfaden nach der Reihe eine Litze, und diese wieder an die Schnur p q angeknüpft. Die sämtlichen Litzen hängen unter dem Schaft der Litzen l m, wo man sie auch in der II Fig. durch Striche angedeutet bemerken wird. In der V. Fig. ist in b der Hinterfaden, vor diesem die Ruthe b, b e a ist die Litze und a der Schaft der Litzen, an welchen die Litze in a angeknüpft wird. Da nun die beyden Fächer der Kette oder die Vorder- und Hinterfaden durch die Kettenruthe n o genau von einander abgesondert sind, so kann man jeden Hinterfaden an seiner Litze durch die

vor

vor ihm ausgespannten Vorderfaden durchziehen. Dieses ist bey den Vorderfaden nicht nöthig, da sie ohnedem dem Weber schon zur Hand sind, und daher wird blos an jeden Hinterfaden eine Litze angeknüpft.

Der Stuhl ist nunmehro eingerichtet, und alsdann wird die Patrone oder das Originalgemälde hinter der Kette aufgehangen, aber in einiger Entfernung, und auf der Kette selbst entwirft, wie es heißt, ein Zeichenmeister den Umriß der Patrone. Alsdann setzen sich 5 bis 6 Arbeiter zum Weben vor die Kette, wenn diese etwa 25 Ellen breit ist. Jeder befestiget an dem äußersten Kettenfaden desjenigen Theils der Kette, so ihm zu weben zugefallen ist, Flietenseide von derjenigen Farbe, die ihm die Patrone anzeigt. Denn auch bey den Hautelißetapeten wird jede Farbe, ja jede Schattirung einer Hauptfarbe besonders gewebt. So weit nun nach Anleitung der Patrone diejenige Farbe, die der Weber jedesmal webt, reichet, eben so weit nimmt der Weber die Vorderfaden der Kette mit dem Daum der linken Hand auf, und zieht sie vor den übrigen vor. An dem äußersten zurückgezogenen Faden schlingt (croisiret) er seine gewählte Flietenseide mit der rechten Hand an, gerade wie bey den Baßelißetapeten, und steckt die Fliete Fig. VI hinter die mit dem Daum aufgehobenen Kettenfäden weg. Hiernächst zieht er vermittelst der Litzen an dem Litzenschaft l m Fig. II soviel Hinterfäden der Kette nach sich, als von denselben vor der jedesmaligen

Farbe

Farbe ausgespannet vorhanden sind. Vermittelst der gedachten Litzen zieht er jeden Hinterfaden zwischen zwey vor ihm ausgespannten Vorderfaden durch, so daß sich die Vorderfaden mit dem Hinterfaden durchkreutzen, und die sämtliche vorgezogene Hinterfaden machen mit den zubehörigen Vorderfaden Fach, wie der Weber zu sagen pflegt. Die mit den Litzen vorgezogenen Hinterfäden nimmt er abermals mit dem Daum der linken Hand auf, und zieht sie hiedurch weiter vorwärts. Sobald dieses alles geschehen, schlingt er seinen Flietenfaden auf die vorgedachte Art an einen Hinterfaden an, und steckt die Fliete mit der Seide hinter die vorgezogenen Kettenfäden weg. Läßt er hiernächst die Hinterfäden wieder fahren, so springen sie durch ihre eigene Spannung wieder in ihre vorige Lage zurück. So werden nun wechselsweise bald die erforderlichen Vorderfäden mit dem Daum aufgehoben, und hiernächst wieder die benöthigten Hinterfäden mit den Litzen vorgezogen, jedesmal wird aber Flietenseide durchgesteckt. Mit allen übrigen Vorfällen dieser Weberey verhält es sich gerade, wie bey den Baßelißetapeten. Wenn daher jeder Weber 3 bis 4 Reihen Flietenseide übereinander eingeschlungen hat, so preßt er sie gleichfalls mit einem Kamm Fig. IV zusammen, wie bey den Baßelißen und giebt diesen Tapeten auch zu Anfang und beym Beschluß eine Sahlleiste, wie ich bey den Savonnerietapeten zeigen werde. Aus dieser Sahlleiste erhellet, daß die Breite dieser Hautelißetapeten gleichfalls nach der Höhe der Tapete abgemessen werden muß. Vergleicht man also das Weben der Haute- und Baßelißentapeten mit einander, so beruhet der Unterschied blos auf der verschiedenen Beschaffenheit des Stuhls, da man nemlich das Fach der Kette der Baßelißen durch kleine Schäfte erhält, sich aber dagegen bey den Hautelißen der Litzen bedient. Zuletzt erinnere ich noch, daß die Tapetenwirker beym Weben die Banke, worauf sie sitzen, und zugleich den Schaft der Litzen lm Fig. II nach und nach erheben, so wie sie mit ihrer Arbeit vorrücken. Es hält nemlich schwer, die starken Bäume mit der eben so starken Kette zu bewegen, und daher übernehmen sie lieber die Mühe, mit der Banke hinaufzurücken, so weit es nur die Höhe des Zimmers erlaubet. Doch ist dieses nur von großen Stühlen zu verstehen. Eben so bringt man auch die Bänke großer Stühle bey den Tapeten der Savonnerie höher und von diesen Tapeten will ich nunmehro reden.

3) Von den Tapeten der Savonnerie.

Deutsch nennt man diese sammtartige Tapeten türkische Tapeten, und ihre französische Benennung haben sie von der Königl. französischen Tapetenfabrik zu Chaillot erhalten, die den Nahmen Savonnerie führet. Diese Tapeten werden nach Herrn du Hamels Beschreibung gleichfalls auf einem Hautelißestuhl gewebt, und ich kann mich daher hiebey kurz fassen, da ich den gedachten Stuhl schon vorher beschrieben habe.

Die

Die Kette dieser Tapeten ist gleichfalls von Wolle, die wenigstens dreydräthig gezwirnt, milde und gleich seyn muß. Zu dem Sammtartigen, oder wie man in den Plüsch- und Sammtfabriken sagt, zum Flor muß man vorzüglich eine milde und weiche Wolle nehmen, theils damit sie die Farbe gut annimmt, theils aber auch damit sie den Grund gut bedeckt. Blühete eine solche Fabrik in Deutschland, so würde man hiezu eine feine einschürige Fettwolle nehmen, die vor dem Färben gewaschen ist, weil diese alle vorgedachte Eigenschaften hat, wie aus der vorigen Sammlung erhellet. Herr du Hamel sagt aber nicht, wie man diesen Flor aus Seide macht, oder machen kann. Diese Tapeten unterscheiden sich in Absicht der Beurtheilung dadurch von den vorigen, daß sie einen gewöhnlichen Einschlagfaden erhalten, der das sammtartige verbindet und befestiget. Hiezu nimmt man bey gewöhnlichen Tapeten leinenen Zwirn, weil er bey der fertigen Tapete nicht in die Augen fällt, bey Fußtapeten aber Wolle, weil der Zwirn die Fußdecke unbiegsam macht, daß sie nicht bequem und leicht ausgebreitet werden kann.

Die Kette wird auf die oben beschriebene Weise aus weißer Wolle geschoren, doch so, daß jederzeit der zehnte Faden blau ist. Die Beschaffenheit der Patrone, wovon ich sogleich ein mehreres sagen werde, verlangt es, daß jederzeit der zehnte Faden blau ist. Zu einer 26 Fuß breiten Tapete werden 70 bis 80 Pfund weiße, und überdem noch der zehnte Theil des vorigen blauen Wolle erfordert. Eine Tapete von der gedachten Breite muß auf einen 30 Fuß breiten Stuhl gewebet werden, und auf diesen wird die Kette auf die oben beschriebene Art aufgebracht. Eben so muß auch an jeden Hinterfaden eine Litze angeknüpft werden, wie ich bey den vorigen Hautelißetapeten gezeiget habe.

Bevor ich von dem Wirken dieser Tapeten selbst rede, muß ich noch der Patrone zu diesen Tapeten gedenken. Man läßt diese Patrone von einem Mahler auf sogenannten Patronen- oder Musterpapier mit Oelfarbe mahlen. Ich habe bereits in der vorigen Sammlung von diesem Musterpapier einen Begriff gegeben. Auf jedem Bogen Musterpapier sind nemlich nach der Länge und Breite mehrere Parallellinien mit einer Kupferplatte abgedrucket, und jederzeit die zehnte Linie nach beyden Richtungen ist stärker, als die nächst vorhergehenden neune. Mehrere solche Bogen werden nun nach der ganzen Größe der Tapete zu ihrer Patrone zusammengeklebt. Ehe der Weber dieses Papier dem Mahler übergiebt, durchstreicht er die sämtlichen stärkern zehnten Linien, sowohl nach der Länge als nach der Breite, mit einer Nadel, damit er diese Linien von den übrigen unterscheiden kann, wenn sie gleich von dem Mahler mit Farben bedeckt sind. Die nach allen erforderlichen Farben ausgemahlte Tapete zerschneidet der Weber in Theile, und befestiget z. B. den ersten Theil an den Schaft der Litzen im Fig. II. Er richtet und verschiebet aber die Patrone dergestalt, daß z. B. die zehnte oder erstere starke Linie nach der Länge der Patrone auf den zehnten oder ersten blauen Faden der Kette fällt, und auf diese Art muß der jedesmalige zehnte oder stärkere Strich der Patrone, nach der Länge genommen, auf den zubehörigen blauen Faden der Kette fallen. So zeigt also der Strich der Patrone jedesmal auf den erforderlichen Kettenfaden, und deutet zugleich die Farbe der Seide an, womit dieser Faden umschlungen werden soll. Auch die zehnten und stärkern Striche nach der Patrone haben ihren Nutzen. Denn wenn der Weber 10 Flietenfäden in die Kettenfäden eingeschlungen hat, so zeigt ihm der stärkere und zehnte Strich der Patrone, der nach der Breite gehet, an, ob eine Farbe oder Schattirung der Farbe nach der Länge der Tapete sich endiget oder nicht. Folglich leiten die Striche und insbesondre die starken Striche der Patrone den Weber sowohl beym Weben nach der Länge, als nach der Breite der Tapete.

Ehe die Tapetenweber zu der mühsamen Verfertigung einer solchen Tapete schreiten, ziehen sie auf der Kette unter dem Oberbaum i k Fig. II zwey horizontale Linien, die 1 Zoll von einander abstehen. Nach Maaßgebung dieser Linien spannen sie 4 Stricke Fig. II r s dergestalt aus, daß diese die Vorder- und Hinterfäden der Kette noch mehr, als die Kettenruthe n o, von einander scheiden, und zugleich den Kettenfäden einen sichern Ort anweisen, daß sie sich nicht verschieben können, und ihren nach Anleitung der Patrone angewiesenen Platz behalten. Der erste Strick wird genau auf der obern gezogenen Horizontallinie vor den Vorderfäden von der Rechten zur Linken, der vierte Strick aber hinter den Hinterfäden von der Linken zur Rechten auf der untern Horizontallinie ausgespannet. Hiernächst muß nun noch die Kette nach Maaßgebung der Patrone berichtiget werden, so daß jeder blaue Faden der Kette genau auf jeden zubehörigen starken Strich der Patrone fällt. Dieserhalb mißt man mit einem Cirkel sowohl auf der Patrone, als auf der Kette von 32 zu 32, von 16 zu 16, von 8 zu 8, von 4 zu 4, und endlich von 2 zu 2 Gängen, verschiebet die Kettenfäden nach Maaßgabe dieser Ausmessung nach der Patrone, und vertheilt die kleinen vorfallenden Fehler durch das Ganze. Endlich ziehen die Weber unten über dem Unterbaum Fig. II g h eine Horizontallinie, und zwar da, wo sich die Sahlleiste endigen soll, damit alle Weber diese Sahlleiste zugleich beschließen.

Zu einer 26 Fuß breiten Tapete setzen sich nun 4 bis 5 Weber zum Weben auf ihre Bänke, so daß ihnen das Licht hinterwärts oder auf ihren Rücken zufällt, und sie sitzen bey der Arbeit in etwas schräge, damit ihr Schatten nicht auf die Tapete fällt. Jeder Weber wirket seine zugefallene Strecke der Kette, und sämtlich machen sie den Anfang mit der Sahlleiste, die aber nicht sammtartig ist. Dieserhalb stecken die sämtliche Weber ihre Hand zwischen beyde Fächer der Kette,

ziehen

ziehen die Vorderfäden der Kette theilweise vor sich, und stecken gemeinschaftlich einen Einschlagfaden durch beyde Fächer der Kette von der Linken zur Rechten durch. Hiernächst ziehen sie an den Litzen des Litzenschafts Fig. II l m die Hinterfäden durch die Vorderfäden durch, so daß sich jene mit diesen über dem vorigen Einschlagfaden durchkreutzen, wie bey jeden glatten Gewebe, und stecken mit der Hand den Einschlagfaden von der Rechten zur Linken abermals durch die ganze Breite der Tapete durch. Folglich kommt der erste Einschlagfaden hinter den Vorderfäden, der nächste aber hinter den Hinterfäden zu liegen, und die Hinterfäden springen wieder durch ihre eigene Spannung zurück, und machen mit den Vorderfäden über dem zweyten Einschlagfaden ein Kreutz. So webet man die Sahlleiste durchgängig, und treibt die Einschlagfäden mit dem Kamm Fig. IV zusammen, wenn 3 bis 4 Mal eingeschossen ist. Nach Endigung der Sahlleiste nimmt das Sammtartige der Tapete seinen Anfang, und die Arbeit wird hiedurch mühsamer. Jeder Weber knüpft nemlich an den äußersten Kettenfaden seiner Strecke Flietenwolle von derjenigen Farbe, die die Patrone unmittelbar über diesem Kettenfaden nachweiset. Er fährt mit zwey Fingern an dem vorigen Vorderfaden bis zu dem Kamm der Litzen Fig. II l m hinauf, und findet hiedurch auf eine sichere und zugleich leichte Art die Litze des zubehörigen oder ersten Hinterfadens. Mit dieser Litze ziehet er den Hinterfaden durch die vorstehenden Vorderfäden durch, legt an dem Ort, wo er die Flietenwolle an den Vorderfaden angeknüpft hat, eine Fadenschneide Fig. IX über der Sahlleiste an die Kette an, umschlingt die Klinge dieser Fadenschneide mit der vorigen Flietenwolle, und knüpft die Wolle mit einer Schlinge hinter dem Instrument an den vorgedachten Hinterfaden mit einem Knoten an. Hiedurch entstehet auf der Fadenschneide, die etwa überhaupt 9 Zoll lang ist, und eine 3 Zoll lange polirte Klinge ab an einem gekrümmten Griff hat, hiedurch, sag ich, entstehet auf der Fadenschneide eine Umwikkelung oder ein Auge von Wolle, so beynahe die ganze Fadenschneide nach ihrer Dicke umgiebt. So ist nun das erste Auge vollendet. Entstehet das nächste oder zweyte Auge aus Flietenwolle von der Farbe des erstern, so schlingt der Weber die Wolle nur um den zweyten Vorderfaden der Kette, ohne sie, wie vorher, an dieser anzuknüpfen, windet die Wolle zum zweyten Auge um die Fadenschneide, ziehet den zweyten Hinterfaden mit seiner Litze auf vorgedachte Art nach sich, knüpft die Wolle an diesen an, und vollendet hiedurch das zweyte Auge. So wird nach der Ordnung der Kettenfäden ein Auge nach dem andern an einem Vorder- und Hinterfaden befestiget, und wenn die Patrone an einem oder dem andern Kettenfaden eine Wolle von einer Farbe fordert, so wird diese nur wieder an den ersten zugehörigen Vorderfaden angeknüpft. Ist die Klinge einer Fadenschneide Fig. IX mit Augen bedeckt,

bedeckt, so nimmt man zu den nächsten Augen eine andere, bis eine Reihe Augen nach der ganzen Breite der Tapete von den sämtlichen Arbeitern vollendet ist. Alsdenn schlägt jeder Weber mit dem Kamm Fig. IV auf die Fadenschneiden, aber ohne sonderlichen Nachdruck, und jeder zieht seine Fadenschneiden hintereinander aus den Augen. Die Klinge der Fadenschneide zerschneidet beym Ausziehen die Augen, weil diese sich genau an die Klinge anschließen, und durch dieses Zerschneiden entstehet das Sammtartige oder der Flor der Tapete. Sobald eine Reihe Augen vollendet ist, so ziehen die Weber erst von der Linken zur Rechten, und hiernächst von der Rechten zur Linken einen Einschlagfaden durch, der durch die ganze Breite der Tapete durchgehet, und verfahren hiebey gerade so, wie ich bey der Sahlleiste gezeiget habe. Diese beyden Einschlagfäden verbinden die Augen der Tapete und zugleich das Ganze. Der erste Einschlagfaden ist von leinenen Zwirn und wird stark gespannet, der andere aber nur locker, und dieser ist insgemein von Wolle. Endlich schlagen die Weber mit ihrem Kamm Fig. IV stark auf die Einschlagfäden, und treiben hiedurch diese und zugleich die Augen zusammen, damit ein festes Gewebe entstehet. So wird eine Reihe Augen nach der andern gemacht, und wenn einige Reihen vollendet sind, so beschneidet man den Flor oder das Sammtartige mit einer Schere, die einen krummen Griff hat, damit man mit derselben der Tapete gut beykomman kann. Ich habe nemlich schon in der vorigen Sammlung bey dem Plüsch und Sammt gesagt, daß sich durch den Schnitt der Augen mit der Fadenschneide hin und wieder Fasern vorgeben, und diese müßen nun mit der Schere abgeschnitten werden. Wie der Tapetenweber mit einer Sahlleiste den Anfang macht, so beschließt er die fertige Tapete auch wieder mit einer Sahlleiste. Aus dem ganzen Zusammenhang erhellet nunmehro, daß dieses Wirken zwar sehr mühsam aber nicht eben künstlich ist. Die Hauptsache beruhet abermals darauf, daß der Weber die jedesmalige Farbe der Flietenwolle nach Anleitung der Patrone auszuwählen weiß.

In der Woll- und Seidenfabrik bringt der Broschirer durch einen vielfarbigen Einschlag Figuren von verschiedener Farbe zum Theil nach der Natur hervor. Allein im Verhältniß gegen die Figuren der Tapeten sind die broschirten Figuren nur klein, und der Einschlagfaden liegt nur locker und ohne sonderliche Verbindung auf dem Grund des broschirten Zeuges. Der Tapetenweber bringt dagegen ein festes Gewebe hervor. Da er überdem die Patrone vor Augen hat, und in kleinen Theilen copirt, so kann er die Farben nebst Licht und Schatten ungleich besser treffen, als der Broschirer. Denn jener kann beym Weben seine Hand völlig nach Willkühr gebrauchen, da im Gegentheil der Broschirer lediglich von der Einrichtung seines Stuhls abhängt. Aus allen diesen Ursachen behält das Tapetenwirken noch beständig seinen vorzüglichen

Werth

Werth, so mühsam auch die Verfertigung, und so hoch auch der Preis der Tapeten ist.

4) Von den Tapeten aus vergoldeten und versilberten Leder.

Vergebens würde man sich in hiesiger Gegend nach einer Fabrik umsehen, in welcher man sich von dem Entstehen der ledernen Tapeten durch den Augenschein unterrichten könnte, indem diese Tapeten völlig aus der Mode gekommen sind. Hin und wieder findet man sie noch in solchen Zimmern alter Palläste, die vor vielen Jahren tapezieret sind. Daher muß ich meine Zuflucht zu einer Beschreibung dieser Tapeten nehmen, die in dem zweyten Bande des Schauplatzes der Künste und Handwerke stehet, und ursprünglich von dem Herrn de Bondaroy in französischer Sprache verfasset ist.

Diese Tapeten unterscheiden sich von allen übrigen, durch eine doppelte Eigenschaft auf eine vortheilhafte Art. Sie laßen sich nemlich sehr leicht mit einem nassen Tuch oder Schwamm wieder reinigen und überdem sind sie vorzüglich dauerhaft, insbesondre in feuchten Zimmern, wo die Nässe das Leder geschmeidig erhält. Ungleich mehr sind sie der Vergänglichkeit in troknen Zimmern unterworfen, zumal wenn die Sonne auf denselben zum öftern stehet. Doch kann man dieser Vergänglichkeit, da nemlich das Leder in der Hitze spröde und brüchig wird und die Farbe abspringt, dadurch vorbeugen, wenn man die Tapete zum öftern mit einem nassen Schwamm oder Tuch abwäscht. Zu den gedachten Vorzügen kommt noch, daß sich die Wanzen oder Wandläuse hinter denselben nicht einnisteln, wie beynahe hinter allen übrigen Tapeten geschiehet. Bey allen diesen Vorzügen ist zu bewundern, wie eine Tapete, die nicht ohne Schönheiten ist, so gänzlich aus der Mode gekommen ist. Der Hr. von Justi schreibt diesen Umstand auf die Rechnung der vorzüglichen Dauer dieser Tapete, die dem Besitzer nicht das Vergnügen verschaft, zum öftern Veränderung und neue Pracht anzubringen. Doch ich komme zur Sache selbst.

Es kommt bey diesen Tapeten auf folgende Bearbeitungen an, wodurch sie zu ihrer Vollkommenheit gedeihen. Das Leder muß vorläufig geschmeidig gemacht werden, da man es denn hiernächst vergoldet und versilbert, unter einer Preße mit Formen drückt, so daß die Figuren erhaben auf dem Leder entstehen, und endlich diese Figuren oder auch den platten Grund hin und wieder mit Oelfarben ausmahlet. Der letztere Umstand verursachet ohne Zweifel, daß in Frankreich die Vorsteher und Besitzer dieser Fabriken insgemein Mahler sind. Doch giebt Herr Bondaroy selbst den venetianischen, niederländischen und englischen Tapeten in Absicht der Güte des Leders und der Schönheit vor den Französischen den Vorzug. Ein Geständniß, das der Vaterlandsliebe eines Franzosen ohne Zweifel viel Ueberwindung gekostet hat. Von der vorher mit wenigen Worten

ten beschriebenen Behandlung dieser Tapeten will ich nunmehro umständlicher reden.

Die französischen Künstler bedienen sich zu diesen Tapeten des wohlfeilen Preises wegen blos des Schafleders, ohnerachtet das Kalb- und Ziegenleder hiezu ungleich vortheilhafter ist, insbesondre weil die beyden leztern Lederarten ungleich stärker sind, und daher die gedruckten Figuren auf denselben ungleich länger erhaben stehen bleiben. Ueberhaupt wählt man zu diesen Tapeten Felle, die von dem Lohgerber lohgar gemacht sind. Der Lohgerber muß diese Felle aber sorgfältig behandeln, und vorzüglich muß er ihnen alle fettige Stellen benehmen, weil sich in der Folge beym Verguldeu der Leinöl des Firnißes in diese fettige Stellen zu schnell einziehet, und an solchen Stellen das Vergolden vereitelt. Die Fabrik kauft die Felle trocken ein, und sie muß sie daher vor der fernern Bearbeitung geschmeidig machen. Dieserhalb werden die Felle in einem Faße mit Waßer einige Stunden eingeweichet, und zum östern mit einem Stock umgerühret. Sobald sie erweicht sind, so ergreift ein Arbeiter ein Fell nach dem andern an einem Zipfel, und schlägt sie auf einen Stein, wodurch er sie so zu sagen gerbet und völlig geschmeidig macht. Wenn alle Felle auf diese Art vorbereitet sind, so legt ein Arbeiter jedes Fell auf einen glatten Stein, und streicht es mit einem stumpfen Messer aus. Dieses stumpfe Messer gleicht einer halben Scheibe an einem hölzernen

Griff,

Griff, und hat eine Verwandschaft mit dem bekannten halben Mond der Gerber. Dieses Ausstreichen der Felle hat eine doppelte Absicht. Einestheils werden hiedurch die Runzeln und Falten weggeschaft, und überdem wird die Oberfläche des Leders auch ausgedehnet, welches der Fabrik allerdings Nutzen bringt. Jede Haut muß nunmehro an ihrem Umfang dergestalt beschnitten werden, daß sie die Gestalt eines rechtwinklichten Vierecks (Carreau) erhält. Daher nennt die Fabrik jedes Leder auch ein Vierek oder Carreau. In der vorgedachten Absicht breitet man das Fell auf einem Tisch aus, legt auf dasselbe einen Rahm, der gerade die Größe der Form hat, womit das Leder in der Folge gedruckt werden soll, und beschneidet den Umfang des Leders nach Maaßgebung des vorgedachten Rahms. Sind am Umfange oder auch in der Mitte der Haut Löcher, so müßen diese ausgeflicket werden, wenn das Fell noch naß ist. Dieserhalb leget man das Leder auf einen platten Stein, und schärfet den Umfang jedes Lochs mit einem scharfen Messer ab. Eben so muß auch der Flick an seinem Rande gegenseitig abgeschärfet werden, und man setzt diesen mit gekochten Pergamentleim so sauber und glatt, wie möglich ein.

Das Leder ist nunmehro vorbereitet, und jedes Viereck kann nun besonders versilbert werden. Die Haarseite des Leders ist am dichtesten und glättesten, und daher werden die Silberblätter auf diese Seite folgendergestalt aufgetragen.

gen. Der Fabrikant kocht aus Pergamentspänen einen starken Leim, gleich einer Gallerte, breitet das lederne Viereck auf einem Tisch aus, nimmt ein Stück des vorgedachten Leims einer Nuß groß, und reibt dessen Hälfte mit der flachen Hand auf der Haarseite des ledernen Vierecks dünn aus einander. Wenn dieser Auftrag des Leims in etwas trocken ist, so trägt er die andre Hälfte auf die vorbeschriebene Art gleichfalls auf. Der Leim soll das Silberblatt mit dem Leder verbinden. Trüge man ihn zu dick auf, und ließe man nicht den ersten Auftrag in etwas abtrocknen, so würde das Silberblatt in dem Leim ersaufen, und der Leim würde durch die Zwischenräume des Silberblatts durchdringen. Derjenige Fabrikant, der den Leim aufträgt, übergiebt nunmehro das geleimte Leder dem Versilberer. Dieser stehet vor einem langen Tisch, und hat ein Pult auf demselben zu stehen, worauf die Silberblätter liegen. Man hat zwar zuweilen des wohlfeilen Preises wegen statt der Silberblätter sich der Zinnblätter, und bey Vergoldungen des geschlagenen Kupfers und Tombacks bedient, aber die Fabrikanten haben beständig wieder zu den ächten Silberblättern zurückkehren müßen. Denn die Zinnblätter sind nicht so dauerhaft und so schön, und laßen sich schwer auftragen. Die Kupfer- und Tombackblätter werden bald auf der Tapete schwarz und schlagen auch wol grün aus. Daher hat man die Silberblätter beybehalten müßen. Derjenige Fabrikant, so sie aufträgt, nimmt mit

einer

einer kleinen hölzernen Zange ein Silberblatt von dem vorgedachten Pult, schiebt es hiemit auf ein Stück Pappe, und mit diesem legt er es auf das mit Leim bestrichene Leder auf. Er sucht es so gerade, wie möglich auszubreiten, und wenn es Falten oder Runzeln schlägt oder ungleich liegt, so bringt er es entweder mit dem Hauch des Mundes in Ordnung, oder er drückt die ungleichen Stellen mit einem Quast an, so auf dem Stiel seiner vorgedachten hölzernen Zange aus Marder- oder Fuchsfellen befestiget ist. Auf diese Art legt er ein Silberblatt neben das andre, und eine Reihe Silberblätter über die andre, bis das ganze lederne Viereck bedeckt ist. Zuletzt reibt er das ganze lederne Viereck behutsam mit einem Fuchsschwanz, wodurch er die Silberblätter gehörig an den Leim andrückt, das überflüßige Silber abnimmt, und dieses dergestalt verbreitet, das kleine leere Stellen noch bedeckt werden. So werden mehrere Vierecke zugleich versilbert, und hiernächst zum Trocknen auf ausgespannte Leinen aufgehangen. Man hängt sie mit eben solchen hölzernen Kreuz auf, womit der Buchbinder das planirte Papier aufhängt. Doch läßt man sie auf den Leinen in einem Zimmer nicht völlig trocken werden, weil sie in diesem Zustande zusammen schrumpfen würden. Man nimmt die Leder daher von den Leinen ab, spannet jedes dergestalt mit Nägeln auf einem Brett aus, daß die versilberte Seite das Brett berühret, und setzt sie zum völligen Austrocknen in die Sonnenhitze in freyer

Luft.

Luft. Die versilberte Oberfläche kommt unterhalb zu liegen, damit sie nicht von dem Staub und Schmutz beschädiget werde. Das völlig trockene versilberte Leder wird endlich wieder von dem Brett abgenommen, und zuletzt poliret. Hiezu bedient man sich, wie bey dem Cattun und Leinwand, eines geschliffenen und glatten Kieselsteins, der an einem horizontalen Griff befestiget ist. Der Fabrikant legt nemlich das versilberte Leder auf einen glatten Stein, ergreift den Griff des Polirsteins mit beyden Händen, reibt das Silber aus allen Kräften, und glättet es hiedurch. Insbesoudre müssen diese Silberblätter alsdenn gut poliret werden, wenn die Versilberung durch einen aufgetragenen Firniß in eine Vergoldung soll verwandelt werden, wie die Folge lehren wird. Denn je besser das Silber poliret ist, desto ansehnlicher wird die Vergoldung. In einigen Fabriken soll man das versilberte Leder zwischen zwey metallenen Walzen glätten, so wie etwa die Zeuge auf dem in voriger Sammlung beschriebenen Calander. Der Glanz wird hiedurch erhöhet.

Zum Beschluß dieser Sache verdient eine Anmerkung hier noch einen Platz einzunehmen. Die Vergolder, so auf Holz vergolden oder versilbern, gründen vorläufig auf dem Holze mit einem Farbengrund, und tragen alsdenn die ächten Blätter mit einem steifen Firniß auf. Beydes ist aber auf dem biegsamen Leder nicht thulich, zumal da es in der Folge durch den Druck erhabene Verzierungen erhalten soll. Denn die vorgedachten Auftragemittel würden das Leder steif und spröde machen. Daher trägt man die Silberblätter blos mit einem dünnen Leim auf das Leder auf, welcher dem letztern wenig oder nichts von seiner Geschmeidigkeit entziehet.

Soll die Tapete versilbert bleiben, so überzieht man sie nur mit einem dünnen Leim von Pergamentspänen, giebt ihnen hiedurch einen Glanz, und bringt sie hiernächst zum Druck unter die Presse, wie die Folge lehren wird. Allein die Tapeten von versilberten Leder waren auch in vorigen Zeiten selten, weil es ihnen an Dauerhaftigkeit fehlte. Denn das Silber wurde leicht schwarz oder auch roth, und verschoß endlich völlig. Daher waren die **vergoldeten Tapeten** von Leder beliebter, ohnerachtet ihre Verfertigung mühsamer, und also auch ihr Preis höher war. Man bedient sich aber zu diesen Tapeten nicht der kostbaren ächten Goldblätter, sondern man bedeckt das Leder gleichfalls, wie vorher, mit Silberblättern, und giebt diesen durch einen Goldfirniß einen goldfarbigen Anstrich. Es ist bekannt genug, daß man auch auf Holz doppelt vergolden kann, mit ächten Goldblättern, und überdem mit Silberblättern mit Beyhülfe eines Goldfirnisses. Auf die letzte Art wird auch das Leder vergoldet. Wie der Grund mit Silberblättern auf dem Leder gelegt wird, hat der Leser schon vorher ersehen, und es kommt also nur noch darauf an, zu zeigen, wie man den Silberblätblättern durch den Goldfirniß einen goldfarbigen Anstrich giebt. Ich habe bereits in dem Abschnitt des Bildhauers bey Gelegenheit des Vergoldens einen kurzen Begriff von dem Entstehen eines solchen Goldfirnisses gegeben. Herr Bondaroy schlägt folgenden Goldfirniß vor, der auch in den französischen Fabriken dieser Art gebräuchlich seyn soll. Es wird nemlich nach diesem Verfasser ein Viertel Pfund Kolofonium, eben so viel Sandarach und 2 Pfund Aloe in einem geräumigen irdenen Gefäß über Kohlfeuer geschmolzen. Kolofonium vermehrt nur des wohlfeilen Preises wegen die Masse. Wenn diese Bestandtheile geschmolzen und während dieser Zeit gut umgerühret sind, so gießt man etwas Leinöl hinzu, und läßt diese Mischung so lange kochen, bis ein brauner Firniß, gleich dem Syrup, entstehet. Der Firniß ist völlig gut, wenn man etwas davon in einem Löffel nimmt, und der Firniß sich im Kaltwerden mit den Fingern zu Faden ausziehen lässet. Ist der Firniß zu hell, so setzt man etwas Aloe hinzu, und Sandarach, wenn er zu dunkel ist. Endlich wird noch ein Austrocknungsmittel, nemlich Silberglätte und Mennig, hinzugesetzt, daß nemlich der Firniß trocknet, ehe er sich in das Leder einziehet. Denn ist dieses, so vereitelt er die Absicht des Fabrikanten. So entstehet nun ein bräunlicher und durchsichtiger Firniß, der gleichwol eine Goldfarbe hervorbringt, wenn die Silberblätter durch denselben durchschimmern. Ich wiederhole es aber noch einmal, daß dieser beschriebene Firniß nicht der einzige in seiner Art ist. Man kann ihn mannigfaltig verfertigen, wie ich an dem vorher angeführten Ort bereits gezeiget habe. Diesen Firniß trägt man an einem hellen und warmen Tage auf das versilberte Leder in freyer Luft auf. Denn die Vergoldung erhält mehr Ansehen, wenn sie an einem guten Tage schnell trocknet, weil in diesem Fall der Firniß nicht Zeit hat, sich in das Leder einzuziehen, und auf den Silberblättern wider seine Absicht zu verschwinden. Die Französischen Fabrikanten tragen erst etwas Firniß hin und wieder mit den Fingern auf das versilberte Leder auf, und reiben den Firniß dünn und leicht mit der Hand aus einander, allein ein Pinsel würde vermuthlich kürzere und bessere Dienste thun. Mit der Hand schlagen sie auch gegen das Leder, damit sich der Firniß durchgängig gleich verbreitet. Die mit Firniß überzogene Versilberung lassen sie hierauf in der Sonnenhitze trocknen, und der Firniß ist trocken, wenn er nicht mehr an die Finger klebt. Wenn nun dieser Anstrich trocken ist, so bestreicht man das Leder nochmals mit eben dem Firniß auf die vorige Art, und läßt den Firnißanstrich abermals in der Sonne trocknen. Bey diesem letzten Firnißanstrich muß der Fabrikant vorzüglich dahin sehen, daß alle zu einer Tapete gehörige Leder eine gleiche Goldfarbe erhalten, damit nicht ein Viereck gegen dem andern absticht, und hiernach den Firniß das zweyte mal stärker oder schwächer nach Befinden auftragen.

Das Leder mag nun blos versilbert, oder überdem auch vergoldet seyn, so druckt man es, sobald die Vergoldung oder Versilberung trocken ist, und bringt durch den Druck auf dem Leder erhabene Figuren hervor. Die Fabrik wählt nemlich aus ihrem Vorrath von Formen eine aus, worauf die sämtlichen ledernen Vierecke zu einer Tapete gedruckt werden sollen. Solche Formen sind insgemein von Birnbaumholz, und die Bilder oder Figuren sind in dieselbe vertieft eingeschnitten, der Grund ist also im Gegentheil glatt und eben. Will man nun mit einer solchen Form ein ledernes Viereck drucken, so muß das Leder vorläufig auf der linken Seite naß gemacht werden, damit es wieder geschmeidig wird. Hiernächst breitet man es dergestalt auf der Form aus, daß die versilberte oder vergoldete Seite die Form berührt, und presset die Form nebst dem Leder zwischen zwey Walzen einer Presse durch. Eine solche Presse gleicht in aller Absicht der grossen Presse der Kupferdrucker, so wie ich sie an seinem Ort beschrieben habe, und das Drucken des Leders wird auch beynahe mit eben den Handgriffen verrichtet, als wenn man Kupferstiche druckt. Wenn das Leder nebst der Form das erste mal zwischen den beyden Walzen der Presse durchgegangen ist, so ist der Abdruck auf dem Leder nur noch sehr unmerklich, weil die Figuren der Form sehr tief ausgeschnitten sind. Daher streuet man in den mehresten Fabriken dieser Art auf die linke und obere Seite des Leders feinen und trocknen Sand, und läßt das Leder nebst der Form noch ein paar mal durch die Walzen der Presse durchgehen, da denn der Sand das Leder in die ausgeschnittenen Figuren der Form hinein presset. Klingt das in die Vertiefungen der Form hinein gepreßte Leder nicht mehr hohl, wenn man auf dasselbe schlägt, so ist dis ein Zeichen, daß die Figuren sich hinreichend in das Leder abgedruckt haben. Allein das Bestreuen des Leders mit Sand ist schmutzig, langwierig und mühsam, daher sich einige Fabriken dagegen der Gegenformen bedienen. Statt daß die eigentliche Formen vertiefte Figuren haben, so erhalten die Gegenformen erhabene, und diese müssen sich genau in die Vertiefungen der eigentlichen Formen passen. Es hält aber schwer, solche Formen auf eine andre Art hervorzubringen, als vermittelst der eigentlichen Formen durch einen Guß oder durch ein Pressen. Man macht daher Gegenformen aus in einen Brey verwandelten Papier mit Leim vermischt, und formt aus dieser Masse auf der eigentlichen Form eine Gegenform. Allein diese Gegenformen sind zu sehr der Zerbrechlichkeit ausgesetzt. Dauerhafter soll eine solche Form seyn, wenn auf Pappe weisse in Wasser zu einem Brey erweichte Lederabgänge ausgebreitet werden, welche man gleichfalls auf der eigentlichen Form abdruckt und trocken

cken werden lässet. Bedient man sich der Gegenformen, so wird eine solche Form zugleich mit dem Leder und der eigentlichen Form in die Presse gebracht, und sie druckt das Leder in die figürlichen Vertiefungen der eigentlichen Form hinein. Statt der eigentlichen Formen bedient man sich auch zuweilen der eisernen Stempel oder Stangen, womit man ganz flache Figuren blos durch einen Schlag mit einem Schlägel auf die Stangen auspräget. Diese kleine Verzierungen werden aber nur an von eigentlichen Figuren leeren Stellen, oder an der Kante der Tapeten angebracht. Die vergoldeten Tapeten haben schon durch den Goldfirniß einen Glanz erhalten, die versilberten pflegt man aber noch nach dem Druck auf eine oder die andre Art glänzend zu machen. Ein Glanzfirniß würde in dieser Absicht die besten Dienste thun, zumal da er zugleich ein Gegenmittel wäre, daß das Silber nicht schwarz wird. Allein ein solcher Firniß ist dem Fabrikanten zu theuer, und daher überzieht er sie nur mit Eyweiß, oder besser, mit guten Mundleim.

Ausser den oben gedachten versilberten und vergoldeten Tapeten dieser Art entstehet nun noch mit Beyhülfe des Drucks eine dritte Art, die zugleich versilbert und vergoldet ist. Wenn solche Tapeten gewöhnlich versilbert sind, so druckt man sie einmal mit einer Form, die nicht gar zu tief ausgeschnittene Figuren hat. Nach dem Druck wird das versilberte Leder durchgängig mit dem vorgedachten Goldfirniß überzogen. Sogleich schabet aber der Fabrikant den aufgetragenen Firniß wieder an denjenigen Stellen mit einem Messer ab, welche versilbert bleiben sollen. Ein anderer Arbeiter wischt diese Stellen hiernächst noch mit einem leinenen Tuch ab, da sie denn zwar in etwas von dem Goldfirniß noch angefärbet, im Ganzen aber doch nur versilbert sind. Soll die versilberte Tapete aber nur hin und wieder vergoldetes Laubwerk oder Figuren erhalten, so färbt man diese nur mit einem Goldfirniß, wozu man aber noch etwas Gummi und Gummigutti hinzu setzt, und mit dem Firniß aufkochen läßt. Dieser Zusatz giebt dem Firniß noch einen bessern Glanz.

Gewöhnlich bleibt aber die Tapete blos versilbert oder vergoldet, und man mahlt sie hin und wieder nur noch mit Oelfarben aus, wenn man sie vorher vom Staub und Schmutz gereiniget hat. Insgemein wird nemlich der Grund oder diejenigen Stellen, wo keine Figuren ausgedruckt sind, mit einer weissen, grünen, blauen oder braunen Oelfarbe angestrichen. Ueberdem mahlt der Mahler nach seinem Geschmack oder Gutbefinden hin und wieder noch die erhabenen Figuren aus. Die Blätter der Blumen mahlt er z. B. grün, die Blumen roth rc. doch kommt diese Arbeit selten unter die Hände eines geschickten Mahlers. Ich sage von diesem Ausmahlen nichts, da es nach den gewöhnlichen Gesetzen der Mahlerey verrichtet werden muß. Nur

frägt

frägt es sich, warum man so verschwenderisch mit dem theuern versilberten oder vergoldeten Grund umgehet, da man ihn zum grossen Theile mit Farben bedeckt? Vermuthlich wird man gefunden haben, daß es mehr Mühe, Zeit und Kosten verursachet, wenn man die mit Farben zu bedeckenden Stellen nicht vergolden und versilbern wollte, als die Silberblätter nebst dem Goldfirniß betragen, die man mit Farben bedeckt.

Die letzte Arbeit bey diesen Tapeten ist, daß die einzelnen ledernen Vierecke (Carreaux), die nunmehro völlig bearbeitet sind, an dem Rande beschnitten und zu Tapetenbanden mit der Nadel zusammen genähet werden. Herr Bondaroy klaget, daß man diese Arbeit insgemein sehr sorglos verrichtet, so daß jedes einzelne Viereck sich gar zu merklich von den übrigen unterscheidet, und verlangt bey dieser Arbeit mit Recht mehr Behutsamkeit und Genauigkeit.

Zweyter Abschnitt.

Der Strumpfwirker.

Ich habe in den vorigen Sammlungen so manchen Weberstuhl beschrieben, aber in keiner Weberwerkstätte hab ich einen künstlichern Stuhl gefunden, als in der Werkstätte der Strumpfwirker. Man kann diesen Stuhl der Strumpfwirker, der aus so mannigfaltigen und gröstentheils eisernen Theilen zusammengesetzt ist, in aller Absicht eine Maschine nennen, und sein Mechanismus ist so zusammengesetzt, daß er beym Wirken alles ohne sonderlicher Beyhülfe des Wirkers verrichtet. Daher haben oft seine kleinsten Theile, die dem ersten Ansehen nach unerheblich zu seyn scheinen, ihren Zweck, und die Arbeit würde wenigstens nicht so leicht und bequem von statten gehen, wenn einer oder der andere dieser Theile fehlte. Allein oft sind diese Theile so versteckt angebracht, daß man sie beym Augenschein mit Mühe finden kann, und eben so schwer fällt es, ihre Absicht genau einzusehen, bis man sich endlich durch Zeit und Unverdrossenheit einen hinlänglichen Begriff von dem Mechanismus des Stuhls und der Arbeit

selbst

selbst erworben hat. Alles dieses ziehet in einer Beschreibung des Strumpfwirkers eine doppelte Unbequemlichkeit nach sich. Zuerst hält es schwer, den Stuhl so abzubilden, daß alle Theile deutlich in die Augen fallen, ja ich kann sagen, daß dieses unmöglich ist, wenn der Stuhl im Ganzen abgebildet wird. Zwar kann man die vornehmsten, und insbesondre die versteckten Theile besonders zeichnen lassen, allein es ist für den Leser mühsam, diese Theile in Gedanken zusammen zu setzen, und überdem nimt eine solche Zergliederung auf der Kupferplatte zu viel Platz weg, zumal wenn diese Platten nicht groß seyn können. Bey der Beschreibung selbst entstehet hieraus zweytens die Unbequemlichkeit, daß der Verfasser doch manches sagen muß, wobey er nicht durch die Zeichnung unterstützt wird, und dieser Umstand ziehet nothwendiger Weise Dunkelheit und Weitschweifigkeit nach sich. Ich an meinem Theile kann nur versprechen, daß ich suchen werde, diese Mängel bestmöglichst zu vermeiden.

Man sagt, daß der Strumpfwirkerstuhl in England erfunden sey, aber bey seinem Ursprung war er nur, wie gewöhnlich, sehr einfach und unvollkommen. Der Franzose besitzt überhaupt das Geschick, fremde Erfindungen gut zu nutzen, und zu vervollkommen. Daher soll dieser Stuhl erst in Frankreich zu seiner Vollkommenheit gediehen seyn. In Deutschland haben vermuthlich die vertriebenen reformirten

Franzosen diesen Stuhl zuerst bekannt gemacht. Zur Verfertigung eines Stuhls werden zwey besondre Personen erfordert. Der **Stuhlaufsetzer**, ein geschickter Strumpfwirker, giebt die Proportion der Theile des neuen Stuhls an, und richtet vorzüglich die Form ein, worin die Bleystücke, wovon ich hernach reden werde, gegossen werden müssen. Die Verfertigung der Theile selbst übernimmt der **Stuhlschlösser**, ein eben so geschickter, als seltener Meister. Denn in Berlin ist jetzt nur ein einziger Schlösser, der diese Kunst verstehet. Endlich setzt der Stuhlaufsetzer die Theile zum Ganzen zusammen. Ein solcher Stuhl kostet 40 bis 80 Thaler, nachdem er fein und gut gearbeitet ist.

Auf einem solchen Stuhl werden vorzüglich seidene und wollene Strümpfe, und überdem Handschuh, Mützen, Kamisöler u. d. gl. gewirket. Ich werde mich aber vorzüglich auf die Strümpfe, als die Hauptsache, einschränken. Da aber die Kenntniß des Stuhls bey dieser ganzen Sache das Wichtigste ist, so muß ich nothwendig zuerst den Mechanismus des Stuhls zergliedern, und hiernächst werd ich zuerst von den wollenen, hernach aber von den seidenen Strümpfen reden.

Auf der Kupfertafel ist in der V Fig. Tab. II der ganze **Strumpfwirkerstuhl** nach allen seinen Theilen, und zwar von vorne, in der XII Fig. von hinten, und in der IV von einer beliebigen schmalen Seite abgebildet. Ausserdem

sind

sind noch einige Theile besonders vorgestellt, und Fig. VI ist der sogenannte Kupferwagen, Fig. VIII eine Nadel in ihrem Bley, Fig. III aber eine Schwinge nebst ihrer Platine rc. Die Folge wird die Beschaffenheit nebst dem Gebrauch dieser Theile begreiflich machen. Das Gestelle des Stuhls ist aus hölzernen Ständern, wie a b Fig. V, und Riegeln, wie e c zusammengesetzt, und man nimmt hiezu festes Holz. Hinten in a b beträgt die Höhe des Stuhls gegen 4 Fuß, vorne in c d aber nur gegen 3 Fuß. Er ist z. B. in f g gegen 4 Fuß lang, und seine Tiefe in c e beträgt nicht viel weniger, wenn man die Banke f g, worauf der Weber beym Wirken sitzt, mitrechnet. Vorzüglich müssen die bey den gegenüberstehenden Riegel e c aus festen und zwar von Eichenholz verfertiget werden, und auf ihrer obern Fläche sind sie mit Eisen beschlagen, weil hierauf die Räder des sogenannten Kupferwagens laufen, wie die Folge lehren wird. Beyde Riegel c e führen den Namen **Lager**.

Die Proportion und zum Theil auch die Anzahl vieler wesentlichen Theile des Stuhls hängt von den vierkantigen Bleystücken und den Nadeln der Nadelbaare ab. Diese Nadelbaare liegt horizontal zwischen den beyden Lagern Fig. V c e des Stuhls, und zwar vorne im Stuhl in h i. Man wird in der V Fig. nur die vorstehenden Nadeln punktirt bemerken. Die Nadelbaare bestehet aber aus zwey eisernen

Schie-

Schienen, zwischen welchen mehrere vierkantige Stücke Bley mit Nadeln dicht neben einander stehen. Wie diese Bleystücke zwischen die Schienen hinter einander gestellet sind, so preßt man die Schienen an jeder Seite mit einer eisernen Schraube gegen die Bleystücke, und befestiget hiedurch die letztern. Fig. VIII stellt das Bley nebst einer Nadel vor, und a b ist das **Nadel-** oder **Unterbley**, a c aber die **Nadel**. Die Nadel a c selbst ist von feinem elastischen Drath, und etwa 2 Zoll lang. Ihr vorderer zugespitzter Theil c d ist umgebogen. Drückt man diese Spitze d nieder, so senkt sie sich in eine Rinne (Chassis), so auf dem Theil c e der Nadel ausgehöhlet ist. Die Ursach dieser Einsenkung wird sich unten ergeben. Bey Stühlen zu seidenen Strümpfen sind 3, bey solchen aber zu wollenen Strümpfen 2 Nadeln in gleicher Entfernung in jedem Bley a b Fig. VIII eingegossen. Nur noch bey einigen sehr alten Stühlen zur wollenen Arbeit findet man in jedem Bley eine Nadel, und diese Stühle können nur zu groben und insbesondre zu Kastorstrümpfen gebraucht werden. Denn je gröber der Faden ist, desto dicker müssen auch die Nadeln seyn, und je weiter müssen sie auch von einander abstehen, und umgekehrt. Daher sind die Nadeln auf Stühlen zur seidenen Arbeit nicht nur dünner, als zur wollenen, sondern in jedem Bley der erstern Stühle sind 3, der letzten aber nur 2 Nadeln. Ja bey jeder Art, nemlich sowohl bey den seidenen als wolle-

nen

nen Fäden, muß man einen Stuhl nach der Stärke des Fadens wählen. Aus dieser Ursache kann man auch nicht seidene Strümpfe auf einen Stuhl zur Wollarbeit weben. Dieserhalb giebt es der Feinheit und Anzahl der Nadeln nach verschiedene Arten Stühle, sowohl zur seidenen als wollenen Arbeit. Was erstlich die Stühle zu seidenen Strümpfen betrift, so stehen in der Nadelbaare, deren ich oben erwehnet habe, in einem Raum von 3 Pariser Zollen nach der Länge wenigstens 22 Bley a b Fig. VIII, und jedes hat 3 Nadeln. Ein solcher Stuhl ist der gröbste zur seidenen Arbeit. Die Anzahl dieser Bleystücke in dem gedachten Raum steigt mit dergleichen Zahlen, und man hat daher Stühle von 24, 26, 28 bis 40 Bley. Ein Stuhl von 40 Bley zur feinsten Seide ist aber in Berlin und überhaupt in hiesiger Gegend selten zu finden, und in Berlin ist jetzt nur ein einziger vorhanden. Die Länge aller Bleye in der Nadelbaare Fig. V, h i zusammen genommen, beträgt aber 14, selten 15 Pariser Zoll. Hat also ein Stuhl in einem Raum von 3 Pariser Zoll 26 Bley, wie bey den gewöhnlichsten Stühlen gebräuchlich ist, so sind in dem gedachten Raum 78 Nadeln, wenn nemlich jedes Bley 3 Nadeln hat, und wenn die sämtlichen Bley in der Nadelbaare 15 Zoll lang sind, so sind 130 Bleystücke und 390 Nadeln vorhanden. Hiebey ist aber zu bemerken, daß selbst zu dem weitesten Strumpf nicht alle Nadeln eines

Stuhls

Stuhls gebraucht werden, sondern es bleiben auf jeder Seite des Strumpfs noch einige übrig. Man bringt aber mehr Nadeln an, als zu Strümpfen erforderlich sind, um auf dem Stuhl auch grössere Stucke z. B. ein Kamisol wirken zu können. Aus allen dem, was ich bis jetzt gesaget habe, erhellet, daß, wenn 22 Bleystücke sich in einem Raum von 3 Pariser Zoll befinden, diese Bleystücke dicker und zugleich auch die Nadeln stärker sind, und weiter auseinander stehen, als wenn 24 Bley in eben dem Raum vorhanden sind. So nimmt also die Stärke der Bleystücke und der Nadeln mit der höhern Nummer des Stuhls beständig ab, und der oben gedachte Stuhl von 40 Bley hat also die dünnsten und mehresten Bleystücke und Nadeln. Daher gehöret zu jedem Stuhl nach seiner Nummer eine besondre Form, worin die Bleystücke gegossen, und hiedurch die Nadeln zugleich befestiget werden. Ja der Stuhlaufsetzer muß nach dem Guß die Bleystücke noch einzeln und zusammengesetzt abmessen, und nach einer Lehre abfeilen oder justiren, damit sie einzeln und zusammengesetzt in der Nadelbaare den erforderlichen Raum einnehmen. Was ich zuletzt von der Zurichtung der Bleystücke für Stühle zur seidenen Arbeit gesagt habe, gilt auch bey denen zur wollenen Arbeit. Doch benennet man die verschiedenen Arten dieser letzten Stühle nicht nach der Anzahl der Bleystücke in einem Raum von 3 Pariser Zollen, sondern nach Nummern,

nem=

nemlich von Nummer 2 bis 8. Nummer 2 ist der feinste Stuhl dieser Art, und er hat in einem Raum von 3 Pariser Zoll 36 Bleystücke, in jedem Bley aber 2 Nadeln, wie bey allen Stühlen zur wollenen Arbeit. Nummer 3 hat in dem gedachten Raum 30 Bley, Nummer 4 28, Nummer 5 26, Nummer 6 24, Nummer 7 22, Nummer 8 20 Bley. Nach der Stärke des wollenen Fadens muß nun der Stuhl ausgewählet werden. Doch ist bey der wollenen Arbeit Nummer 5 der gewöhnlichste und gebräuchlichste Stuhl. Man kann aber doch auf einem Stuhl mit einer etwas feinern Wolle wirken, als die Nummer des Stuhls verlangt, allein man muß alsdenn den Strumpf um einige Nadeln weiter, als gewöhnlich machen, weil die feinere Wolle stärker in der Walke einläuft, als die grobe, doch muß die Wolle nicht zu fein seyn, weil alsdenn gar zu weite Maschen entstehen. Im Gegentheil muß die Wolle wenigstens nicht beträchtlich gröber seyn, als die Nummer des Stuhls verlangt, weil eine solche gröbere Wolle nicht zwischen zwey und zwey Nadeln eindringt, und Masche macht, oder wenigstens die Arbeit erschweret. Das mehreste und wichtigste, was ich zuletzt gesagt habe, gilt auch von dem seidenen Faden.

Nach der Grösse dieser Nadel- oder Unterbleystücke muß nun auch die Kupferlade abgemessen werden, wie ich sogleich zeigen werde, wenn ich vorher einen wesentlichen Theil des

Stuhls, wozu die Kupferlade gehöret, nemlich den **Wagen** beschrieben habe. Fig. VI stellt diesen Wagen besonders vor, und in der V Fig. wird man seine wesentliche Theile gleichfalls bemerken. Ueber dem Lager, d. i. sowohl über dem Riegel e c Fig. V, als auch über dem gegenüber stehenden Riegel, wovon man nur die Spitze c Fig. V bemerken kann, liegt eine horizontale eiserne Stange, die man am deutlichsten in k l Fig. IV und VI sehen wird. Eine solche horizontale Stange befindet sich nemlich über jedem Riegel e c Fig. V. Unter dieser eisernen Stange sind zwey kleine metallene Räder oder Rollen, welche in der IV und VI Fig. in k und l am deutlichsten in die Augen fallen. Beyde eiserne Stangen des Wagens sind durch 2 eiserne Schienen der Kupferlade vereiniget, wovon man eine Seite oder Spitze in m Fig. V, IV und VI bemerken kann. Beyde Stangen k l Fig. IV und V kann man also nebst der Kupferlade m auf dem Lager e h nach der Richtung e h und wieder zurück vermittelst der Rollen k und l verschieben oder rollen. Damit sich nun aber diese Stangen k l nicht bey der Bewegung verrücken, so ist unter jeder Stange auf dem Lager h e in k ein Zapfen, der **Schließ- oder Springhaken** heisset. Dieser greift in eine Hülse unter dem Wagen hinein. Der erste wesentliche Theil dieses Wagens ist nun die schon ein paarmal genannte **Kupferlade**, deren eine Seite, wie gesagt, in m Fig. IV, V und VI in

die

die Augen fällt. Ich habe bereits gesagt, daß zwey eiserne Schienen, die in k m Fig. V nach der ganzen Länge h i des Stuhls liegen, die beyden Stangen k l des Wagens verknüpfen. Beyde gedachte Schienen stehen etwa 1 Zoll von einander ab, und in diesem Zwischenraum werden nach der ganzen Länge der Schienen eben soviel vierkantige Stücke Meßing oder Kupfer mit Bley eingegossen, als vorhergedachte Nadelbleystücke vorhanden sind. Von diesen Meßing- oder Kupferstücken hat die Kupferlade ihren Namen erhalten. Jedes dieser vierkantigen Metallstücke springt oben vor den Schienen vor, und zwey und zwey dieser Metallstücke stehen so weit von einander ab, daß der Abstand genau so viel, als die Dicke einer Schwinge beträgt. Ferner ist in jedem Metallstück ein Loch, so daß die sämtlichen Löcher auf einander treffen, und nach der ganzen Länge h i des Stuhls durchgehen. In dieser Kupferlade schweben nun die **Schwingen**, denen man auch die vermuthlich verstümmelte französische Benennung **Unden** oder **Unten** giebt. In der VI Fig. erscheinen sie in n o, und in der III Fig. hat man eine besonders abgebildet. Eine solche Schwinge ist von Eisenblech, in n Fig. III abgerundet, und in q hat sie ein Loch, welches etwas grösser ist, als das vorgedachte Loch der Metallstücke der Kupferlade. Denn jede Schwinge wird dergestalt zwischen 2 Metallstücke der Kupferlade horizontal gelegt, daß das Loch q der Schwinge und die Löcher der Metallstücke zusammen fallen. Durch alle Löcher der Metallstücke und der Schwingen steckt man eine eiserne Ruthe, deren vorragende Spitze in r Fig. V sichtbar ist, und diese Ruthe befestiget die sämtliche Schwingen dergestalt in der Kupferlade, daß die Schwingen gleich einem Wagebalken in der Kupferlade beweglich schweben. In der VI Fig. ist die Spitze der gedachten Ruthe unter m. Es sind jederzeit so viel Schwingen, als Nadelbley h i Fig. V auf einen Stuhl, und die Spitze o jeder Schwinge Fig. III schwebt genau zwischen zwey benachbarten Nadelbleystücken. Denn an der Spitze o jeder Schwinge Fig. III und VI ist eine Platine o p mit einem meßingenen Niedt angeniedtet, und wenn beym Wirken die Schwinge in o sinkt, so fällt die Platine zwischen ihre zubehörigen zwey Nadelbley in h i Fig. V, oder deutlicher geredet, zwischen die beyden äussersten und neben einanderstehenden Nadeln zweyer benachbarten Nadelbleystücke. Diese Platinen fuhren den Namen **fallende Platinen**, weil sie in der That beym Weben sinken, zum Unterschied von den stehenden Platinen, deren ich weiter unten gedenken werde. Die letztern sowohl, als die erstern Platinen bringen nebst den Nadeln beym Wirken die Maschen hervor, und nach diesem ihrem Zweck muß der untere Theil u p beyder Platinen ausgeschweift seyn. Der obere hinaufgehende Ausschnitt s heißt die Kammer, die vordere Spitze u, der Schnabel, und

die

die vorspringende Krümmung in r, der Bauch. Die Folge wird lehren, wie alle diese Theile zur Bildung der Masche das Ihrige beytragen. Aus dem Vorhergehenden erhellet schon, daß die Schwingen Fig. III n o beym Wirken zuweilen in o nebst der Platine in o p sinken. Da sie nun gleich einem Wagebalken in q in der Kupferlade schweben, so müssen sie in n steigen, wenn sie in o sinken. Das Steigen dieser Schwingen in n Fig. III wird durch die Roßstange und das Roß bewirkt. Am deutlichsten fällt diese Roßstange in v w Fig. VI und XII in die Augen, und in der IV sowohl, als in der V Fig. wird man die eine Spitze w bemerken. Die eiserne Roßstange v w Fig. VI und XII selbst ist bey einigen Stühlen durch eiserne Arme an der Kupferlade Fig. VI m, bey andern Stühlen aber auf dem Lager Fig. V e c befestiget, und die erste Art scheint die beste zu seyn, weil sich die Roßstange mit den Schwingen zugleich beweget. Die Roßstange hat auf ihrer obern Fläche nach ihrer ganzen Länge eine Falze oder Rinne, in welche der Zapfen x Fig. VI und XII des Rosses y hinein greift. Das Roß y ist ein kleines eisernes und dreykantigtes Prisma, auf dessen untern Seitenfläche, die die Roßstange berührt, ein Zapfen x Fig. VI und XII stehet, der in die vorgedachte Rinne der Roßstange v w hinein greift. Die beyden übrigen Seitenflächen sind gegen die Schwingen n o Fig. VI gekehrt. An jeder Seite des Rosses ist eine

Schnur befestiget, und eine Schnur liegt auf der Rolle v Fig. VI und XII, die andre aber auf der Rolle w. Die erste Schnur geht in z Fig. V und XII, die andre aber in rz zu einer grossen Scheibe A, die in der Mitte des Stuhls schwebt. Beyde Schnüre sind vereiniget, und liegen in einer Rinne auf der Scheibe A Fig. IV, V, XII. Hinter dieser Scheibe steckt auf ihrer Welle eine Rolle B, auf welcher ein Riem C B D Fig. IV, V und XII liegt, der diese Rolle mit 2 Fußtritten C und D vereiniget. Diese Fußtritte schweben unten im Stuhl, und sind an einer Spitze unter der Banke f g Fig. V mit einem Gewinde an dem Riegel E befestiget. Tritt man also den rechten Fußtritt D Fig. V und XII, so drehet sich die Rolle B und Scheibe A nach der Richtung z A um, und das Roß y Fig. XII wird nach der Richtung y w durch die Schnüre v z w fortgezogen. Gerade umgekehrt ist der Fall, wenn man den Fußtritt C tritt, und das Roß wird gegenseitig nach der Richtung w v Fig. XII gezogen. Indem nun das Roß y Fig. VI von w nach v fortläuft, so gehet es unter den Schwingen n o in n weg, und seine linke obere Seitenfläche berührt die Schwingen unterhalb in n, stößt diese hier in die Höhe, und sie sinken in o nebst der Platine o p. Eben dieses geschiehet gegenseitig, wenn man das Roß von v nach w, beweget. Auf diese Art fallen nun die fallenden Platinen o p Fig. VI vermittelst der Schwingen n o beym Wirken hinab. Doch müssen die Platinen

tinen und Schwingen nur so tief sinken, daß sie in den Nadeln h i Fig. V eine erforderliche lange Masche machen. Dieserhalb fällt die Schwinge Fig. III beym Sinken in v auf eine hölzerne Leiste, die man **Undensteg** oder auch **Fallbaare** nennt, und wovon man die eine Spitze in l Fig. V bemerken wird. Dieser Steg kann durch zwey Schrauben F und G Fig. V erhöhet und gesenkt werden, je nachdem die Masche nach Befinden lang oder kurz seyn soll. Beyde Schrauben heissen die Mühle, und sie haben etwas unter ihrer obern Spitze ein Sperrad nebst einem Sperrkegel, womit man sie erforderlich befestiget. Ihre Spindel geht durch ein geräumiges Loch der vorgedachten Fallbaare, und sie trägt dieselbe unten durch einen grossen Kopf. Des geräumigen Lochs wegen läßt sich die Fallbaare in etwas vor- und rückwärts verschieben, und dieses ist nöthig, weil ohnedem diese Fallbaare die Platine o p Fig. III in ihrer Bewegung hindern würde, wenn der Wagen Fig. VI beym Wirken nach dem hintern Theil des Stuhls zu auf dem Lager Fig. V e c zurück gerollet wird. Hinter jeder Spitze dieser Fallbaare ist aber eine Feder, die diese Fallbaare wieder vorwärts treibt und in Ruhe erhält, wenn der Wagen vorwärts gerollet wird. So werden nun die Platinen und Schwingen Fig. III gehindert, daß sie nicht zu weit hinab in o sinken können, und in der Folge werd ich zeigen, wie man sie durch den Undenhut einschränkt, daß sie an eben dieser

Spitze o nicht zu hoch steigen. Eben so hat man den Schwingen auch Schranken gesetzt, daß sie an der entgegengesetzten Spitze n Fig. III und VI nicht zu tief hinab sinken können. Dieserhalb ist hinter der Kupferbaare Fig. VI m und der Roßstange v w der **Federstock** angebracht. In der V Fig. fällt dieser Federstock nicht in die Augen, er stehet aber hinter der Roßstange w. Ganz deutlich bemerkt man ihn aber an dem Wagen Fig. VI, und dem Hintertheil des Stuhls Fig. XII in H I. Eine starke hölzerne Leiste K I wird auf eine doppelte Art, die ich hernach anzeigen werde, an dem Wagen Fig. VI befestiget, und auf diesem Federstock stehen zwey Reihen senkrechter Federn H I von elastischen Eisenblech. Ihre Anzahl stimmt genau mit der Zahl der Schwingen n o Fig. VI überein, denn an jede Feder lehnet sich die Spitze n einer Schwinge. Jede Feder ist etwa ein Viertel Zoll breit, und also breiter, als eine Schwinge, die sich nach ihrer Dicke gegen die Feder lehnet. Dieserhalb stellt man die Federn auf dem Federstock in 2 Reihen, so daß jederzeit eine Feder in der vordersten, nnd die benachbarte in der hintersten Reihe stehet. Dieserhalb muß auch jede Schwinge, die zu einer Feder der hintersten Reihe gehöret, etwas länger seyn, als eine zur vordersten Reihe der Federn gehörige Schwinge. Jede Feder ist etwas unter ihrer obern Spitze H Fig. VI und XII nach einem spitzigen Winkel umgebogen, so daß die Oefnung dieses Win-

kels

kels gegen die Spitze n Fig. VI der Schwinge n o gekehret ist. Ruhet nun die Schwinge n o, so liegt ihre Spitze n in der Kante des Winkels der Feder, sie steiget aber gegen den obern Schenkel des Winkels an der Feder in die Höhe, wenn sie beweget wird. Auf diese Art ist jede Schwinge n o Fig. VI nicht nur vorne in o durch den Undensteg und Undenhut eingeschränkt, daß sie nicht höher steigen und sinken kann, als erforderlich ist; sondern ihre Spitze n Fig. VI wird auch durch die Federn des Federstocks gehindert, daß sie in n nicht zu tief sinken kann. Nur entstehet noch die Frage, wie die Schwingen, wenn sie von dem Roß y Fig. VI dergestalt bewegt sind, daß sie in o nach dem obigen sinken, wie, sag ich, diese Schwingen hinten in n hinab gepreßt werden, daß sie wieder in Ruhe kommen? Diese Absicht wird durch die **Unden- oder Schwingenpresse**, die man auch **Basquille** nennt, erreicht. Ganz deutlich fällt dieser Theil des Stuhls nirgend Tab. II in die Augen, weil er durch die übrigen Theile zum Theil bedeckt wird. Unterdessen erblickt man sie doch Fig. IV und VI in L M auf einer schmalen Seite. Man wird nemlich insbesondre in der IV Fig. in L M einen eisernen Arm bemerken, der **der grosse Unde**, oder deutsch, grosse Schwinge genennet wird, weil an jeder Seite der eigentlichen Unden oder Schwingen in n o Fig. VI eine solche grosse Unde L M liegt. Beyde grosse Unden erhalten auch, gerade wie die eigentlichen

Schwingen, ihre Befestigung durch die Ruthe r Fig. V und m Fig. VI, IV. Die Ruthe durchbohrt nemlich diese grosse Unde L M Fig. IV in m, so daß die grosse Unde gleich einem Wagebalken auf der Ruthe schwebt. Die hintersten Spitzen L Fig. IV beyder grossen Unden werden durch eine starke hölzerne Leiste vereiniget, oder dagegen auch mit einer eisernen Stange, die aber unten mit Tuch belegt seyn muß, damit das Eisen die eigentlichen Schwingen nicht verletze. Dieser hölzerne oder eiserne Steg liegt auf den eigentlichen Schwingen Fig. VI n o nach ihrer ganze Lage und mit dem Federstock H I parallel. Man hat die Lage dieses Steges in der VI Fig. durch Punkte in N angedeutet. Druckt man also die Spitze M Fig. VI beyder grossen Unden in die Höhe, so wird hiedurch die entgegengesetzte hintere Spitze hinabgepreßt, und zugleich auch der damit vereinigte Steg N Fig. VI. Dieser druckt wieder auf die eigentlichen Schwingen Fig. VI n o, preßt ihren hintern Theil n hinab, und bringt sie wieder in Ruhe, wenn sie nemlich vorher von dem oben beschriebenen Roß hinten erhöhet sind. Man wird sich dieses noch besser aus der IV Fig. durch die Lage der schwebenden grossen Unde L M vorstellen können. Damit aber der Steg N Fig. VI der Undenpresse nicht auf den eigentlichen Schwingen n o liegen bleibt, und diese in der nächsten Bewegung hindert, so ist an der Spitze M Fig. IV ein Stück Bley angegossen, dessen Schwere die Undenpresse nach dem jedesmaligen Gebrauch vorne in M wieder hinabdruckt, so daß also hinten der Steg N Fig. VI steiget und die eigentlichen Schwingen n o wieder verläßt. Endlich muß aber auch der Strumpfwirker bey seiner Arbeit die Undenpresse bequem bewegen können, und dieses geschiehet durch die **Daumdrucker** oder **Daumlacker.** Dieser kleine Theil fällt am deutlichsten in O P Fig. VI in die Augen. Neben der Platinenbaare, wovon ich unten reden werde, ist nemlich eine Klappe O P befestiget, und zwar neben jeder grossen Unde L M. Diese Klappe, die Daumdrucker heisset, lehnt sich mit einem Zapfen Q unter die Spitze M der grossen Unde L M. Eigentlich ist dieser Daumdrucker nichts anders, als ein elastisches Blech, so in O befestigt ist. Druckt man ihn nun unten in P gegen das Gestell des Stuhls, so preßt er durch seinen Zapfen Q seine grosse Unde L M in Q in die Höhe, der Steg N sinkt, und druckt die Schwingen n o in n nieder. Der Daumdrucker O P springt durch seine eigene Federkraft in P wieder zurück, und die Presse sinkt in Q wieder durch die Schwere des oben gedachten angegossenen Bleys. Folglich sind eigentlich zwey Daumdrucker vorhanden, nemlich an jeder Seite des Stuhls und für jede grosse Unde einer.

Ich habe bis jetzt die sämtlichen Theile des sogenannten Wagens beschrieben, wozu nach dem Vorhergehenden die Kupferlade m Fig. IV nebst den Rädern k und l, das Roß v w

Fig.

Fig. VI, die Schwingen n o nebst den Platinen o p, der Federstock H I und endlich die Undenpresse M L N gehöret. Diese Theile vorausgesetzt, kann ich nunmehro die verschiedene Benennung und Einrichtung der Stühle, die sich auf die gedachten Theile gründet, deutlich anzeigen. Diese verschiedene Benennung, so die Stuhlschlösser diesen Stühlen beylegen, beruhet theils auf der Anzahl der Räder oder Rollen des Wagens, theils aber und vorzüglich auf der mannigfaltigen Befestigung des Federstocks H I Fig. VI, der im Französischen den Namen Grille führt, weil er beynahe gitterartig aussiehet. Hiernach giebt es nun drey Arten Stühle. Die erste Art heisset **Grille fix**, welche Benennung ohnstreitig aus Grille fixée entstanden ist. Ein solcher Stuhl hat an jeder Seite zwey Räder am Wagen, und der Federstock hängt durch einen rechtwinklichten eisernen Arm mit der Kupferlade zusammen, bewegt sich auch mit diesem zugleich, doch übrigens ohne sich bey der Bewegung zu neigen. Der Wagen eines solchen Stuhls geht sehr sicher. Die zweyte Art dieser Stühle heisset **Grille mouvante**. Er hat abermals zwey Räder an jeder Seite des Wagens, allein der Federstock Fig. VI H I hängt mit der grossen Unde L M durch einen sogenannten Schwanenhals zusammen. Der Federstock ist nemlich mit der grossen Unde durch ein nach einem halben Cirkel gebogenes Eisen vereiniget, und dieses Eisen nennet man Schwanenhals. Der Wagen wird beym

Wir-

Wirken jedesmal an den grossen Unden vorwärts gezogen, und durch diese also auch der Federstock. Doch neigt sich der Federstock bey dieser Bewegung etwas vorwärts, oder wie der Profeßionist sagt, er **köpelt.** Auf eben die Art hängt auch der Federstock mit der grossen Unde durch einen Schwanenhals bey der dritten Art der Stühle zusammen. Doch wird noch die grosse Unde auf der Ruthe Fig. V, r verlöthet. Diesen Stuhl nennt man deutsch **Köpelstuhl,** französisch aber **Grille avant.** Der Federstock köpelt also gleichfalls vermöge des Schwanenhalses, aber der Wagen hat überhaupt nur zwey Räder, nemlich an jeder Seite eins. Ein solcher Stuhl gehet sehr leicht, und der Federstock köpelt am stärksten.

Ich fahre nunmehro fort, die übrigen Theile des Stuhls zu zergliedern. Nach dem Obigen hat ein solcher Stuhl fallende Fig. VI o p, und stehende Platinen. Die ersten sind bereits vorher beym Wagen beschrieben, und die letztern sind in der Platinenbaare und Schachtel befestiget, so beyde einen Theil der **Lade** ausmachen. Von dieser und den zubehörigen Theilen will ich nunmehro reden. Zwischen den senkrechten Stützen oder **Docken** a und S Fig. V liegt ein starker eiserner Wellbaum a S Fig. V und XII horizontal. An jeder Spitze ist dieser Wellbaum in eine Docke eingezapft, so daß er sich umdrehen lässet. Man wird dieses Gewinde des Wellbaums in a und S Fig. XII deutlich bemerken. Mit diesem Wellbaum hängen drey eiserne ne Arme zusammen, wovon die beyden äussersten neben den beyden Balken a T und S U des Gestells liegen, aber innerhalb des Stuhls. Der dritte liegt gerade in der Mitte des Stuhls, in gleicher Entfernung von den vorigen beyden und mit diesen parallel. Diese drey Arme sind so lang, als der Balken a T oder S U des Gestells. Vorne in dem Stuhl in T U ist an den nur gedachten drey Armen eine eiserne Stange oder Traverse befestiget, die mit dem Wellbaum a S parallel läuft. Die nur gedachten 3 Arme, nebst der Traverse und dem Wellbaum machen also zusammen ein einziges Stück aus, welches, gleich einer Klappe hinauf und hinab beweget werden kann. Doch sind in der V Fig. die 3 Arme nebst der Traverse nicht deutlich angedeutet, weil es zu viel Verwirrung geben und die übrigen innern Theile bedecken würde. An jedem der beyden äussern Arme neben a T und S U hängt ferner eine eiserne Stange in X V und W V hinab, und eine solche Stange führet den französischen Namen **Pendant**. Jeder dieser Pendants ist in X oder W mit einem Gewinde an seinem vorgedachten Arm befestiget, so daß man sie, wenn sie erst durch die übrigen noch zu beschreibenden Theile vereiniget sind, unten in V gegen das Gestell des Stuhls und auch abwärts neigen kann. Zwischen diesen beyden Pendants X V und W V ist nun in X W die **Platinenbaare** befestiget, wodurch die stehenden Platinen, deren ich schon ein paar Mal gedacht habe,

ihre

ihre Haltung bekommen. Es bestehet nemlich diese Platinenbaare aus zwey parallelen eisernen Stangen, wovon die hinterste an den Pendants XV und WV völlig befestiget ist, die vorderste kann aber abgeschraubet werden. Zwischen diesen beyden Stangen werden nun die Oberbley befestiget, und in diesen wieder die Platinen. Von diesem Oberbley gilt beynahe eben das, was ich oben von dem Unterbley Fig. VIII. a b, worin die Nadeln befestiget sind, gesagt habe. Jedes Oberbley muß eine bestimmte und festgesetzte Dicke haben, und es muß daher für jede Art Stühle nach ihren Nummern besonders in einer Form gegossen werden. Denn jedes Oberbley muß genau eine solche Dicke haben, daß zwey stehende Platinen, die in demselben befestiget werden, nicht nur zwischen zwey fallenden Platinen zu stehen kommen, sondern daß jede Platine auch zwischen zwey zubehörige Nadeln der Nadelbaare beym Wirken eindringet. Doch hat jedes Oberbley nur zwey Platinen bey den Stühlen zur seidenen Arbeit, wo jedes Unterbley drey Nadeln hat, wie oben gesagt. Bey Stühlen zu wollenen Strümpfen hat das Unterbley nur 2 Nadeln, und jedes Oberbley also auch nur eine Platine. Doch ich will in der Folge jederzeit der Kürze wegen annehmen, daß jedes Oberbley zwey Platinen erhält, und also zu einem Stuhl zur seidenen Arbeit gehöret. Durch den Guß erhält ein solches kantiges Oberbley an einer seiner schmalen Seiten zwey Ein-

schnitte

schnitte oder Kerbe. In jeden Kerb wird eine stehende Platine eingesetzt, und beyde werden in dem Bley gemeinschaftlich mit einem meßingenen Niedt befestiget. Hiernächst setzt man die sämtliche Oberbley in den befestigten Theil der Platinenbaare X W Fig. V ein, legt den niedern und beweglichen Theil auf die sämtliche Oberbley, und schraubet den letztern Theil auf dem ersten mit einigen Schrauben an. Die Köpfe dieser Schrauben wird man auch in X W bemerken. Damit aber der vordere Theil der Platinenbaare die Oberbley nicht beschädige, so ist er mit Tuch gefuttert. So werden nun die stehenden Platinen vermittelst der Oberbley in der Platinenbaare befestiget, und hängen unter dieser senkrecht hinab. In der V Fig. wird man sie in X V i W vermischt mit den fallenden Platinen bemerken. Ich habe diese **stehende Platinen** noch nicht beschrieben, weil sie in aller Absicht den oben gedachten fallenden Platinen o p Fig. III gleich sind. In o werden die stehenden Platinen an dem Oberbley mit einem Niedt befestiget, so wie die fallenden an der Schwinge n o. Die stehenden Platinen haben auch unten in u p eben solchen geschweiften Ausschnitt, als die fallenden Platinen. Wenn der ganze Mechanismus des Stuhls in Ruhe ist, so ragen die sämtlichen stehenden und fallenden Platinen gleich lang hinab, und sie haben auch in aller Absicht eine gleiche Breite und unten eine gleiche Ausschweifung. Diese Ausschweifung stehet bey

allen

allen Platinen vorwärts nach dem Wirker zu. Alle Platinen sind aber etwa 4 bis 6 Zoll lang. Allein die stehenden Platinen sind nicht nur oberwärts in der Platinenbaare X W Fig. V befestiget, sondern auch mit ihrer untern Spitze in der sogenannten **Schachtel**. Diese letzte schwebt vor dem Stuhl kurz unter den punktirten Nadeln i h Fig. V, und man wird sie in 1 h unter den Punkten gleich einer Leiste bemerken. Gerade wie die Platinenbaare X W, ist sie aus zwey eisernen Stangen zusammengesetzt, die zwischen den beyden Pendants X V und W V befestiget sind, und etwas von einander abstehen. In diesem Zwischenraum beyder Stangen der Schachtel stehet nun die Spitze p Fig. III der sämtlichen stehenden Platinen o p.. Sie werden durch Haken in der Schachtel befestiget. Zugleich an der Nadelbaare X W und Schachtel h i sind auch die beyden **Hauptplatinen** oder **Gardeplatinen** befestiget, die man neben W V und X V nach den eigentlichen Platinen zu bemerken wird. Sie sind von starken Eisen und springen vor den eigentlichen Platinen vor. Durch das letzte hindern sie, daß die eigentlichen Platinen nicht von der Presse, wovon sogleich die Rede seyn wird, beschädiget werden. Hinten stossen diese Hauptplatinen an einen Nagel, der vor dem Lager h e Fig. V befestiget ist, damit die Pendants bey der Bewegung nicht zu weit hinterwärts gehen. Wenn man nun das vorhergehende kürzlich übersieht, so erhellet, daß die Pendants X V und W V

WV Fig. V nebst der Platinenbaare XW und Schachtel ih vor dem Stuhl an den vorgedachten Armen in aT und SU vermittelst eines Gewindes schweben. Diese Arme sind aber wieder an der Welle aS befestiget. Folglich leiden die Pendants nebst den stehenden Platinen eine doppelte Bewegung. Erstlich kann man sie mit den nur gedachten Armen vermittelst der Welle nach der Richtung TH senkrecht hinab bewegen, und gegenseitig auch wieder erhöhen. Zweytens können beyde Pendants XV und WV mit den stehenden Platinen unten in V gegen das Gestelle des Stuhls und wieder vorwärts beweget werden, weil die Pendants in X und W durch ein Gewinde an den nur gedachten eisernen Armen hangen. Die letzte Bewegung der Pendants verrichtet der Wirker blos mit der Hand, weil sie leicht zu bewerkstelligen ist. Ungleich schwerer ist es aber die Arme in aT und SU nebst den Pendants und zubehörigen Theilen nach der Richtung Th hinauf und hinab zu bewegen. Daher werden diese Theile folgendergestalt mit einem Tritt hinabgezogen, und wieder durch eine starke Feder erhöhet. Die erste Bewegung, da nemlich die Arme in aT und SU Fig. V nebst den Pendants und zubehörigen Theilen hinab gezogen werden, erreicht man durch zwey senkrechte dünne Stangen Eisen YZ und αβ Fig. V. IV. XII, welche die Arme in aT und SU mit einem Querfußtritt unten in Zβ vereinigen. An jedem Arm aT und SU ist

also

also eine der vorgedachten dünnen Stangen befestiget, und jede geht von ihrem Arm hinab zu dem gedachten Querfußtritt Z β, der nebst seinen zubehörigen eisernen Stangen der **Marsch** genennet wird. Auf diesem Fußtritt ruhen die Spitzen der beyden äussersten langen Fußtritte C und D Fig. V, womit nach dem obigen das Roß wechselsweise beweget wird. Tritt aber der Strumpfwirker diese beyden letztern Fußtritte zugleich, so druckt er hiedurch den Querfußtritt Z β ganz hinab, und ziehet also vermittelst der Stangen Y Z und α β zugleich die Arme in T und S U benebst den Pendants X V und W V und den zubehörigen stehenden Platinen X i hinab. Erhöhet werden aber eben diese Theile wieder durch eine starke elastische Feder, die ziemlich nach einem halben Cirkel gebogen ist, und Fig. V und XII in γ δ deutlich in die Augen fällt. Sie sitzt unter dem oft genannten Wellbaum a S, lehnt sich unten in δ gegen ein Lager des Gestells, in welches sie mit einem Dorn hinein greift, und oben in γ lehnt sie sich zugleich an den Wellbaum a S, und den oben gedachten mittlern Arm, der mit den Armen in a T und S U Fig. V parallel läuft. Zugleich ist in γ eine Stellschraube, womit man die Feder spannen kann, je nachdem die Feder stark oder schwach wirken soll. Werden nun die Arme in a T und S U nebst den zubehörigen Theilen von dem vorgedachten Marsch Y Z β α hinabgezogen, so wird hiedurch die Feder γ δ zusammengepresset. Zieht aber der Wirker seine Füsse wieder von dem Marsch zurück, so hebt die zusammengebogene Feder vermöge ihrer Schnellkraft die Arme a T und S U Fig. V nebst den zubehörigen Theilen wieder in die Höhe. So wird nun die vorgedachte doppelte Bewegung dieser Theile erreicht. Allein die Feder würde die nur gedachten Theile ungleich und oft wider die Absicht des Wirkers zu hoch bewegen, und daher muß man diese Theile in die erforderliche Ruhe bringen können. Dieserhalb ist sowohl der Croschirhaken, als die Stütze angebracht. Der **Einschluß des Croschirhakens** (Crochet) sitzt an der untern Spitze V Fig. V der beyden Pendants X V und W V, und gleichfalls in V befindet sich an dem Gestelle neben der Nadelbaare h i der eigentliche **Croschirhaken**. Die XXII Fig. wird dieses begreiflich machen. a b ist ein Pendant, und an der untern Spitze desselben befindet sich ein Haken, oder der Einschluß des Croschirhakens c. Ferner ist d ein Ständer des Gestells neben der Nadelbaare, und e ist der eigentliche Croschirhaken. Beydes ist von Eisen und befindet sich an und neben jeden Pendant. Wenn nun also die Pendants nebst den oben beschriebenen zubehörigen Theilen in Ruhe seyn sollen, so haket man den Einschluß des Croschirhakens c Fig. XXII in den eigentlichen Croschirhaken e ein. Allein bey der Bewegung dieser Theile selbst würden die Arme in a T und S U Fig. V wieder den Zweck bald zu hoch steigen, bald wieder zu niedrig hinab gehen, und daher schränkt man diese Bewegung durch die Stützen ein. Diese beyde Stützen stehen auf dem Gestell des Stuhls, und zwar neben jeden Arm in a T und S U eine. Sie fallen aber in der V Fig. nicht in die Augen, und daher hat man eine in der XXIII Fig. besonders abgebildet. Die eiserne Stütze selbst a b hat in c und d vorwärts zwey Lappen, und in jedem steckt eine eiserne Schraube. Der Durchschnitt des eisernen Arms (Fig. V, a T oder S U) ist in e angedeutet. Bewegt sich nun dieser eiserne Arm hinauf, so stößt er an die untere Spitze der Schraube c, und geht er hinab, so kann er nur bis zur Schraube d sinken. Je nachdem nun der Wirker die Schrauben stellt, giebt er den eisernen Armen und zugleich den zubehörigen Theilen mehr oder weniger Spielraum zu ihrer Bewegung. Unterdessen findet es doch der Wirker für nöthig, die sinkende Bewegung dieser Theile noch näher zu bestimmen, ohnerachtet sie schon durch die Schraube d Fig. XXIII eingeschränket wird. Denn die Folge wird lehren, daß durch das Hinabgehen der stehenden Platinen in X i Fig. V zum Theil die Länge der Maschen bestimmt wird. Diese nähere Einschränkung entstehet nun durch den **Pittikau**, oder Pitteko, oder Pittiko. Denn der Ursprung dieses Worts nebst seiner Rechtschreibung ist mir nicht bekannt, es scheint aber ein verstümmeltes Wort der französischen Sprache zu seyn. An jedem Pendant nach dem Ständer TV und UV zu sitzt unten in V neben dem obigen Croschirhaken ein Zapfen, und an den beyden Ständern TV und UV sitzt gleichfalls in V ein solcher Zapfen, und zwar auf der Seite der gedachten Ständer nach den Platinen Xi zu. Beyde Zapfen heissen Pittikau, sie können aber in der V Fig. nicht in die Augen fallen, und daher wird man sie nur aus der XXIV Fig. kennen lernen. Es bedeutet nemlich ab Fig. XXIV einen Pendant, cd aber einen Ständer des Gestells. Ferner ist e der Zapfen oder Pittikau des Pendants, f aber der Pittikau des Ständers. An jeden Pendant ist ein solcher Pittikau. Bey der Bewegung läßt der Wirker die Pendants nebst den zubehörigen Theilen nicht tiefer sinken, als daß sich der Zapfen e genau unter dem Zapfen f wegschleift, und der Pendant also kurz vor dem Zapfen f wieder in die Höhe gehet. So werden nun also die stehenden Platinen nebst den zubehörigen Theilen erforderlich befestiget, bewegt und eingeschränkt. Hier muß ich noch des schon oben gedachten Undenhuts Erwehnung thun. Es ist ein Eisen, welches unter der Platinenbaare XW Fig. V liegt, aber etwas von derselben absteht. Dieses Eisen ist dergestalt angebracht, daß es die fallenden Platinen an ihrer vordern Spitze hindert, daß sie nicht höher stehen, als erforderlich ist, wenn sie nemlich in Ruhe sind.

Es bleibt nur noch ein einziger wesentlicher Theil des Strumpfwirkerstuhls zu beschreiben übrig, nemlich die **Presse**. Ich habe oben gesagt, daß die feinen Spitzen d c der Nadeln Fig. VIII in der Nadelbaare umgebogen sind, und daß sie im erforderlichen Fall in einen Einschnitt (Chassis) auf dem Schaft a c der Nadel versenkt werden können. Diese Absicht bewerkstelliget die Presse, welche ganz von Eisen ist. Die **Lage** h ζ und k ϑ Fig. V der Presse ist in h und k an dem Gestelle des Stuhls angeniedtet, mit diesen beyden Lagen sind aber wieder zwey **Preßarme** ι ζ und η ϑ in ζ und ϑ durch ein Gewinde vereiniget, so daß man die gebogenen **Preßarme** ι ζ und η ϑ also in ι und η aufheben kann. Folglich schweben diese Arme in ι und η frey und unbefestiget. Doch ist unter der hintersten Spitze jedes Preßarms eine Schraube τ, die gegen das Gestell des Stuhls schlägt, damit die Presse bey der Bewegung nicht zu tief sinkt, und die Nadeln verletzet. Je nachdem also der Kopf dieser Stellschraube lang oder kurz vorstehet, kann die Presse hinten mehr oder weniger tief sinken. An diesen beyden Preßarmen oder Preßbogen ist nunmehro die eigentliche Presse V k befestiget. Es ist eine anderthalb Zoll breite eiserne Stange, die an einer Seite nach dem Gestelle zu stumpfscharf ist, sich gleichfalls nach dem Gestelle zu in etwas neigt, und gut poliret ist. Sie hat gerade eine solche Richtung, daß ihre stumpfe Schärfe auf die sämtlichen Spitzen der Nadeln in der Nadelbaare h i fällt, wenn die Preßarme nebst der Presse hinabgezogen werden. Es frägt sich also nur noch, wie die Presse hinabgezogen und erforderlich wieder erhöhet wird. In dieser Absicht ist an der hintern Spitze ι und κ der beyden Preßarme ein gebogenes Eisen mit eisernen Bändern befestiget, welches man Traverse nennt. Nur der obere Theil dieser Traverse fällt in der V Fig. in δ F κ in die Augen, das Ganze erblickt man aber in der XII Fig., so wie es hinten im Stuhl sichtbar ist. Hier ist λ ν ξ μ die Traverse, welche in λ und μ an den Preßarmen befestiget ist. An dieser sitzt unterhalb die Gabel ν B ξ von starken Draht, und an einem Ring der Gabel in B ist ein Riem angeknüpft, der die vorgedachten Theile mit dem mittelsten Fußtritt s vereiniget. Tritt also der Wirker diesen mittelsten Fußtritt, so zieht er die Preßarme in ι und κ Fig. V hinab, die eigentliche Presse V k senkt sich auf die Nadeln hinab, und versenkt gedachtermassen die Nadelspitzen. Allein diese müssen nach der Absicht des Wirkers nicht immer versenkt seyn, und daher muß die Presse die Nadeln im erforderlichen Fall wieder verlassen und in die Höhe steigen. In der letzten Absicht ist folgender Mechanismus angebracht. Unten in der Mitte der Traverse in ε Fig. XII ist ein Riem angeknüpft, der über eine kleine Rolle in ο π gehet, die aber in der XII Fig. hinter einem Riegel nicht sichtbar ist. An dem

Lager

Lager δ der vorgedachten grossen Feder γ, δ ist nemlich eine Gabel, in welcher die nur erwehnte Rolle läuft. Der Riem auf dieser Rolle, welcher von der Traverse in ε kommt, geht von π bis B hinab, und trägt hier ein vierkantiges oft eingeschnittenes Eisen unter B. Dieses Eisen steckt in einem Loche des Riegels unter B, wodurch der Riem nebst seinen Theilen in gehöriger Richtung erhalten wird. Endlich hängt unter diesem Eisen ein Gewicht e, z. B. eine eiserne Kugel, die nach Befinden noch mehr durch zugehängte Gewichte beschweret wird. Wenn also die Presse mit dem Fußtritt s hinabgezogen wird, so steigt die Kugel e in die Höhe, ziehet aber die Traverse in ε durch den Riem ε π B und zugleich auch die damit verknüpfte Presse wieder in die Höhe, so bald der Wirker den Fuß von dem Fußtritt s zurück ziehet.

Eine solche Beschaffenheit hat nun der Stuhl, worauf Strümpfe gewirkt werden. Die mehresten Theile hab ich beschrieben, es sey denn, daß ich bey dem Augenschein hin und wieder einen kleinen unbemerklichen Theil nicht gesehen, oder bey der Vielheit der Theile vergessen habe. Nur Schade, daß bey dieser künstlichen Maschine die Figuren der Kupfertafel die Beschreibung nicht immer gehörig unterstützen können. Uebersieht man nunmehro das Ganze dieser Maschine, so hat sie überhaupt vier wesentliche Theile, das Gestell nicht mitgerechnet. Der erste Haupttheil ist die Nadelbaare mit ihren Nadeln, worin die

Maschen eigentlich entstehen. Der Wagen setzt zweytens die fallenden Platinen in Bewegung, und diese bilden die Maschen in den Nadeln, aber nur vorläufig. Vollkommen werden diese Maschen drittens durch die stehenden Platinen gebildet, und diese bewegen sich vereiniget mit den Pendants und den übrigen zubehörigen Theilen. Diesen Theilen kommt endlich noch die Presse zu Hülfe, welche die Vereinigung zweyer benachbarter Reihen Maschen befördern hilft. Mit Voraussetzung der Kenntniß dieses Stuhls red ich nun zuerst von der Verfertigung der wollenen, und hiernächst der seidenen Strümpfe.

1. Von Verfertigung der wollenen Strümpfe.

Die Strumpfwirker theilen die gewirkten wollenen Strümpfe überhaupt in zwey Arten ab, nemlich in ordinaire glatte und in Kastorstrümpfe. Beyde Arten sondern sich theils durch die innere Beschaffenheit der verschiedenen Wolle, theils durch die Walke von einander ab. Denn die ordinairen glatten Strümpfe werden nur ganz mäßig, die Kastorstrümpfe aber stark gewalkt. Die **ordinairen glatten Strümpfe** sind diejenigen, die von Personen mitleren und niedrigen Standes gewöhnlich schwarz gefärbt in den Schuhen getragen werden. Man webt sie blos und allein aus einer langen Fettwolle, deren Entstehen ich in der vorigen Sammlung

bey

bey der Beschreibung des Wollkämmers umständlich gezeiget habe. Die sogenannte Waschwolle, die der Leser aus der vorigen Sammlung gleichfalls kennt, ist zu diesem Gebrauch zu hart und ungeschmeidig, und läßt sich nicht gut weben. In unserer Gegend verbraucht man zu Strümpfen dieser Art nur Fettwolle von einschürigen Schafen, in manchen Gegenden aber, wo es an einschüriger Wolle fehlt, soll man auch zweyschürige Wolle verbrauchen, aber nur zu groben Strümpfen. Je feiner nun die Strümpfe dieser Art werden sollen, desto feiner muß auch die Fettwolle seyn, und umgekehrt. Zu feinen Strümpfen dieser Art ist die Wolle insgemein 10 bis 12stückig, zu groben aber nur 7 bis 8stückig. Der Leser weiß schon aus der vorigen Sammlung, daß z. B. achtstückig so viel heißt, daß aus jedem Pfund Wolle 8 Stücke oder Strenen gesponnen werden. Gewöhnlich sind diese Strümpfe **dreydräthig**, selten vierdräthig, aber öfters zweydräthig, und die letztern sind natürlicher Weise die leichtesten und schlechtesten. Ein Strumpf ist dreydräthig will aber so viel sagen: der Faden, woraus er gewirkt wird, ist aus drey einzelnen Faden zusammen doubliret und gezwirnet. Hieraus erhellet die Bedeutung der übrigen ähnlichen Ausdrücke, vier- und zweydräthig, von sich selbst. Die **Kastorstrümpfe** sind ungleich dicker, als die vorigen, weil sie stark gewalkt werden. Dieserhalb werden sie in der Kälte getragen. Diese

Strüm-

Strümpfe sind jederzeit zweydräthig. Man macht sie ganz oder auch zum Theil aus Streichwolle, weil diese Wolle bekanntermassen gut filzet. Gewöhnlich nimt der Strumpfwirker zu dieser Streichwolle, deren Entstehen ich gleichfalls in voriger Sammlung bey der Tuchmanufactur gezeiget habe, gewöhnlich, sag ich, nimt er hiezu die sogenannten kurzen Locken, die von den Schafpelzen abfallen, wenn man sie vor dem Sortiren ausschüttelt. Denn diese kurze Wolle filzet bekantermassen gut, und wird daher auch zu feinem Landtuch verbraucht. Doch nimt man auch zu schlechten Kastorstrümpfen Lämmerwolle, und schlechtere kurze einschürige oder auch zweyschürige Wolle, worunter auch wol der sogenannte Kämmling, der beym Wollkämmen abgehet, zuweilen gemischet wird. Doch verbraucht man diese Streichwolle auch zuweilen vermischt mit langer Fettwolle. Hieraus entstehet nun eine doppelte Art Kastorstrümpfe, ganze und halbe. Die **ganzen Kastorstrümpfe** werden blos aus zwey vereinigten Faden Streichwolle gewirkt, und sie filzen daher in der Walke am besten. Zu den **halben Kastorstrümpfen** doubliret und zwirnt der Strumpfwirker einen feinen Faden von langer Fettwolle mit einem gröbern von Streichwolle zu einem Doppelfaden zusammen. Der feine Faden Fettwolle ist siebenstückig, der aber von Streichwolle drittehalbstückig. Uebrigens wird der wollene Faden zu glatten ordinären und zu Kastorstrümstrümpfen von dem Strumpfwirker auf gleiche Art behandelt, und beyde Strumpfarten werden auch mit gleichen Handgriffen gewirkt, ausser daß der gezwirnte Faden des Kastorstrumpfs insgemein stärker ist, daher der Strumpf nach dem Obigen auf einem Stuhl zu grober Arbeit gewirkt werden muß. Dieser Umstand macht nun aber keinen wesentlichen Unterscheid bey der Arbeit selbst, und daher brauch ich in der Folge nicht eher darauf zu sehen, ob der Strumpf ein glatter oder Kastorstrumpf ist, bis von der Appretur der wollenen Strümpfe die Rede seyn wird. Ich wende mich nun zu der Vorbereitung der Wolle vor dem Wirken.

Vorausgesetzt, daß der wollene Faden bereits erforderlich gesponnen ist, wie ich in der vorigen Sammlung gezeiget habe, so ist die erste Arbeit des Strumpfwirkers, daß er die einzelnen Faden nach Befinden zu einem zwey- oder dreyfachen Faden zusammen doubliret. Er bedient sich hiebey des gewöhnlichen Spulrades Tab. II, Fig. II der Leinweber, und die wollenen Strenen hängt er auf eine Krone Fig. I, die ich gleichfalls schon in der vorigen Sammlung bey der Wollfabrik zergliedert habe. Man hängt nemlich insgemein nur zwey Strenen Wolle auf die Krone Fig. I, und spulet diese auf eine Spule des Spulrades Fig. II, mit den Handgriffen, die ich schon oft gezeiget habe. Soll nun der Faden dreydräthig werden, so nimt der Strumpfwirker die vorgedachte volle

Spule

Spule von dem Spul- oder Doublirrade Fig. II ab, und steckt dagegen eine leere auf. Auf die Krone legt er eine einzige Strene Wolle, und spulet diesen einfachen Faden vereinigt mit dem vorigen Doppelfaden auf die leere Spule des Spulrades. Doch hängt man zuweilen auch drey Strenen zugleich auf die Krone, und spult diese drey Faden gleich vereiniget auf die Spule des Doublirrades Fig. II. Allein es ist mühsam und schwer, drey Faden zugleich zusammen zu doubliren. Zu sogenannten melirten Strümpfen doublirt man 2 gefärbte und einen weissen oder ungefärbten Faden zusammen.

Die doublirten Faden müssen nun auf einer **Zwirnmühle** gezwirnt werden, allein nur ganz locker und los, oder wie der Wollfabrikant sagt, sie werden blos geschlofet. Denn die Maschen würden nicht gut in einander fallen, wenn die Wolle stark gezwirnt wäre. Die Strumpfwirker zwirnen sich ihre Wolle insgemein selbst, und bedienen sich hiebey folgender sehr einfachen Handzwirnmühle Fig. VII. Unterhalb liegt in dieser Mühle ein Schnurrad AB, so entweder durch eine Kurbel in F, oder auch durch einen Fußtritt L gleich einem Trittrade beweget wird. Hinter diesem Schnurrade AB ist in der Mühle ein Brett angebracht, so oben nach einem halben Cirkel abgerundet ist, und in CEA über das Schnurrad hervorraget. Unter der abgerundeten Kante dieser halben Scheibe sind neun Rollen E gleichfalls nach einem halben Cirkel an-

gebracht.

gebracht. Jede Rolle steckt auf einer horizontalen langen Spille, die vor der Rolle hervorragt, und die Rolle selbst kann man zugleich mit der Spille umdrehen. Um diese sämtliche Rollen E, und zugleich um das Schnurrad A B geht eine gemeinschaftliche Schnur, die die Rollen umdrehet, wenn das Schnurrad in Bewegung gesetzt wird. Beym Gebrauch der Mühle wird auf die Spille vor jeder Rolle eine Spule mit doublirter Wolle gesteckt, und der Faden jeder Spule wird über dieser an eine Sprosse eines Haspels angeknüpft. Dieser Haspel liegt in K unmittelbar über den Spulen, und die gezwirnte Wolle muß sich auf den Haspel aufwickeln. Dieserhalb muß der Haspel gleichfalls in Bewegung gesetzt werden, und zwar so, daß diese Bewegung in Absicht ihrer Schnelligkeit mit der Bewegung der Rollen übereinstimmt. Diese Absicht wird erreicht, wenn der Haspel gleichfalls von dem Schnurrade AB beweget wird, und dieses geschiehet folgendergestalt. Es steckt nemlich auf der Welle dieses Schnurrades an einer Seite eine Scheibe F, von welcher eine Schnur FG zu zwey Rollen in G gehet. Diese beyden letztern Rollen sind dicht neben einander, und auf jeder liegt ein Ende der Schnur. Diese geht endlich von den beyden Rollen G zu einer Scheibe H. Die letzte steckt mit dem Haspel K auf einer gemeinschaftlichen Welle KI, und setzt diesen Haspel also in Bewegung. Bey dem Gebrauch dieser Mühle drehet oder

zwirnet

zwirnet jede Rolle in E den Faden auf ihrer Spule ganz locker, indem sie mit der Spule beständig umläuft, und der gezwirnte Faden windet sich auf den Haspel K auf. Es ist hiebey nur noch zu bemerken, daß sich einige Strumpfwirker auch einer noch künstlichern Zwirnmühle bedienen, die ich aber nicht beschreiben werde, weil sie mit der in der vorigen Sammlung beschriebenen Handzwirnmühle eine ziemliche Gleichheit hat.

Der Faden wickelt sich von den Spulen strenenweise auf den Haspel der Mühle, und aus jeder Spule voll Wolle entstehet eine Strene. Mehrere Strenen zusammen müssen nun auf einer Waschbank mit schwarzer Seife gewaschen, und hiernächst zwischen den Haken der Waschbanke ausgerungen werden. Hiedurch wird das Fett weggeschaft, so die Wolle noch von dem Kämmen oder Streichen bey sich führet, und welches in der Folge das Färben erschweren würde. Alles dieses, was ich zuletzt erzehlt habe, wird durch dasjenige verständlicher, was von dieser Sache in der vorigen Sammlung gesagt ist. Insbesondre hab ich in dieser Sammlung bey dem Wollkämmer die Waschbanke und die beym Waschen erforderliche Handgriffe beschrieben, worauf ich mich hier beziehe. Viele Strumpfwirker haben keine Waschbanke, und sie waschen daher die Wolle gewöhnlich, und ringen sie mit den Händen aus. Zuletzt wird die Wolle in Wasser ausgespület, und hiernächst zum Trocknen aufgehangen. Getrocknet ist sie nunmehro hinreichend zum Wirken vorbereitet.

Dieses **Wirken** ist aber nun auch die Hauptsache, wovon ich daher umständlicher reden muß. Doch muß ich abermals voraussetzen, daß sich der Leser aus der vorigen Beschreibung einen richtigen Begriff von dem Stuhl gemacht hat, da auch in der Folge die Abbildungen auf der Kupfertafel die Beschreibung nicht immer gehörig unterstützen können, da diese Maschine aus so mannigfaltigen Theilen zusammengesetzt ist. Ich setze zum voraus, daß der Weber auf einem Stuhl Nummer 5 wirkt, und dieses des folgenden Abnehmens wegen, weil das Ab- und Zunehmen auf allen Stühlen nicht gleich ist, wie ich in der Folge näher zeigen werde. Ferner wird es dem Leser bekannt seyn, daß ein gewirkter Strumpf hinten in der Nath zusammengenähet wird, und daß er also beym Wirken in seiner Weite nach einer geraden Linie auf den Nadeln des Stuhls ausgespannet ist. Endlich ist beym Wirken die linke Seite des Strumpfs ausserhalb, oder nach dem Weber auf der Banke f g Fig. V zu.

Die Maschen des Strumpfs entstehen auf den Nadeln der Nadelbaare, Fig. V h i. Der ersten Reihe Maschen kann der Stuhl keine Gestalt und Haltbarkeit geben, wie die Folge näher zeigen wird, und der Strumpfwirker muß sie daher aus freyer Hand auf den Nadeln machen. Ich erinnere gleich anfänglich, daß der Strumpfwirker jeder Reihe zusammenhängender Maschen, die durch die ganze Weite des Strumpfs durchgehet, den französischen Namen Rangée beylegt. Er mißt aber die obere Weite seines jedesmaligen Strumpfs auf den Nadeln der Nadelbaare h i Fig. V ab, und diese Weite bestimmt die Anzahl der Nadeln, worauf beym Wirken des Strumpfs Maschen entstehen sollen. Doch wählt er nur die mittelsten Nadeln, und es bleiben auf jeder Seite in h und i noch einige leer und ungebraucht stehen. Ein Mannsstrumpf wird oben insgemein 11 rheinländische Zoll, ein Frauensstrumpf aber 10 Zoll weit gemacht, wenn nemlich Strümpfe für erwachsene Personen gewirkt werden. An dem rechten Ständer G k des Stuhls steckt etwa in tz eine horizontale Spille von Eisen, und auf dieser befindet sich eine Spule mit der Wolle zum Wirken. Von dieser Wolle schlingt er um jede der abgezählten Nadeln der Nadelbaare Fig. V h i den Faden gewöhnlich, so daß der Faden jede Nadel gleich einer Masche umschlingt. Die Lade oder die Platinenschachtel X 1 (denn beyder Benennungen bedient sich der Wirker, wenn er von diesem Theil des Stuhls redet) die Lade, sag ich, hängt in ihrem Croschirhaken in Ruhe, und die Kammer der Platinen X 1 schwebet kurz über der Nadelbaare h i. Unter dieser Kammer Fig. III s, und kurz vor dem Unterbley der Nadelbaare h i Fig. V schlingt der Strumpfwirker den wollenen Faden um die Nadeln, und zwar von

der

der Linken zur Rechten. Diese erste Reihe Maschen ist, wie gesagt, aus freyer Hand und ohne Beyhülfe des Stuhls gemacht, und daher kann sich der Wirker sogleich zu der zweyten Reihe Maschen wenden. Er legt nemlich abermals einen Faden von der Rechten zur Linken oder von i nach h Fig. V über die festgesetzten Nadeln der Nadelbaare h i. Dieser zweyte Faden liegt zwar abermals unter der obgedachten Kammer der Platinen X i Fig. V, aber doch vor der vorigen ersten Reihe Maschen, die sich noch weiter hinterwärts kurz vor dem Unterbley der Nadelbaare h i befindet. Er tritt nunmehro den rechten Fußtritt D Fig. V, die Scheibe A läuft rechts um, und beweget das Roß auf der Roßstange W Fig. V von der Linken zur Rechten. Nach dem obigen erhöhet das Roß die Schwingen in n Fig. III, und die Schwingen sinken vorne in o nebst den sämtlichen fallenden Platinen o p. Sobald nemlich das Roß unter eine Schwinge in n tritt, so sinkt die Platine, und zwar eine nach der andern. Der Wirker nennt diese Bewegung des Stuhls couliren (Couler). Indem die Platine sinkt, fällt ihr Schnabel u Fig. III gerade auf den über die Nadeln gelegten Faden, und treibt diesen zwischen zwey unterstehende und benachbarte Nadeln, zwischen welchen der Faden nunmehro einen halben Cirkel bildet. Ich habe schon oben gezeigt, wie der Wirker die Maschine durch die Fallbaare und die Mühle dergestalt stellen kann, daß die Platine nicht zu tief sinkt, und die Masche zu groß macht. Gleichfalls aus dem Obigen erhellet, daß eine fallende Platine nur zwischen die äussern Nadeln zweyer benachbarten Unterbley fällt, und daher den Faden auch nur zwischen diesen Nadeln zu einem halben Cirkel bildet. Ich will diese Sache durch eine Linie Fig. XXV begreiflich machen. Unter der Linie g h Fig. XXV mögen die Punkte a, b, c, d, e, f Nadeln vorstellen, und g h selbst sey der übergelegte Faden. Aus dem Obigen erhellet, daß ein Stuhl zu wollenen Strümpfen in jedem Unterbley nur 2 Nadeln hat, und daher mögen die Nadeln a und b zu dem ersten, c und d zu dem zweyten und e und f zu dem dritten Unterbley gehören. Zwischen zwey und zwey Bley sinkt nur eine einzige fallende Platine, und also nur in i und k. In i treibt nun die fallende Platine den Faden zwischen die Nadeln b und c hinein, und die benachbarte Platine in k zwischen die Nadeln d und e, und so durch alle übrigen Nadeln hindurch. Allein der Faden soll sich stets zwischen zwey und zwey Nadeln zu einem halben Cirkel bilden, daher aus dem Theil g i des Fadens zwey Maschen entstehen müssen, und der Faden muß also auch zwischen die übrigen Nadeln gebracht werden, gerade wie durch die unterstehende Linie l m angedeutet ist. Diese fortgesetzte Bildung des Fadens in halbe Cirkel wird nun durch die stehenden Platinen hervorgebracht, die sich in der sogenannten Lade

oder

oder Schachtel befinden. Oben hab ich schon gesagt, daß bey einem Stuhl zur wollenen Arbeit auf eine fallende jederzeit eine stehende Platine folgt, und die letztern bilden die Maschen völlig. In dieser Absicht ergreift der Wirker mit jeder Hand einen Pendant XV und WV Fig. V der Schachtel Xi und tritt mit dem Fuß beyde Fußtritte C und D, und durch diese den Quertritt ZD hinab. Dieser zieht vermittelst der Dräther YZ und αβ die Lade und zugleich die Schachtel mit den stehenden Platinen hinab. Der Schnabel u Fig. III der stehenden Platine fällt gleichfalls auf den übergelegten Faden, treibt den Faden zwischen die unterstehenden Nadeln, und verwandelt ihn hier gleichfalls in einen halben Cirkel. Folglich wird der Faden lm Fig. XXV zwischen den Nadeln b und c, d und e von den fallenden, in ab, cd und ef aber von den stehenden Platinen vorläufig zu einer Masche gebildet, und der ganze Faden gleicht nun einer Schlangenlinie. Ohne nun die Lade und Schachtel mit den Händen und Füssen fahren zu lassen, so zieht er die Schachtel an ihren Pendants unter dem oben gedachten Pittikau Fig. XXIV des Gestells weg, damit die starke Feder γδ Fig. V nicht vor der Zeit die Lade und zugleich die stehenden Platinen zu stark erhebt, und bringt den geschlängelten Faden mit dem Schnabel der Platinen unter die Spitzen der sämtlichen Nadeln bis vorne, wo die Spitze umgebogen ist, indem er die Platinenschachtel in V vorwärts beugt. Der Faden liegt also in jeder Nadel zwischen der Spitze d c Fig. VIII und dem Schaft a c und zwar ganz vorne in der Biegung c, wo ein Punkt ist. Diese ganze Verrichtung heißt **assembliren** (assembler). In eben dem Augenblick, da der Wirker den Faden unter die umgebogene Nadelspitzen gebracht hat, schlägt oder druckt er mit dem Schnabel der Platinen gegen den in Maschen verwandelten Faden, und macht hiedurch die Maschen gleich und glatt. Denn die Maschen werden hiedurch gegen die Biegung der Nadelspitze getrieben, und die Platinen können daher die Rundungen des Fadens durch einen Druck gerade und glatt ziehen. Der Wirker sagt von dieser letzten Verrichtung, er habe den Stuhl durch einen **Anschlag** mit den Platinen in *petit coup* **gebracht**. Alle diese Verrichtungen mit den stehenden Platinen geschehen beynahe in einem Augenblick, und zu gleicher Zeit faßt der Wirker auch an die Daumdrucker Fig. VI. O P, und bewegt auf die oben beschriebene Art die Undenpresse. Die eiserne Stange dieser Undenpresse in N fällt hiedurch auf den hintern Theil n der Schwingen, und auf diese Art steigen die sinkenden oder fallenden Platinen o p wieder, da sie vorher von dem Roß hinabgesenkt wurden. Diese Presse muß die Schwinge und fallende Platinen hindern, daß sie nicht zur Unzeit vorne sinken, und die Maschen verletzen. Bey allen den vorgedachten Verrichtungen mit der Schachtel

tel ist der Faden in der Kammer s Fig. III der Platine und insbesondre thut der Schnabel u das Seinige. Zugleich wird hiebey die Schachtel unten in V Fig. V etwas vorwärts gebracht. Sobald aber der Stuhl in petit coup gebracht ist, so läßt der Wirker die Schachtel X i Fig. V wieder senkrecht hinab hangen, erhebt aber zugleich mit dem vorgedachten Querfußtritt die Lade nebst der Schachtel so weit, daß die Arme der Lade e Fig. XXIII an die oberste Stellschraube c der Stütze stossen. Zugleich ergreift der Wirker mit dem Bauch t Fig. III der sämtlichen stehenden Platinen der Schachtel X i Fig. V die erste Reihe Maschen, die nach dem obigen beynahe bis zu den Unterbleyen der Nadelbaare h i Fig. V zurückgetrieben war. Ferner tritt er in eben dem Augenblick mit einem Fuß den mittelsten Fußtritt s, und zieht mit diesem die Presse ζ ε η ϑ hinab. Die Preßstange V k der gesunkenen Presse druckt die sämtlichen Nadelspitzen in den Einschnitt (Chassis) des Nadelschafts, und die versenkte Spitze d Fig. III erlaubet nunmehro, jede Masche der ersten Reihe Maschen dergestalt vorzuschieben, daß diese Masche auf der Nadelspitze d kurz hinter der Preßstange Fig. V V k zu liegen kommt. Dieses Vorschieben der ersten Reihe Maschen verrichtet nun der Wirker mit dem oben gedachten Bauch der stehenden Platinen, indem er die Lade X i Fig. V in etwas vorwärts bewegt. Sobald nun die sämtlichen Maschen der ersten

Reihe Maschen auf den versenkten Nadelspitzen liegen, so zieht der Wirker den Fuß von dem mittelsten Fußtritt s Fig. V ab, und die Presse springt durch die Schwere des Gewichts e Fig. XII von sich selbst in die Höhe, und verläßt die Nadeln. Der Strumpfwirker muste die Presse in diesem Augenblick wieder fahren lassen, damit sie ihn nicht hindert, die erste Reihe Maschen weiter vorwärts zu schieben. Denn sobald die Presse wieder in die Höhe gegangen ist, so bewegt der Wirker die Schachtel noch weiter vorwärts, und schiebt mit dem Bauch der stehenden Platinen die erste Reihe Maschen von der Nadelspitze d Fig. VIII bis zu der äussern Biegung c der Nadel. Wenn die Reihe Maschen an diesem Ort ist, so giebt er mit dem Bauch der stehenden Platinen einen starken **Anschlag** an die erste Reihe Maschen, und diese sinken hiedurch von der Biegung c Fig. VIII hinab, und werfen oder senken sich in die Maschen der zweyten Reihe, welche sich unter der umgebogenen Spitze in der Biegung der Nadeln befinden, gerade da, wo ich in c Fig. VIII einen Punkt gemacht habe. Der Strumpfwirker nennt daher dieses Ueberstreifen der ersten Reihe Maschen, **überwerfen.** Ich weiß aus meiner eigenen Erfahrung, daß es mir Mühe gekostet hat, dieses Ueberwerfen mit Beyhülfe des Augenscheins einzusehen, und ich kann mir daher leicht vorstellen, daß es schwer hält, sich diese Sache durch eine Beschreibung begreiflich zu machen. Ich will

will mich daher bemühen, dieses Ueberwerfen durch ein paar Linien in der XXVI Fig. ins Licht zu setzen. Die Punkte unter a mögen abermals vier Nadeln vorstellen, unter deren umgebogenen Spitze sich der geschlängelte Faden b a c befindet, doch so, daß er zwischen zwey Nadeln in einem halben Cirkel hinab hängt, wie z. B. in g i. Dieser Faden f a e ist also die letzte Reihe Maschen, der Faden f g e aber die nächst vorhergehende Reihe. Dieser letzte Faden wird nun, wie gesagt, bis zu der äussern Biegung der Nadelspitzen a vorgeschoben, und ruhet auf der umgebogenen Spitze, da im Gegentheil der vorhergehende unter dieser Spitze liegt. Das letzte ließ sich blos durch Punkte und Linien in der XXVI Figur nicht vorstellen, es erhellet aber aus der III Figur. Indem nun die Reihe Maschen f g e Fig. XXV von der Biegung der sämtlichen Nadeln hinabsinkt, so umschlingt er folgendergestalt den Faden b a e. Von f bis zu dem Punkt a und hinab bis g liegt der Faden f g e vor der Masche b a g des Fadens b a c. In g kommt aber der Faden f g e hinter der Masche b a g zu liegen, hängt hinter dieser Masche in der Krümmung g k i hinab, und lenkt sich über i wieder vor den Faden b a c. So umschlingen sich zwey Maschen der beyden Faden b a c und f g e, und eben so auch alle übrigen Maschen. Der Deutlichkeit wegen hab ich den Faden f g e von da an, wo er hinter den Faden b a c tritt und hinten hinab hängt, durch Punkte angedeutet, und aus eben der Ursach hab ich nicht die beyden ersten Reihen Maschen eines Strumpfs in der XXVI Fig. vorgestellet, sondern z. B. die zweyte und dritte. Denn die erste Reihe Maschen wird ohne Beyhülfe des Stuhls aus freyer Hand gemacht, und konnte daher nicht gut zum Beyspiel angenommen werden. Ich setze also bey der Reihe Maschen fge zum voraus, daß sie bereits mit einer nächst vorhergehenden Reihe in k auf die vorherbeschriebene Art verknüpft ist, und die gehörige Haltung und Festigkeit hat. Uebrigens wird die erste Reihe Maschen, die zu Anfang eines Strumpfs gemacht wird, eben so mit der zweyten Reihe vereiniget, wie ich kurz vorher beschrieben habe. Der Unterschied ist nur, daß diese erste Reihe Maschen durch das vorgedachte Umwinden um die Nadeln ihre Haltbarkeit durch sich selbst hat, da im Gegentheil jede andre Reihe von der nächst vorhergehenden ihre Befestigung erhält, wie ich nun jetzt gezeiget habe. Sobald nun die beyden ersten Reihen Maschen auf die vorgedachte Art vereiniget sind, so ziehet der Wirker die Lade oder Schachtel X i Fig. V dergestalt nebst den stehenden Platinen hinab, daß die beyden verfertigten Reihen Maschen in die Kammer s der stehenden Platine Fig. III kommen, und der Wirker schiebet die Schachtel in V Fig. V nach dem Gestelle des Stuhls zu zurück, und schiebt hiedurch die fertigen Reihen Maschen auf den Nadeln bis kurz vor dem

Unter-

Unterbley der Nadelbaare Fig. V h i zurück. Hier bleibt der fertige Theil des Strumpfs so lange auf den Nadeln hangen, bis wieder eine neue Reihe Maschen vorbereitet ist, daß sie mit der nächst vorhergehenden Reihe vereiniget werden kann. Nunmehro hat die Schachtel X i Fig. V vors erste das Ihrige gethan, man bringt sie daher in Ruhe und hängt sie dieserhalb in die Croschirhaken Fig. XXII ein. Diese letzte Bewegung der Lade heisset daher croschiren, wobey die Arme e Fig. XXIII der Lade bis zur untersten Schraube e der Stütze hinabsinken. So entstehet nun eine Reihe Maschen oder eine Rangée, und der Wirker geht nunmehro zu der dritten Reihe über. Dieserhalb legt er den wollenen Faden von h nach i Fig. V, oder von der Linken zur Rechten dergestalt über die festgesetzten Nadeln, daß er abermals unter der Kammer der sämtlichen Platinen zu liegen kommt. Er tritt hierauf den linken Fußtritt c Fig. V, und coulirt mit dem Roß, welches nunmehro von der Rechten zur Linken die Schwingen hinten erhebt, daß sie vorne mit den fallenden Platinen sinken. Diese fallen mit ihrem Schnabel auf den Faden, und verwandeln ihn nach dem Obigen auf den Nadeln in eine Schlangenlinie. Völlig wird aber dieser Faden auf den Nadeln zu einer erforderlichen Schlangenlinie gebildet, da der Wirker die Lade aus den Croschirhaken hebt, mit dem Schnabel der stehenden Platinen den Faden vollständig bildet, ihn mit eben diesem Schnabel vorwärts bis zur Biegung der Nadeln bringt oder assembliret, und ihn endlich durch einen Anschlag oder petit coup der Platinen glatt und eben macht. Hierauf steigt die Lade in etwas in die Höhe, der Wirker ergreift mit dem Bauch der Platinen die vorigen fertigen Maschen, druckt zugleich die Presse und durch diese die Nadelspitzen nieder, bringt die fertigen Maschen mit der Lade auf die versenkten Nadelspitzen bis an die Presse, läßt diese in eben dem Augenblick in die Höhe gehen, und wirft mit der Lade die zweyte Reihe Maschen über die vordere Biegung der sämtlichen Nadeln. Hiedurch wird die dritte mit der zweyten Reihe Maschen vereiniget. Zuletzt faßt der Wirker die drey fertigen Reihen Maschen mit der Kammer der stehenden Platinen, schiebt sie bis beynahe zu dem Hinterbley zurück, und läßt die Lade in die Croschirhaken zur Ruhe gehen. Alles dieses hab ich bey der zweyten Reihe Maschen umständlicher gezeigt. So wird nun beständig der Faden wechselsweise von der Rechten zur Linken und von der Linken zur Rechten über die Nadeln gelegt, und sobald ein Faden aufgeleget ist, wird couliret, assembliret, der Stuhl in petit coup gebracht, übergeworfen und zuletzt croschiret.

Eins und das andre ist gleich anfänglich noch bey diesem Wirken zu bemerken. Die rauhen Fasern der Wolle verursachen, daß bey dem vorgedachten Ueberwerfen der nächst vorhergehenden Reihe Maschen über die letzte Reihe die Wolle nicht gut von den Nadeln hinabsinkt, und die Maschen der letztern Reihe umschlinget. Damit nun die Vereinigung beyder Reihen gehörig bewerkstelliget werde, so muß der Wirker, sobald er übergeworfen hat, jedesmal an den fertigen Theil des Strumpfs zupfen, und hiedurch die Maschen der vorletzten Reihe nöthigen, daß sie sämtlich von den Nadeln hinabsinken, und sich mit den Maschen der letzten Reihe vereinigen. Dieses Zupfen fällt bey seidenen Strümpfen weg, da die glatte Seide ohne Beyhülfe des Wirkers von den Nadeln sinkt. Ueberhaupt muß aber in dieser Absicht der bereits verfertigte Theil des Strumpfs jederzeit unten ausgespannet seyn. Bekommt daher der Strumpf keinen doppelten, sondern einen einfachen Rand (Orler), das heißt, wird er oben ganz glatt weg gewebet, und man hat bereits einige Reihen Maschen hintereinander gewirkt, so wird die erste Reihe Maschen an einem **Rolleisen** oder einer **Rollmühle** Fig. IX befestiget. Dieses Rolleisen ist ein eiserner Rahm, der so lang als die Nadelbaare, und an einem Riegel des Stuhlgestells unter B Fig. V befestiget ist. In a b Fig. IX hat dieses Rolleisen eine kleine eiserne Welle, die sich umdrehen und mit einem Sperrade und Sperrkegel in b befestigen lässet. Auf diese Welle wickelt der Wirker ein Tuch, und an die äussere Kante dieses Tuchs nähet er die erste Reihe Maschen des zu verfertigenden Strumpfs mit Zwirn an. So wie der Strumpf beym

beym Wirken nach und nach an Länge zunimt, wickelt der Wirker das vorgedachte Tuch auf die Welle ab des Rolleisens auf, da dieses im Gegentheil anfänglich von dem Rolleisen bis zur Nadelbaare reicht. Alles dieses findet sowohl bey seidenen, als wollenen Strümpfen statt. Zuweilen giebt man aber den feinen wollenen, so wie auch den seidenen Strümpfen oben einen doppelten Rand, und alsdenn kann das Rolleisen erst befestiget werden, wenn der Rand fertig ist. Dieser doppelte Rand, der französisch der doppelte Orle, Orlet oder Ourlet heisset, wird ganz oben zu Anfang eines Strumpfs angebracht. Der Strumpf liegt nemlich, vermuthlich der Haltbarkeit wegen, an diesem Ort einen Zoll breit doppelt, und der Rand gleicht einem Papierstreif, der umgelegt ist. Doch werden beyde zusammengeschlagenen Theile an dem Ort, wo der Rand aufhört, durch das Wirken mit einander vereiniget. Wenn nemlich der Strumpf um einen Zoll lang gewebet ist, so macht der Wirker eine lange Masche, damit sich der Rand beym nachmahligen Zusammenschlagen gut glatt niederlegt. Eine lange Masche entstehet aber auf folgende Art. Ich habe oben bereits gezeigt, daß die Schwingen o n Fig. VI der fallenden Platinen o p kurz hinter o beym Sinken auf eine Leiste oder Fallbaare sinken, und diese Fallbaare setzt ihnen Schranken, daß sie nicht zu tief sinken können. Diese Fallbaare kann man durch die Mühleisen F und G Fig. V

höher

höher und niedriger stellen. Bey einer langen Masche schraubet der Wirker die Fallbaare mit dem Mühleisen weiter, als gewöhnlich hinab, und wenn daher die Schwingen und fallenden Platinen beym Couliren sinken, so fallen sie tiefer, als gewöhnlich hinab, und machen also auch eine längere Masche. So bald nun die Fallbaare wieder gewöhnlich gerichtet ist, so wirkt der Strumpfwirker nach der langen Masche noch um 1 Zoll lang weiter fort. Hier ist der Beschluß des zum Rand bestimmten Theils des Strumpfs, der also überhaupt 2 Zoll lang ist. Ich verstehe hierunter rheinländische Zolle, wie in der Folge beständig. Die letzte Reihe Maschen ist abermals lang, so wie vorher. Nunmehro legt der Strumpfwirker den 2 Zoll langen Theil dergestalt um, daß die erst gedachte Reihe langer Maschen gerade in den obern Rand des Strumpfs fällt, und hängt die Maschen der allererst gewirkten Reihe Maschen gleichfalls auf die Nadeln, so daß nun zwey Reihen Maschen auf den Nadeln hangen, die Reihe langer Maschen hinten, und die Maschen der ersten Reihe vorne. Durch dieses Umschlagen liegt nun das bereits Gewirkte doppelt, und ist natürlicher Weise zusammengeschlagen nur 1 Zoll lang. Beym Aufsetzen der zuerst gewirkten Reihe Maschen auf die Nadeln bedient er sich der Schattnadel Fig. XV, eines oben etwas gespitzten und umgebogenen Draths, so auf einem hölzernen Heft befestiget ist. Mit

dieser

dieser Nadel setzt er jede Masche jedesmal auf zwey benachbarte Nadeln auf, so daß also auf jeder Nadel nur die halbe Masche hängt. Doch setzt er auf 2 und 2 benachbarte Nadeln jedesmal 2 Maschen auf. Er übergehet also der Kürze wegen stets 2 Nadeln, und hängt z. B. auf 1, 2, 5, 6 Nadel zwey Maschen, läßt aber die 3 und 4 Nadel ꝛc. leer. Vermuthlich hängt er deshalb nur halbe Maschen auf die Nadeln, weil zwey ganze Maschen zu stark auf den Nadeln auftragen würden. Wenn nun die gedachten beyden Reihen Maschen sich auf den Nadeln befinden, so wirkt der Strumpfwirker gewöhnlich weiter fort, und durch das Wirken werden die beyden Reihen Maschen mit einander vereiniget, da man die nächste Reihe Maschen über die beyden vorgedachten wirft. Hieraus fließt natürlicher Weise, daß die beyden zusammengelegeten Theile des Randes bey dem Beschluß dieses Randes mit einander vereiniget werden, gleichsam als wenn sie an diesem Ort zusammen genähet wären. Sobald nun dieser doppelte Rand geendiget ist, so wird das Rolleisen auf vorgedachte Art unten mit dem Rande vereiniget.

Auf die oben beschriebene gewöhnliche Art wirkt nun der Strumpfwirker so lange fort, bis die Mannsstrümpfe 14 bis 16, die Frauensstrümpfe aber nur 9 Zoll lang sind, ohne ab- oder zu zu nehmen. Denn oben erhalten die Strümpfe in der gedachten Länge ihre Facon auf dem Formbrett, wovon ich weiter unten reden werde. Unter der gedachten Länge, das heißt, unter der Wade werden die Strümpfe bekanntermaßen merklich schmäler, und daher muß nach und nach abgenommen werden. Die XIII Figur stellt zwar eigentlich das vorgedachte Formbrett vor, es kann aber auch einen Strumpf bedeuten, und es soll uns daher in der Folge zum Wegweiser dienen. In a b ist der vorgedachte doppelte Rand, oder Orlet, dessen Beschluß ich durch Punkte angedeutet habe. Von a b aber bis c d wird fortgewirkt, ohne daß man abnimmt. Aber unter c d wird der Strumpf nach und nach schmäler, und daher muß auch nach und nach abgenommen werden. Mit dem Abnehmen, so wie es bey wollenen Strümpfen gebräuchlich ist, verhält es sich also. Der Strumpfwirker hebt mit der Schaft- oder Mindernadel Figur XV die äußerste Masche auf einer oder der andern Seite des Strumpfs von ihrer Nadel ab, und setzt oder hängt sie auf die benachbarte zweyte Nadel vor den zum Wirken abgezählten Nadeln, so daß nun auf dieser zweyten Nadel zwey Maschen hangen. Er muß hiebey die Masche von der äußersten Nadel abpressen, indem er die umgebogene Spitze dieser Nadel in ihren Einschnitt drukt, und zwar mit der Schaftnadel, die Masche alsdenn über die versenkte Spitze weg schiebt, und endlich mit der Schaftnadel abhebt, und auf die nächste Nadel hängt. Diese Art abzunehmen ist aber nur bey wollenen Strümpfen gebräuchlich, und die bessere englische Art werd ich unten bey den seidenen Strümpfen zeigen. Ueberhaupt werden von c d Fig. XIII an bey einem Mannsstrumpf 18 Nadeln abgenommen, bey einem Frauensstrumpf aber 20 Nadeln, weil dieser unten noch schmaler zusammen gehet. Doch gilt dieses nur, wenn der Strumpf auf dem Stuhl Num. 5 gewirket wird. Denn ist die Wolle, und also auch der Stuhl gröber, so muß weniger abgenommen werden, und mehr, wenn beydes feiner ist. So werden auf dem Stuhl Num. 2 22 bis 24 Nadeln abgenommen. Man muß dieses Abnehmen aber folgendergestalt verstehen. Jedesmal nach acht Reihen Maschen oder Rangées nimmt der Strumpfwirker auf jeder Seite des Strumpfs eine Masche ab, und zwar die äußerste. Ueberhaupt aber werden nur 18, bey Frauensstrümpfen aber 20 Maschen abgenommen. Wenn nun der Strumpf von dem Abnehmen an, oder von c d Fig. XIII 6 Zoll lang gewebet ist, und die vorgedachten 18 oder 20 Nadeln sind noch nicht gänzlich abgenommen, so werden sie noch in den sogenannten kleinen Theilen abgenommen. Denn nachdem die gedachten 6 Zoll geendiget sind, so gehen in e f Fig. XIII die nur genannten **kleinen Theile** an, die des Zwickels wegen angebracht werden. In der XIII Fig. ist k h m der **Zwickel**, i h f l ist die Hälfte der **Mittelsole** oder des **Vorderblatts**. Denn, da der Strumpf zusammengenähet vorgestellet ist, so fällt nur die eine Hälfte

des

des Vorderblatts in die Augen, und diese bedeckt die andre Hälfte. Aus eben der Ursache ist auch nur ein Zwickeltheil k h e n sichtbar, und unter diesem liegt der andre. Das Vorderblatt und die beyden Zwickeltheile werden zusammen die drey kleinen Theile genennt, die im Französischen den Nahmen Partages führen. Dieser Abtheilung wegen muß der Strumpfwirker die sämtliche zum Strumpfstrikken erforderliche Nadeln in drey Theilen absondern, doch so, daß beyde kleine Zwickeltheile überhaupt nur so viel Nadeln erhalten, als das Vorderblatt. Denn dieses ist so breit, als beyde Zwickeltheile zusammen genommen. Wenn also das Vorderblatt z. B. 36 Nadeln erhielte, so gehören zu jedem Zwickeltheil nur 18. Beym Wirken sitzet das Vorderblatt auf den Nadeln der Nadelbaare in der Mitte; und auf jeder Seite ist ein Zwickeltheil. Wenn nun für jeden der drey kleinen Theile die erforderliche Nadeln abgezählet sind, so biegt der Strumpfwirker jedesmal zwischen zwey kleinen Theilen zwey Nadeln in die Höhe, damit er die Theile beym Weben von einander unterscheiden, und ihre Faden gehörig beym Wirken über die Nadeln legen kann. Hiedurch werden nun zwey Maschen überflüßig. Der Wirker hebt daher eine dieser beyden Maschen nach dem Zwickeltheil zu von ihrer Nadel ab, und hängt sie auf die äusserste Nadel des Zwickeltheils. Eben so hebt er die andre überflüßige Masche von ihrer Nadel ab, und hängt sie auf die äußerste Nadel des Vorderblatts, beydes mit der Schaftnadel. So verfährt er auf beyden Seiten des Vorderblatts, welches, wie gesagt, in der Mitte ist. Die Natur der Sache bringt es aber mit sich, daß der Wirker nun mit 3 besondern Faden wirken muß, da zu jedem kleinen Theil einer erfordert wird. Jeden dieser drey Faden legt der Wirker gewöhnlich über seine zubehörigen Nadeln, alles übrige verrichtet er aber mit allen drey Faden zu gleicher Zeit. Er koulirt, assemblirt und wirft sie also zugleich über die Biegung der Nadeln. Es entstehet also für alle drey kleine Theile zu gleicher Zeit eine Reihe Maschen, doch so, daß die Reihe eines kleinen Theils von den übrigen abgesondert ist. An jeden kleinen Theilen hängt er ein Stück Bley mit einem eingegossenen Haken (Contreplomb) an, indem er den Haken in die Maschen einhaket, und spannt hiedurch jeden kleinen Theil aus. Das Vorderblatt i h f l Fig. XIII wird nur 6, jeder Zwickeltheil k h e aber 8 Zoll lang gewebt. Denn das Vorderblatt geht nur bis zur Biegung des Fußes in i l, da im Gegentheil an jeden Zwickeltheil die Hälfte des Hackens in k n angewebet wird. Dieser Hacken hat zwey Zoll zur Länge, und daher ist jeder Zwickeltheil zwey Zoll länger als das Vorderblatt. Wenn also dieses letztere in erforderlicher Länge gewirkt ist, so wirkt der Wirker nur mit zwey Faden, nemlich jeden Zwickeltheil mit einem. Uebrigens werden beyde Zwickeltheile zugleich gewirkt, wie vorher alle drey kleine Theile. Allein der Hacken

rundet

rundet sich neben n Figur XIII, und diese Rundung muß gleichfalls durch das Abnehmen hervorgebracht werden. Es werden nemlich jederzeit nach zwey Reihen Maschen zwey Nadeln abgenommen, indem der Wirker blos an derjenigen Seite des Hackens, wo die Rundung entstehen soll, von jeder der beyden äußersten Nadeln eine Masche mit der Schaftnadel Fig. XV abhebt, und diese beyden abgenommenen Maschen auf die dritte Nadel vom Ende hängt. Diese dritte Nadel steht also nunmehro an dem Rande n Fig. XIII des Hackens. Auf diese Art werden sechs mal hintereinander 2 Nadeln, jedesmal aber nach zwey Reihen Maschen abgenommen. Zum Beschluß muß jeder Zwickeltheil in n k **abgekettelt** werden, damit sich das Gewirkte nicht wieder auflöset, wenn man es von den Nadeln abnimmt. In der letzten Reihe werden nemlich lange Maschen gemacht, wie ich dieses bereits oben bey der Verfertigung des Orlet gezeiget habe. Lang müssen diese Maschen seyn, damit der Wirker beym Abketteln eine Masche bequem durch die andre stecken kann. Er erleichtert sich dieses Durchstecken durch die **Kettelnadel** Figur XIV, eine gewöhnliche Nadel des Stuhls, die nur auf einem hölzernen Heft befestiget ist. Mit dieser Kettelnadel zieht er die zweyte Masche durch die erste, die dritte durch die zweyte, die vierte durch die dritte u. s. w. und dieses heißet abketteln. Mit der letzten Masche schürzt er zur Befestigung einen Knoten. Hiebey ist aber zu bemerken, daß jede Masche beym Ketteln auf ihrer Nadel hängen bleibt, weil die Masche auflaufen würde, wenn der Wirker sie völlig von der Nadel abheben wollte, daher sagt der Wirker, er habe nur die halben Maschen gekettelt.

Ich habe schon oben gesagt, daß die kleinen Theile des Querzwickels wegen angebracht werden müssen, denn der Querzwickel muß besonders gewirkt werden, weil hier die Maschen nicht wie sonst gewöhnlich, nach der Länge des Strumpfs b l Fig. XIII hintereinander hinablaufen, sondern sie gehen nach der Breite e f des Strumpfs, damit sich der Zwickel von dem Uebrigen gut unterscheidet. Man hat aber drey Arten Zwickel: den Schiebsel- Schweitzer- und englischen Zwickel, und von jeder Art will ich das Entstehen zeigen.

1) Der Schiebselzwickel ist der gewöhnlichste, und wird folgendergestalt gewirkt. Der Wirker hängt nemlich eine Reihe Maschen an der innern Kante h k Fig. XIII eines Zwickeltheils auf eine erforderliche Anzahl Nadeln, aber nicht die erste oder äußerste Reihe, sondern die nächste zweyte. Daher kommt es, daß die überhüpfte erste Reihe Maschen des Zwickeltheils e h k n bey einem fertigen Strumpf vorspringt, und der Zwickel also in etwas versenkt zu seyn scheint. Er hängt aber nicht die ganze, sondern nur die halbe Masche auf eine Nadel, so wie ich dieses schon oben bey dem Abketteln erklärt habe. Nunmehro wirkt er gewöhnlich 3 Reihen Maschen nach der ganzen Länge h k des Zwickels, und diese Länge beträgt 8

Zoll,

Zoll, so wie die Länge des Zwickeltheils. Allein der Zwickel ist unten in k m breiter, als oben in h, wo er spitz zusammenläuft, daher man ihn auch wol Spitzzwickel nennt. Dieser Spitze wegen müssen die Reihen Maschen von der vierten Reihe an nach und nach kürzer werden, oder deutlich geredet, man muß ihnen an der Spitze h nach und nach einige Maschen abbrechen. Der Wirker sagt daher, es werden jederzeit nach zwey Reihen Maschen 6 Nadeln eingelegt. Deutlicher geredet will dieses so viel sagen: Wenn man den Faden zu der jedesmaligen dritten Reihe Maschen über die Nadeln legt, so legt man ihn von h nach i, und zwar in h auf 6 Nadeln weniger, als den Faden der nächst vorhergehenden zweyten und ersten Reihe Maschen. Daher bleiben bey der jedesmaligen zweyten Reihe Maschen 6 Maschen nach h zu übrig, die sich mit keiner Masche der nachfolgenden dritten Reihe Maschen verbinden. Wenn also der Wirker die zweyte Reihe Maschen zur Vereinigung mit der dritten über die vordere Biegung der Nadeln werfen will, so muß er die vorgedachten sechs Maschen mit der Hand auf den Nadeln zurückschieben, damit sie nicht mit den übrigen von der vordern Biegung der Nadeln hinabsinken. Daher kann er auch nicht wie gewöhnlich mit den stehenden Platinen der Schachtel die zweyte Reihe Maschen über die dritte werfen, sondern er muß die zweyte Reihe Maschen mit der Hand auf den Nadeln verschieben. Es werden aber

12 bis 14 mal hintereinander jedesmal nach 2 Reihen Maschen 6 Nadeln eingelegt, und wenn dieses geschehen, so hängt der Zwickel nur noch in m auf den Nadeln, die zu 18 Unterbley gehören. Alsdenn ergiebt sich durch das Einlegen oben seine Spitze und unten seine Breite von sich selbst, und der Zwickel ist fertig gewebt. Die untere Breite dieses Zwickels beträgt etwa 1 Zoll. So wird nun an jeden Zwickeltheil in h k Figur XIII ein Zwickel angewirkt. Wenn der Strumpf fertig ist, so nähet man jeden Zwickel in h i an das Vorderblatt h i l f an, aber gleichfalls nicht an die erste und äußerste Reihe Maschen dieses Vorderblatts, sondern an die zweyte. Daher erhält der Zwickel auch in h i das Ansehen, als wenn er in etwas versenkt wäre. Das Zusammennähen des Strumpfs werd ich unten zeigen. Aus dem vorigen ergiebt sich nun von selbst, daß die Maschen des Zwickels nicht, wie sonst gewöhnlich, nach der Länge des Strumpfs, sondern nach seiner Breite hintereinander fortlaufen. Denn der ganze Strumpf wird von b nach l hinab, der Zwickel aber von g nach i Figur XIII gewirkt, und nach eben dieser Richtung laufen auch die Maschen. 2) In Absicht der Verfertigung weicht der **Schweitzerzwickel** nicht im mindesten von dem kurz zuvor beschriebenen ab, sondern nur in Absicht der Verbindung mit dem Vorderblatt Figur XIII h i l f. Denn der Zwickel wird nicht, wie vorher, in h i an das Vorderblatt angenähet, sondern angekettelt.

telt. Es wird nemlich der fertig gewirkte Zwickel auf den Nadeln bis zu dem Hinterbley zurückgeschoben, und zwar wird die zweyte Reihe Maschen des Vorderblatts in h i vor dem Zwickel auf seine Nadeln aufgesetzt. Oder, deutlicher geredet, jede Masche des Vorderblatts wird auf eine Nadel gehangen. An den aufgesetzten Maschen des Vorderblatts macht man nach der obigen Beschreibung eine Reihe langer Maschen, die ihrer Bestimmung wegen auch Kettelmaschen genennet werden. Ueber diese lange Maschen wirft der Wirker mit den gewöhnlichen und oben beschriebenen Handgriffen die letzte Reihe Maschen des Zwickels, und kettelt endlich die vorhergedachten langen Kettelmaschen in einander, wie ich oben bey dem Beschluß des Hacken gezeigt habe. Dieses Ketteln verrichtet er auf der linken Seite des Strumpfs, die auf dem Stuhl ausserhalb ist, damit diese Verbindung des Vorderblatts mit dem Zwickel nicht in die Augen fällt. 3) Der künstlichste ist endlich der englische Zwickel. Der Unterschied von den beyden vorhergehenden beruhet blos darauf, das auf eine verschiedene Art abgenommen, und hiedurch die Spitze des Zwickels hervorgebracht wird. Bey den vorhergehenden Arten wird beym Abnehmen blos eingelegt, bey dem englischen Zwickel aber gemindert. Ich habe aber niemand finden können, der mir von diesem Abnehmen einen hinlänglichen Begriff hätte geben können. Folgendes habe ohngefehr aus gedruckten und mündlichen Nachrichten ersehen. Die vierte Masche von h Fig. XIII an gerechnet, oder die vierte Masche vom Ende wird auf die Masche der fünften Nadel aufgesetzt. Die vierte Masche wird nemlich **abgepreßet**, d. i. man druckt die Spitze ihrer Nadel mit der Schaftnadel Figur XV in ihren Einschnitt, ergreift hierauf mit einer andern Schaftnadel die Masche dieser vierten Nadel, und hängt sie auf die fünfte Nadel, worauf sich also nunmehro zwey Maschen befinden. Die dritte Masche vom Ende wird ferner auf eben die Art abgepresset, und auf die vierte Nadel aufgesetzt, so wie auch die zweyte Masche vom Ende. Folglich sind auf dieser vierten Nadel abermals zwey Maschen, nemlich die ehemalige dritte und zweyte. Endlich wird die erste Masche abgepreßt, und auf die dritte Nadel vom Ende aufgesetzt. Hierauf legt man blos über die nur gedachte fünfte, vierte und dritte Nadel einen Faden, couliret ihn mit dem Roß, bringt den Faden blos mit der Hand unter die umgebogenen Spitzen der drey Nadeln, druckt mit der Schaftnadel die Spitze dieser 3 Nadeln in ihren Einschnitt, und wirft die doppelten Maschen dieser Nadeln blos mit der Hand über den coulirten Faden. Folglich ist dieses zugleich ein Ketteln und ein Weben im Kleinen, da die Schaftnadel die Stelle der Presse, und die Hand die Stelle der Platinenschachtel vertritt. Endlich legt man die eine entstandene Masche der fünften Nadel auf die achte, die Masche der vierten Nadel auf die siebende, und die Masche der dritten Nadel auf die sechste Nadel, und wirkt nunmehro gewöhnlich weiter fort. Auf diese Art werden die fünf letzten Nadeln bey h Fig. XIII leer von Maschen, und man hat also fünf Nadeln abgenommen. So wird bey diesem englischen Zwickel jederzeit nach zwey Reihen Maschen abgenommen oder gemindert. Durch diese Vereinigung der Maschen, die nach und nach geschiehet, damit es nicht gar zu merklich in die Augen fällt, durch diese Vereinigung der Maschen, sag ich, entsteht an dem Zwickel in h m ein starker Rand, daher man diese Zwickel auch Zwickel mit einer Borte nennt, und man sagt zugleich, man habe den Zwickel frey abgenommen. In h k Fig. XIII wird dieser Zwickel an den Zwickeltheil k h e angewirkt, wie bey dem Schiebselzwickel, in h i aber an das Vorderblatt mit einer englischen Nath angenähet, wie ich weiter unten zeigen werde. Diese Art, bey einem Zwickel abzunehmen, ist dauerhafter, als die bey dem vorigen Schiebselzwickel, aber auch ungleich mühsamer. Daher bringt man diesen Zwickel wohl bey seidenen, aber nur selten bey feinen wollenen Strümpfen an. Es kann seyn, daß ich mich bey der Beschreibung dieses Zwickels in manchen Fällen geirret habe, weil ich nicht zulängliche Nachrichten vor mir habe. Die wollene Strümpfe erhalten insgemein einen dieser Querzwickel, zumal die groben. Alsdenn bekommen sie entweder gar keine, oder eine gestickte (brodirte) Blume über

dem

dem Zwickel. In sehr feine wollene Strümpfe wird wol zuweilen über dem Zwickel eine Blume eingewirkt, und statt des Zwickels erhält der Strumpf gleichfalls zwey Reihen hinabgehender Blumen, die oben spitz zusammen laufen gleich einem Zwickel. Doch weil diese Blumen, wenn sie nemlich gewirkt sind, bey seidenen Strümpfen gewöhnlicher sind, als bey wollenen, so werd ich auch hiervon erst unten bey den seidenen Strümpfen reden.

Endlich bleibt nichts weiter übrig, als daß noch die Sole, woraus der Fuß des Strumpfs entstehet, an die obigen drey kleinen Theile angewirkt wird. Diese Sole wird bey einem fertigen Strumpf nicht unter dem Fuß, sondern an einer Seite zusammen genähet. Aus dieser Ursach müssen die drey kleinen Theile folgendergestalt wieder auf die Nadeln aufgesetzt werden. Das Vorderblatt wird nach seiner ganzen Weite, dessen Hälfte i l Fig. XIII ist, zur rechten Hand des Wirkers auf die Nadeln aufgesetzt, und zwar, wie durchgängig, die letzte Reihe Maschen. Diesem Vorderblatt zur Linken setzt der Wirker den linken Zwickeltheil auf die Nadeln auf, und diesem gleichfalls zur Linken den rechten Zwickeltheil Fig. XIII k h e n. Bey den Zwickeltheilen wird nemlich ein Theil der letztern Reihe Maschen auf die Nadeln aufgesetzt, und zwar eine Länge von 2 Zoll, so weit, als der Hacken geht. Folglich die Länge i m Fig. XIII. Die Hacken beyder vereinigten Zwickeltheile sind nemlich in k n gegen

gen einander gekehrt, und werden also in k zusammen gewebt. Hiebey entsteht nur noch die Frage, wie man beym Aussetzen den rechten Zwickeltheil dergestalt von seinem Ort verwirken kann, daß er ganz zur Linken neben dem letzten Zwickeltheil seinen Platz erhalten kann. Es ist dieses allerdings thulich, da wollene Strümpfe insgemein einen Schiebselzwickel erhalten, der noch nicht mit dem Vorderblatt zusammen genähet ist. Folglich läßt sich der rechte Zwickeltheil links verwirken. Beym Aussetzen, das heißt beym Aufhängen der Maschen dieser kleinen Theile auf die Nadeln, nimmt man jederzeit nur die halbe Masche, wie ich dieses schon oben erklärt habe. Der Wirker muß sich aber diese Arbeit bey wollenen Strümpfen mit der Schaft- oder Mindernadel Fig. XV erleichtern, weil die Wolle rauh ist. Bey seidenen Strümpfen kann er es im Gegentheil aus freyer Hand verrichten, da die Seide glatt ist. Sobald nun die kleinen Theile neben einander auf die vorgedachte Art auf die Nadeln des Stuhls aufgesetzt sind, so wirkt der Strumpfwirker die Sole nach ihrer ganzen Weite mit einem einzigen Faden, und vereiniget hiedurch die drey kleinen Theile wieder mit einander. Die ganze Sole ist nebst ihrer Spitze 7 Zoll lang, und die Spitze hat $1\frac{1}{2}$ Zoll zur Länge. Der Wirker wirkt die Sole bis einen Zoll vor der Spitze ohne abzunehmen, weg, an dem gedachten Ort muß er aber den Anfang machen abzunehmen, damit sich die Sole gehörig

rig

rig zuspitzet. Es werden nemlich jederzeit nach zwey Reihen Maschen 2 Nadeln auf vorbeschriebene Art abgenommen, und zwar an jeder Seite der Sole eine Nadel. Man wiederholet dieses viermal. In der $1\frac{1}{2}$ Zoll langen Spitze Fig. XIII o selbst theilet sich die Sole wieder in zwey Theile, und es muß daher, so wie bey den kleinern Theilen mit drey, hier mit zwey besondern Faden gewirket werden. Doch legt man gleichfalls beyde Faden zu gleicher Zeit über die Nadeln, und wirkt beyde Spitzen zugleich, wie die drey kleinen Theile. Bey beyden Spitzen muß der Strumpfwirker jedesmal nach zwey Reihen Maschen auf beyden Seiten jeder Spitze zwey Nadeln abnehmen. Er preßt nemlich die beyden äußersten Maschen auf jeder Seite von ihren beyden Nadeln ab, und setzt sie auf die dritte und nächste Nadel auf, und zwar mit der Schaftnadel. Das Abnehmen geschiehet aber jederzeit, wenn der über die Nadeln gelegte Faden durch das Roß von der Linken zur Rechten coulirer wird. Die Spitze wird so weit gewirkt, bis noch auf 10 Bley oder 20 Nadeln Maschen hängen, und alsdenn ist sie fertig. Diese letztern 10 Maschen werden nach der obigen Beschreibung abgekettelt, und hiedurch der Strumpf in seinem Beschluß befestiget. Denn nunmehro ist der Strumpf völlig fertig gewirkt.

Der verfertigte Strumpf wird nun hinten in a n Fig. XIII, ferner in dem Zwickel in h i, und endlich auf der Seite des Fußes in o g, und

in

in der Spitze o desselben, mit feiner doppelten Wolle, und zwar auf der linken Seite zusammen genähet. Die Berlinische Strumpfstricker überlaßen diese Arbeit insgemein gewissen Frauenspersonen, die sich blos hiemit beschäftigen, und diese können den Strumpf mit einer dreyfachen Nath zusammen nähen, nachdem es bestellet wird. Die **überwendliche** oder **ordinäre Nath** ist die gewöhnlichste. Die äußersten Reihen Maschen beyder Kanten werden übereinander gelegt, und der Faden liegt auf den Maschen nach einer unterbrochenen Schlangenlinie. Bey der **breiten Nath** wird zweytens die zweyte Reihe Maschen beyder Kanten zusammen genähet, so daß die erste Reihe jeder Kante auf der linken Seite des Strumpfs erhöhet stehen bleibt. Die **englische Nath** ist endlich die beste, und wird vorzüglich bey seidenen Strümpfen angebracht. Man vereiniget durch diese Nath die äußersten Reihen Maschen beyder Kanten, und durch zwey und zwey vereinigte Maschen wird mit der Nadel zweymal übers Kreutz gestochen. Der Faden dieser Nath fällt nicht in die Augen. Nach dem Zusammennähen werden die Strümpfe gewalkt. Die glatten ordinären Strümpfe werden öfters gar nicht gewalkt, sondern nur gut mit Seife gewaschen. Walkt man sie ja, so schickt man sie nicht in die Walkmühle, weil sie hier insgemein eine zu starke Walke erhalten, sondern man walkt sie nur auf einer Handwalkmühle. Man hat verschiedene Arten dieser **Walkmühlen,**

len, die einfachste ist aber in der XVII Fig. im Durchschnitt vorgestellt. In einem starken Trog a b, der auf Füßen stehet, ist in c d e eine Aushöhlung, gleich einem halben Cylinder, und nach der Länge dieser Aushöhlung sind Kerbe neben einander ausgeschnitten, die auch in c d e im Durchschnitt, und nach ihrer Breite in die Augen fallen. In die Aushöhlung dieses Trogs paßt sich ein halber Cylinder c f e, der auf seiner Oberfläche gleichfalls Kerbe hat. Der halbe Cylinder ist durch Ständer g h mit einer Welle verknüpft, die man auf einer Seite in g erblickt. Diese Welle läuft mit ihren Zapfen in den Zapfenlöchern zweyer Säulen i k, an der Welle selbst ist aber ein Hebel l m befestiget. Mit diesem Hebel kann man die Welle, und zugleich den halben Cylinder c f e, der den Nahmen **halber Mond** führt, in Bewegung setzen. Etwa ein Dutzend Strümpfe wird in den Trog c d geworfen, und die Strümpfe werden mit schwarzer Seife, so in heißen Wasser aufgelöset ist, gehörig benetzt. Setzt man nun den halben Mond c f e auf die vorgedachte Art in Bewegung, so kann man den Strümpfen auf dieser Handwalkmühle wenigstens eine mäßige Walke geben. Die Kastorstrümpfe müssen aber schon stärker gewalkt werden, und daher kann man sie zwar wol auf der vorgedachten Handwalkmühle walken, aber mit Mühe. Daher schickt man sie lieber in die Walkmühle. In dieser werden sie drey bis viermal einige Zeit in dem Walktrog mit

schwar-

schwarzer Seife in warmen Wasser aufgelöset, gewalkt, und jedesmal wenn man sie aus dem Walktrog nimmt, werden sie mit der Hand ausgerungen, und mit frischer Seife wieder unter die Stampfen gebracht. Nach dem Walken müssen sowohl die ordinären glatten, als die Kastorstrümpfe in reinem Wasser gespület, und hiernächst mit den Händen ausgerungen werden. Annoch naß von dem Spülen zieht man sie auf ein Formbrett, Fig. XIII, welches vollkommen die Gestalt eines platt ausgebreiteten Strumpfes hat, und läßt sie auf diesem Formbrett trocken werden. Zuweilen bleiben diese Strümpfe zwar weiß, insgemein werden sie aber gefärbt, und dis geschiehet, wenn sie auf dem Formbrett trocken geworden sind. Einige Strumpfwirker verstehen zwar selbst die Kunst, die Strümpfe zu färben, die mehresten überlaßen aber diese Arbeit dem Färber. Noch naß von der Farbe zieht man sie abermals über das Formbrett, außer daß einige sie noch vorher mit Seife und Wasser waschen, vermuthlich um den Schmutz der Farbe wegzuschaffen. In beyden Fällen mußen sie aber naß auf das Formbrett Fig. XIII gezogen werden, und auf demselben trocknen. Folglich werden die Strümpfe zweymal über das Formbrett gezogen; nach der Walke und nach dem Färben. Hiedurch erhalten sie aber noch näher ihre erforderliche Facon. Endlich überschickt der Strumpfwirker die Strümpfe dem Strumpfstricker. Dieser schert von den ordinären glatten Strümpfen nur die längsten Haare oder Fasern ab, welches aber auch zum öftern unterbleibt. Eben so schickt man diese ordinairen glatten Strümpfe auch zuweilen zu dem Tuchbereiter, und läßt ihnen durch eine warme Preße einen Glanz geben, so aber gleichfalls nur selten geschiehet. Den Kastorstrümpfen giebt aber der Strumpfstricker insgemein einen Schnitt, ob sie gleich zuweilen auch rauh bleiben. Doch erhalten sie durch den gedachten Schnitt ein besseres Ansehen. Von diesem Scheren der Strümpfe werd ich in dem nächsten Abschnitt umständlicher reden.

Anm. 1) Ich habe schon vorher gesagt, daß der Strumpfwirker nicht nur Strümpfe, sondern auch z. B. Mützen, Handschuh wirkt. Ich werde mich aber hiebey nicht verweilen, theils weil der Strumpf die Hauptsache ist, theils weil die berlinischen Strumpfwirker selten andre Kleidungsstücke, als Strümpfe wirken. Das Wirken bleibt auch bey allen solchen Kleidungsstücken ein und eben dasselbe, und es kommt nur darauf an, daß der Wirker die Theile eines solchen Kleidungsstücks schicklich hintereinander webt, und erforderlich abnimmt. Doch muß ich eines einzigen Umstandes kürzlich gedenken. Strümpfe und Handschuh sind zuweilen inwendig velpeartig rauh, und es frägt sich daher, wie dieses rauhe Unterfutter durch das Wirken hervorgebracht wird? der Wirker wirkt in zwey Reihen gewöhnliche Maschen, in der jedesmaligen dritten Reihe macht er auf die vorherbeschriebene Art lange

Maschen,

Maschen, und verbindet sie gewöhnlich mit den übrigen Reihen Maschen. Durch diese lange Maschen entstehet das Rauhe in dem Kleidungsstück. Je länger diese lange Maschen sind, desto länger wird auch das rauhe Unterfutter, und umgekehrt. Doch gedenk ich dieser Sache nur beyläufig, weil mich der Strumpf schon überflüßig in Weitschweifigkeiten geführet hat. 2) Zuweilen wirkt der Strumpfwirker auch baumwollene Strümpfe. Der Faden zu diesen Strümpfen wird wenigstens aus zwey einzelnen Fäden von baumwollenen Garn zusammen doublirt, und hiernächst locker gezwirnt. Aus diesem Faden werden die baumwollenen Strümpfe wie die wollenen gewirkt. Den gewirkten Strumpf nähet man an dem erforderlichen Orte mit doppelter Baumwolle zusammen, wäscht ihn hiernächst mit Seife und Wasser, spület ihn in reinem Wasser, ziehet ihn naß auf das Formbrett, und läßt ihn auf demselben trocken werden. Alsdenn ist der ganze Strumpf verfertiget. Mehr ist schon bey den seidenen Strümpfen zu bemerken, wovon ich nunmehro reden will.

2) Von den seidenen Strümpfen.

Gewöhnlicher Weise werden die seidenen Strümpfe nur aus Trameseide gewirkt, und man nimmt hiezu insgemein nur einländische Seide, da diese zu dem gegenwärtigen Gebrauch hinlängliche Güte und Haltbarkeit und überdem eine gute Steife hat. Nur alsdenn, wenn es ausdrücklich bestellet wird, wirkt man sie aus Organsinseide. Die aus dieser Seide verfertigten Strümpfe sind auch allerdings feiner und fester, und natürlicher Weise auch theurer. Der feine Faden der Organsinseide erfordert aber, daß man solche Strümpfe auf einem vorzüglich feinen Stuhl wirken muß. Sowohl bey Trame- als Organsinseide ist der doublirte Faden, womit man wirkt, aus 2 bis 18 einzelnen Fäden zusammengesetzt. Ich verstehe aber unter einem einzelnen Faden einen Faden, so wie er vom Haspel kommt. Je schwerer nun der Strumpf werden soll, desto mehr einzelne Fäden werden zusammen doublirt, und mit diesen doublirten Fäden wird gewirkt. Hiebey muß sich aber der Leser wieder an dasjenige erinnern, was ich bereits in der vorigen Sammlung beym Haspeln der Seide gesaget habe, daß nemlich die Strumpfwirkerseide vorzüglich dick und aus mehreren Cocons gehaspelt wird. Insgemein nimmt man bey Trameseide die Fäden, so wie sie vom Haspel kommen, läßt sie von dem Färber in venetianischer Seife kochen und hiedurch weich machen, wickelt sie alsdann auf der Wickelmaschine, die ich in voriger Sammlung beschrieben habe, doublirt sie auf die in voriger Sammlung gleichfalls gezeigte Art, und verbraucht sie ungezwirnt. Allein die ungezwirnten Fäden haben untereinander keine Verbindung, und daher ist es allerdings besser, wenn diese Seide gezwirnt wird, ob es gleich selten geschiehet. Man behandelt sie aber beym Zwirnen

blos

blos wie Trame, und zwirnt sie nur einmal. Jederzeit muß aber die melirte Seide zu gesprengten Strümpfen gezwirnt werden, damit sich die vielfarbigen Fäden gehörig unter einander mischen. Nach dem Doubliren und Zwirnen muß diese Seide gleichfalls in venetianischer Seide gekocht werden, und der Färber verstehet die Kunst, der Seide, woraus weiße Strümpfe gewirkt werden sollen, eine dreyfache weiße Farbe zu geben, nemlich eine milchweiße, perlfarbene und bläulich weiße Farbe. Nach dieser Vorbereitung wird endlich die gezwirnte Seide auf Spulen gewickelt, und eine solche Spule mit Seide steckt der Strumpfwirker zum Gebrauch auf eine Spille an seinem Stuhl. Der Farbe nach werden anjeßt nur in Berlin schwarze, weiße, graue und melirte seidene Strümpfe verfertiget. Endlich wiederhole ich noch, was ich bereits in voriger Sammlung gesagt habe, daß man auch aus gesponnener Florettseide Strümpfe wirkt, aber auf einem Stuhl zur wollenen Arbeit, weil diese Seide stark und rauh ist. Ueberhaupt beziehe ich mich bey allen dem, was ich anjeßt von der Seide gesagt habe, auf die vorige Sammlung, wo das mehreste bereits umständlicher ausgeführet ist.

Was die Hauptsache betrift, so wird der seidene Strumpf eben so gewirkt, als der wollene. Der seidene Faden ist nur feiner, als der wollene, und hieraus entstehet eine doppelte Abweichung. Erstlich muß der Stuhl zur seidenen Arbeit feiner seyn, als zur wollenen, und vorzüglich hat er in jedem Unterbley 3 Nadeln, und also gehören auch zu jedem Unterbley zwey stehende Platinen. Hieraus erhellet, daß die Nadeln eines solchen Stuhls feiner und dichter bey einander sind, als bey einem Stuhl zur wollenen Arbeit. Denn wäre dieses nicht, so würde der seidene Strumpf großlöchrich und netzartig werden, da der seidene Faden nur fein ist. Aus eben dieser Ursach muß zweytens bey seidenen Strümpfen öfter abgenommen werden, als bey wollenen, einiger andern Abweichungen nicht zu gedenken. Ich werde in der Folge jederzeit voraussetzen, daß der Strumpf auf einem Stuhl Nummer 26 gewirkt wird, weil dieser Stuhl der gewöhnlichste ist. Ich werde daher das Abnehmen des Strumpfs gleichfalls unter dieser Voraussetzung beschreiben. Ist der Stuhl und die Seide gröber, so muß weniger, ist beydes feiner, so muß mehr abgenommen werden, als ich in der Folge beschreiben werde.

Den Anfang des Wirkens macht der Strumpfwirker bey einem seidenen Strumpf beynahe eben so, wie bey einem wollenen. Seine Spule mit Seide sitzt auf einer horizontalen Spille an dem Ständer GE in tz Fig. V. Neben dieser Spule befinden sich an dem Gestelle des Stuhls 2 Ringe, die der Wirker Polin nennet, und wodurch er die seidenen Fäden ziehet. Ueberdem ist an dem Riegel unter B Fig. V noch ein horizontales Blech, welches vorstehet und verschiedene Löcher hat. Man nennet dieses Eisen

sen Fadeneisen, und der Faden wird gleichfalls durch ein Loch dieses Fadeneisens gezogen, damit er in gerader Richtung nach den Nadeln h i des Stuhls in die Höhe gehe. Doch hab ich diese beyden kleinen Stücke nicht bey allen Stühlen bemerkt, vermuthlich weil sie eine Reibung und Spannung verursachen, und daher den Faden verletzen. Insgemein hab ich gefunden, daß der Wirker den Faden aus freyer Hand von der Spule abwickelt und auf die Nadeln legt. Dieserhalb sind auch die beyden kleinen vorgedachten Theile nicht an dem Stuhl Fig. V angebracht. Die erste Reihe Maschen macht der Strumpfwirker gleichfalls aus freyer Hand, und er giebt auch dem seidenen Strumpf oben einen doppelten Rand oder Orlet a b Fig. XIII, wie ich beydes bereits bey den wollenen Strümpfen gezeiget habe. Bey Mannsstrümpfen wird der Strumpf 15, bey Frauensstrümpfen aber 12 Zoll ohne abzunehmen fortgewebt, und zwar mit eben den Handgriffen, die ich bey den wollenen Strümpfen angeführt habe. Daher werd ich hier nur die Abweichungen anzeigen, und mich im übrigen auf den wollenen Strumpf beziehen. Sobald nun der Strumpf aber die gedachte Länge hat, so muß gleichfalls abgenommen werden. Allein der Wirker verrichtet dieses Abnehmen bey seidenen Strümpfen etwas anders, als bey wollenen. Denn die seidenen Strümpfe werden jederzeit mit einer englischen Nath zusammengenähet, und daher muß die äußerste oder die Randmasche frey

 bleiben,

bleiben, und kann also nicht auf die nächste Nadel gehangen werden, wie beym Abnehmen wollener Strümpfe gewöhnlich ist. Der Strumpfwirker preßt nemlich die zweyte Masche vom Ende von ihrer Nadel ganz ab, kettelt sie durch die nächste dritte Masche, und hängt oder setzt sie auf die vierte Nadel vom Ende ganz auf. Hiedurch wird die zweyte Nadel vom Ende ganz leer, und auf diese setzt er die äußerste oder Randmasche ganz auf, wodurch der Strumpf um eine Masche schmäler wird. Durch dieses Abnehmen entstehet ein merklicher Rand, der dem Strumpf zugleich zur Zierde gereichet. Man nennt diese Art abzunehmen, frey abnehmen, und sie ist nur bey seidenen Strümpfen üblich. Wie oft abgenommen werden muß, dieses hängt von der Art ab, wie der Strumpf gewirkt wird, ob er nemlich einen Querzwickel erhält, oder nicht. Ich muß also von diesen beyden Fällen abgesondert reden.

1) Zuweilen, doch selten, erhält der seidene Strumpf einen von den drey oben S. 150 f. beschriebenen Arten des Querzwickels, und alsdenn bekommt der Strumpf insgemein keine gewirkte, sondern dagegen eine gestickte oder brodirte Blume. Ist ein Querzwickel vorhanden, so werden überhaupt 12 Bley abgenommen, folglich 36 Nadeln, da jedes Bley drey Nadeln hat. Doch nimmt man bey den kürzern Frauenzimmerstrümpfen 2 Zoll weniger ab. Von der oben gedachten Länge an nimmt man nemlich bis

zu

zu den kleinen Theilen oder bis zum Zwickel 9 Bley bey Manns- und 7 Bley bey Frauensstrümpfen ab. Die übrigen 3 Bley werden noch in den beyden Zwickeltheilen e h k n Fig. XIII abgenommen. Es ist dieses aber folgendergestalt zu verstehen. Jederzeit nach 4 Reihen Maschen (Rangées) wird auf jeder Seite des ausgebreiteten Strumpfs eine einzige Nadel oder Masche auf die vorgedachte Art abgenommen, und zwar die äußerste. Dieses Abnehmen wird so lange fortgesetzt, bis 36, und bey Frauensstrümpfen 30 Nadeln abgenommen sind. Sobald nun bey Mannsstrümpfen 9, bey Frauensstrümpfen aber 7 Bley abgenommen sind, so nehmen die kleinen Theile ihren Anfang, nemlich das Vorderblatt f h i l, und die beyden Zwickeltheile e h k n. Diese werden gerade wie bey wollenen Strümpfen, mit 3 Fäden zugleich gewebt, man nimmt bey den Zwickeltheilen gedachtermaßen noch 3 Bley ab, aber nur an der äußern Seite e n Fig. XIII jedes Zwickeltheils. Diese Zwickeltheile sind an sich 6, und überdem noch der Hacken 2 Zoll lang. Der Hacken muß sich über n runden, und daher werden jederzeit nach 4 Reihen Maschen 4 Nadeln abgenommen, es verstehet sich aber von selbst, nur an der äußern Seite jedes halben Hacken in n und nicht in g k. Es wird nemlich bey jeden Abnehmen die vierte Masche auf die siebente, die dritte und 2te Masche auf die sechste, und endlich die erste und äußerste Masche auf die fünfte Nadel aufgesetzt. Auf diese Art werden die 4 äußersten Nadeln leer. Zuletzt wird jeder halbe Hacken in k n abgekettelt, und von den Nadeln abgeworfen. Bey den wollenen Strümpfen hab ich gesagt, daß das Vorderblatt i l h f nur bis i l, wo der Hacken seinen Anfang nimmt, gewirkt wird. So verhält es sich aber nicht mit den seidenen Strümpfen, bey welchen das Vorderblatt nicht nur mit dem Hacken an den beyden Zwickeltheilen fortgewebet wird, sondern man muß ihn sogar bis zur Spitze o des Unterfußes fortweben. Folglich wird die ganze Obersole des Unterfußes an das Vorderblatt angewirket. Von dem Beschluß der beyden halben Hacken in k n an, wird die Obersole noch 4 Zoll in gleicher Breite mit dem Vorderblatt h i l f fortgewebet, bey Frauensstrümpfen aber nur 3 Zoll. Nach dieser Länge muß aber die Obersole durch das Abnehmen zugespitzt werden, und diese Spitze beträgt 1¼ Zoll. Man webet nemlich jedesmal vier Reihen Maschen, und in den nächsten 3 Reihen wird in jeder Reihe auf jeder Seite eine Nadel abgenommen. Wenn endlich in o nur noch Maschen auf 10 Bley des Stuhls sitzen, so werden diese nach der obigen Beschreibung abgekettelt. Die Obersole ist nun fertig, und wird von den Nadeln abgeworfen. Nach der Obersole Fig. XIII. l o wirkt der Strumpfwirker an jeden kleinen Zwickeltheil k h e in h k einen Zwickel an, gewöhnlich aber einen englischen Zwickel. Ich will mich bey dieser Arbeit nicht verweilen, weil ich sie hinläng-

lich

lich bey dem wollenen Strumpf gezeiget habe. Nächst dem Zwickel bleibt nun nichts weiter übrig, als die Untersole Fig. XIII m o. Der Strumpfwirker setzt aber diese Untersole an die halben Hacken beyder kleinen Theile in i m an. Dieserhalb setzt er beyde halben Hacken in i m dergestalt auf die Nadeln des Stuhls, daß die Hacken in m n gegen einander gekehret sind, und die Obersole l o Fig. XIII nebst dem Vorderblatt i h f l frey unter dem Hacken hinab hängt. Folglich wird die Untersole eigentlich an den untern Theil des Zwickels in i m angewirkt, und durch das Wirken werden die untersten Kanten m beyder Zwickel mit einander vereiniget. Diese Vereinigung entstehet dadurch, daß die Untersole nunmehro mit einem einzigen Faden an beyde Zwickel in i m angewirkt wird. Uebrigens wird die Untersole vier Zoll lang nach der doppelten Breite i m fortgewebet, und die Spitze beträgt überdem noch $1\frac{1}{4}$ Zoll, beydes gerade wie bey der Obersole. So wird auch die Untersole eben so, wie die Obersole durch das Abnehmen zugespitzt. Hieraus erhellet, daß bey einem fertigen seidenen Strumpf die Obersole mit der Untersole auf beyden Seiten in g o zusammengenähet werden muß. Der seidene Strumpf mit einem Querzwickel ist nunmehro völlig fertig gewebt.

2) Ungleich künstlicher ist aber die Verfertigung eines seidenen Strumpfs, wenn er gar keinen Querzwickel erhält, sondern dagegen figürliche Ranken. In diesem Fall erhält der Strumpf jederzeit eine gewirkte Blume, unter dieser statt

des

des Zwickels Ranken, und die obigen kleinen Theile fallen also weg, da der Strumpf im Ganzen bis zur Ober- und Untersole fortgewebet wird. Sobald also der Strumpf von dem doppelten Rand oder Orlet Fig. XIII a b an 15, und bey Frauensstrümpfen 12 Zoll nach dem obigen gewebt ist, so muß nunmehro von c d Fig. XIII an abgenommen werden. Man nimmt aber nur 10 Bley überhaupt bey diesen Strümpfen ab, da im Gegentheil bey Strümpfen mit einem Querzwickel 12 Bley abgenommen werden, wie ich vorher gesagt habe. Denn bey diesen Strümpfen trägt der Querzwickel in etwas auf, so bey jenen dadurch ersetzt wird, daß man zwey Bley weniger abnimmt. Uebrigens wird gleichfalls jedesmal nach 4 Reihen Maschen auf jeder Seite des ausgebreiteten Strumpfs eine Masche frey abgenommen, gerade so, wie ich vorher gezeiget habe. Wenn nun nach der vorgedachten Länge von 12 bis 15 Zoll, oder von c d Fig. XIII an, 1 Zoll gewebt, und zugleich abgenommen ist, so nimmt bey diesen Strümpfen die Blume ihren Anfang. Diese ist 1½ bis 2 Zoll lang, und während daß sie gewirkt wird, muß der Wirker beständig auf die vorgedachte Art jederzeit nach 4 Reihen Maschen (Rangées) abnehmen. Diese Blume wird nun nicht gestickt oder brodirt, sondern eingewirkt, und von dieser künstlichen Arbeit muß ich nun umständlicher reden. Bey der Verfertigung einer solchen Blume hat der Strumpfwirker insgemein ein Muster oder eine Patrone

vor

vor Augen, es sey denn, daß er durch eine lange Uebung und Erfahrung ein bekanntes Muster schon mit seinem Gedächtniß gefasset hat. Ein solches Muster ist auf Patronenpapier abgesetzt, wovon ich in der vorigen Sammlung umständlich geredet habe, und jedes ausgefülltes Carreau bedeutet eine Masche, die zur Bildung der Blume das ihrige beytragen soll. Folglich darf der Strumpfwirker jedes Carreau nur in seiner Reihe abzehlen, und er findet hiedurch, welche Masche das Ihrige zur Bildung der Blume beyträgt. Eine solche Blume, auf Musterpapier abgesetzt, ist in der XI Fig. abgebildet. Der Strumpfwirker kann aber die Figur einer Blume auf eine dreyfache Art hervorbringen, nemlich durchs Werfen, Durchbrechen und Ketteln. Alle 3 Arten muß ich nunmehro näher zergliedern. Zuerst kann die Figur der Blume durch das Werfen oder durch geworfene Maschen hervorgebracht werden. Man ergreift nemlich die bildende Masche mit der Schaftnadel, läßt sie zwar auf ihrer Nadel hängen, setzt sie aber auch zugleich auf die benachbarte Nadel zur Linken auf, so daß die geworfene Masche auf zwey Nadeln schwebt, und die gedachte linke Nadel 1½ Maschen erhält. Die Masche dieser letzten Nadel wird hiedurch stärker und bildet. Oder man hängt auch wol auf eine Mittelnadel auf die vorgedachte Art eine halbe Masche beyder angrenzenden Nadeln, nemlich der zur Rechten und zur Linken. Alsdenn hangen auf dieser Mittelnadel

1 ganze und 2 geworfene halbe Maschen, welches gleichfalls aufträgt und bildet. In beyden Fällen muß die geworfene halbe Masche unter die umgebogene Spitze derjenigen Nadel, worauf sie geworfen ist, mit der Schaftnadel gebracht werden. Dieserhalb schiebt der Strumpfwirker den bereits gewebten Theil des Strumpfs in etwas zurück, und bringt die geworfene halbe Masche unter die umgebogene Nadelspitze. Ohnedem würde die geworfene Masche in der Folge beym Ueberwerfen von der Nadel absinken. Beynahe auf eben die Art entstehet das Durchbrechen oder die durchbrochene Masche. Der Strumpfwirker preßt nemlich die erforderliche Masche, welche bilden soll, von ihrer Nadel mit der Schaftnadel ab, und setzt sie ganz auf die benachbarte Nadel zur Linken auf. Wird nun hierauf wieder eine neue Reihe Maschen gewirkt, so entstehet durch die durchbrochne Masche ein kleines Loch. Jederzeit nach 2 gewirkten Reihen Maschen werden die erforderlichen Maschen durchbrochen. Durch das Ketteln oder durch die Kettelmaschen werden endlich mehrere Maschen übereinander dergestalt umgeändert, daß sie bilden. Gesetzt es sollen fünf Maschen über einander in den fünf zuletzt gewebten Reihen Maschen gekettelt werden, z. B. von i nach h Fig. XIII, so steckt der Strumpfwirker unter die fünfte und unterste Masche in h eine Kettelnadel Fig. XIV, welches hindert, daß die Maschen nicht weiter, als erforderlich auflaufen. Alsdenn wird die

oberste,

oberste, oder die Masche der letzten Reihe i Fig. XIII abgepreßt, da man die Spitze der Nadel mit der Mindernadel niederdrückt, die Masche bis zur vordern Biegung der Nadel vorschiebt, und sie gänzlich von der Nadel abfallen läßet. Hiedurch löset sich nicht nur diese oberste Masche, sondern auch die übrigen unter derselben bis zur Kettelnadel auf, z. B. die Maschen von i bis h. Diese letzte Masche ergreift nun der Wirker mit der unter derselben eingestekten Kettelnadel, zieht sie mit der Schaftnadel hinter die nächste zweyte Masche vom Ende weg, durch die letzte Masche zieht er die dritte, durch diese dritte die vierte, und endlich durch die vierte die fünfte z. B. in i. Die fünfte und letzte Masche setzt er wieder auf ihre Nadel des Stuhls auf. Man siehet leicht ein, daß der Wirker die aufgelaufene Maschen in einander kettelt, und sie kommen hiedurch verkehrt zu liegen, daher sie denn auch bilden. Ich habe nur z. B. angenommen, daß man 5 Maschen auflaufen läßet, es können ihrer aber auch mehr und weniger seyn. Durch diese drey Mittel kann der Wirker jede Blume eines Musters hervorbringen. In der XI Fig. stellt jede Reihe Carreaux z. B. a b eine Reihe Maschen vor. Fängt nun der Wirker von a an zu zählen, so findet er, daß das siebente Carreau dieser Reihe ausgefüllet ist, und daß daher in dieser Reihe die siebente Masche bilden soll. In der Reihe, die auf a b folgt, bildet ferner die sechste und achte Masche u. s. w. Auf diese Art findet der Strumpfwirker,

ker, wieviel und welche Maschen in jeder Reihe bilden müssen. Es läßt sich aber nicht gut beschreiben, ob die bildenden Maschen eines Musters geworfen, oder durchbrochen, oder gekettelt werden müssen, oder ob sich der Wirker zweyer oder aller dieser Mittel bedienen muß, um eine Blume hervorzubringen. Dieses hängt von der jedesmaligen Ueberlegung des Meisters ab. Die Blume Fig. XI kann z. B. geworfen oder auch durchbrochen werden. Denn es sind keine lange und geradlinigte figürliche Stellen vorhanden, die durch das Ketteln ausgedruckt werden könnten.

Ist die Blume geendiget, so wirkt der Strumpfwirker den Strumpf beständig nach seiner ganzen Weite fort, ohne kleine Theile zu machen, und er hat in Absicht des Ganzen des Strumpfs nichts weiter zu bemerken, als daß er erforderlich nach den oben gegebenen Regeln abnimt. Denn dieser Strumpf soll nach der Voraussetzung keinen Querzwickel erhalten, sondern dagegen einen figürlichen Spitzzwickel, der auf beyden Seiten durch Ranken begrenzet wird. Die XVI Fig. stellet einen solchen Zwickel mit Ranken vor. Ueber a b steht die Blume, f g ist der Spitzzwickel selbst, der jederzeit spitz zuläuft, gleich einem Querzwickel, und c d e sind endlich die Ranken, die diesen Spitzzwickel umgeben. Die Ranken entstehen gerade so, wie vorher die Blume, und ich darf also nur noch von dem Spitzzwickel selbst reden. Es kan dieser Spitzzwickel auf eine dreyfache Art hervorgebracht

bracht werden, nemlich durch die Laufmasche, Chinett und Chrisott. Ich bin eben so wenig im Stande, als der Strumpfwirker, den Ursprung der beyden letztern vermuthlich verstümmelten französischen Benennungen anzugeben. Ich begnüge mich daher, wenn ich nur die Sache selbst zergliedere. Der **Zwickel mit der Laufmasche** entstehet folgendergestalt. Ein solcher Zwickel ist aus mehrern Laufmaschen, wie a b, c d und e f Fig. XXVII zusammengesetzt, und diese Laufmaschen werden dergestalt mit einander vereiniget, daß sich der Zwickel zuspitzt. In der XXVII Fig. sind nur drey Laufmaschen, oder der Anfang des Zwickels angebracht, es werden aber ihrer mehr unter d f angebracht, aber so, daß die nächst untere, z. B. unter d, eine Masche vor c d vorspringt, so wie c d in c eine Masche vor a b vorgerückt ist, damit die Laufmasche a b nicht weiter in b aufläuft. Die Laufmasche a b, als die Spitze, entstehet zuerst. Wenn der Wirker beym Wirken des Strumpfs an den Anfang der Laufmasche in a gelangt, und die Laufmasche soll nur eine Masche breit werden, so legt er die halbe Masche a auf die nächste Nadel zur Linken, d. i. er läßt die Masche zwar auf ihrer Nadel, hängt sie aber auch zugleich auf die Nadel zur linken. Soll die Laufmasche breiter, als eine Masche werden, so hebt er die halbe Masche von der vorgedachten Nadel zur Linken gleichfalls ab, und setzt sie gleichfalls auf ihre benachbarte Nadel zur Linken

ken auf u. s. w. Nunmehro wirkt er 12 Reihen Maschen hintereinander gewöhnlich fort, denn diese Länge hat die Laufmasche a b, und b ist also die zwölfte Masche von a angerechnet. Wenn nun die zwölfte Reihe Maschen vollendet ist, so hebt er die Masche a von ihrer Nadel ab, und läßt sie fallen. Die Masche läuft nunmehro von b bis a auf, und jede der 12 Maschen verwandelt sich wieder in einen geraden Faden. Weiter als bis in a kann aber die Masche nicht auflaufen, weil der Wirker die halbe Masche in a auf die benachbarte linke Nadel gehangen, und hiedurch das weitere Auflaufen im voraus gehindert hat. Ist die Laufmasche breiter als eine Masche, so preßt man auch in b mehrere Maschen von ihren Nadeln ab, nemlich so viel, als man gerade unten in a auf benachbarte Nadeln gesetzt hat. Alle diese Maschen laufen auf. Sobald die Laufmasche a b vollendet ist, so nehmen bey der nächsten Reihe Maschen die Laufmaschen c und e ihren Anfang. Der Wirker rückt nemlich sowohl in c, als in e um eine Masche vor der Laufmasche a b vor, und setzt sowohl die Masche c, als die Masche e halb auf die benachbarte linke Nadel auf, und hiernächst entstehen die beyden Laufmaschen c d und e f gerade wie die Laufmasche a b. Ich erinnere hiebey zugleich, daß man zuweilen ganze Strümpfe mit solchen Laufmaschen wirkt, die nach der ganzen Länge des Strumpfs fortgehen. Alsdenn wechselt ein Streif gewöhnlicher Maschen mit einer Laufmasche ab, und die Laufmasche entstehet auf vorgedachte Art. Ja es werden zuweilen auch vermittelst der Laufmaschen Würfel oder Vierecke durch den ganzen Strumpf gewirkt. Statt der Laufmaschen kann man auch zuweilen zweytens **Chinett** anbringen. Es wird nemlich hiebey jederzeit nach 3 Reihen Maschen von a bis b eine Masche durchbrochen, wie ich dieses bereits oben bey den Blumen gezeiget habe. Diese Reihen durchbrochener Maschen können eben so gestellet werden, wie die Laufmaschen in der XXVII Fig., oder nach jeder andern beliebigen Figur, wie z. B. nach der Figur g f Fig. XVI. Endlich ist noch der **Zwickel mit Chrisott, Chrisett,** oder **Grisett** zu bemerken, dessen Benennung mannigfaltig von den Wirkern ausgesprochen wird. Fig. XXVIII. ist die Hälfte eines solchen Zwickels, an welchem man sich noch in a b die andre Hälfte von eben der Grösse und Gestalt hinzudenken muß. Die Figur dieses Zwickels ist aus lauter kleinen Würfeln oder Vierecken zusammengesetzt, und jeder Würfel ist von den benachbarten sowohl nach der Länge, als nach der Breite der Figur jederzeit um eine Masche entfernt. So stehet z. B. a von b eine Masche ab, so wie auch b von d. Ist ein solches Viereck nur kurz, so wird es durch das Werfen der Maschen ausgedruckt, ist es aber lang, so daß es aus mehreren Maschen übereinander besteht, so kann man es auch ketteln. Mit dem Werfen und Ketteln verhält es sich hier eben so, wie oben bey den Blumen gezeiget ist. Die Vierecke dieses Zwickels sind aber jederzeit so über und neben einander gestellt, daß die Figur spitz zuläuft, gleich einem Zwickel. Dieser Zwickel erhält jederzeit über sich eine Blume, weil er nie ohne Ranken an seiner Seite angebracht wird, und diese Ranken sind öfters durchbrochen. Dieses gilt auch von den beyden vorigen Zwickeln.

So wird nun der Strumpf bis an den Anfang des Hackens in l Fig. XIII nach seiner ganzen Weite ohne kleine Theile fortgewebt, und zu gleicher Zeit nimt man erforderlich ab, und bringt einen der vorgedachten figürlichen Zwickel an. Von l an, oder von dem Anfang des Hackens muß aber die Obersole l o und beyde halbe Hacken g k n besonders gewebt werden. Folglich wird bis zum Beschluß des Hacken k mit drey besondern Faden gewirkt, wie bey den kleinen Theilen, doch so, daß die Obersole nebst den beyden halben Hacken zugleich entstehet. Sobald die Hacken nach der oben beschriebenen Art geendiget sind, so wirft man sie von den Nadeln ab, und wirkt blos die Obersole mit einem Faden. Diese wird in eben der Länge gewebt und zugespitzt, wie oben bey den seidenen Strümpfen mit einem Querzwickel. Gleichfalls wie bey diesen Strümpfen entstehet auch hier die Untersole m o, da sie auf die oben beschriebene Art in i m angewirkt wird. Sie ist von dem

Zwickel

Zwickel in im angerechnet bey Mannsstrümpfen 8, bey Frauensstrümpfen 7 Zoll lang.

Der Herr Verfasser des Schauplatzes der Zeugmanufacturen gedenket in seinem 4 Theil auf der 556 Seite eines Stuhls, der dergestalt gestellet werden kann, daß er die vorgedachten Blumen und Zwickel ohne Beyhülfe des Strumpfwirkers hervorbringt. Es sollen nemlich neben den übrigen besondere Nadeln angebracht seyn, die dergestalt gestellet und gerichtet werden kann, daß sie jedes Muster hervorbringen, und die Stelle der Kettel- und Schaftnadel vertreten, die der Wirker bey einem gewöhnlichen Stuhl mit der Hand regieren muß. Der vorgedachte Verfasser bekennet aber, daß er diesen Stuhl nicht gesehen hat, und er ist gleichfalls meiner Aufmerksamkeit entgangen, vermuthlich weil er sehr selten ist. Ist ein solcher Stuhl vorhanden, so muß seine Zusammensetzung sehr künstlich und ausserordentlich der Vergänglichkeit unterworfen seyn. Aus der letztern Ursache ist er vermuthlich nicht allgemein geworden.

Die verfertigten seidenen Strümpfe werden nun gleichfalls einem Frauenzimmer übergeben, das sie an den erforderlichen Orten insgemein mit einer englischen Nath zusammen nähet, wie ich bey den wollenen Strümpfen gezeiget habe. Diese Frauenzimmer verstehen auch insgemein die Kunst, im erforderlichen Fall eine Blume in die Strümpfe zu sticken oder zu brodiren. Sie stecken oder streifen nemlich den Strumpf auf einen runden Kloz, und nach Vorschrift eines Musters nähen sie die Blumen mit sogenannten Plattstichen. Diese liegen in langen Theilen nach der Breite des Strumpfs, wodurch sich das Genähete von dem Gewirkten merklich unterscheidet; zumal da man hiezu Florettseide nimt, die zwar aus einigen Faden doublirt, aber nicht gezwirnt ist. Eben so wird auch die Blume der wollenen Strümpfe brodirt, ausser daß man mit einer feinen Wolle nähet. Zuweilen läßt auch der Käufer des Strumpfs denselben an dem Ort, wo die Schnalle sitzt, und im Hacken **durchziehen**. Das Frauenzimmer ziehet nemlich auf der linken Seite des Strumpfs durch jede Reihe Maschen der gedachten Stellen einen Faden durch, aber so, daß sie nur die halben Maschen durchsticht, damit der Faden nicht auf der rechten Seite in die Augen fällt. Dieses Durchziehen hindert, daß die Strümpfe an den gedachten Orten nicht so leicht reissen. Diese Arbeit wird auch von den Strumpfwäscherinnen verrichtet.

Die letzte Verrichtungen bey den Strümpfen ist die **Appretur**, die gewöhnlich eine Arbeit der Strumpfwäscherinnen ist. Wie bey jeder Appretur, so ist man auch bey dieser geheimnißvoll. Ich werde aber dem nur gedachten

ten Herrn Verfasser des Schauplatzes der Zeugmanufacturen folgen, weil mir bekannt ist, daß er öfters einen Augenzeugen dieser Arbeit abgiebt, daher er Gelegenheit hat, die wahre Beschaffenheit der Sache zu erforschen. S. Schauplatz der Zeugmanuf. 4 B. 560 S. Der wirthliche Käufer seidener Strümpfe wählt am liebsten solche, die gar nicht appretiret sind. Denn die Appretur giebt den Strümpfen eine Steife, die die Vergänglichkeit derselben hervorbringt, zumal wenn man hiezu Gummi nimt. Unterdessen da insbesondere die weissen Strümpfe auf dem Stuhl schmutzig werden, und ein Ansehen nach der Mode haben müssen, so werden die mehresten auf folgende Art appretiret. Die Strumpfwäscherin wäscht die Strümpfe in warmen Wasser mit weisser Seife, und spület die Seife auch wieder mit warmen Wasser völlig aus. Hiernächst muß die Wäscherin den Strümpfen eine blaulichweisse Farbe geben, worin das ganze Geheimniß dieser Appretur lieget. Sie nimt nemlich guten Indigo, und zwar solchen, der im Bruch kupferfarbig ist, und zerreibet ihn in einem Mörser von Serpentinstein, weil er sich hierin am besten pulverisiren lässet. Den Indigo schüttet sie in ein reines leinenes Tuch, und kocht ihn etwa eine Stunde lang in einem Topf mit weichen Regen- oder Flußwasser. Denn das Brunnenwasser ist hiezu zu hart. Nach der gedachten Zeit nimt sie den Indigo aus dem Topf, und druckt ihn gut aus, wodurch ein röthlicher Schmutz abgehet. Dieser ist aber noch nicht völlig abgesondert, und daher löset sie venetianische zerschnittene Seife in weichen und gekochten Wasser auf, und läßt in diesem den Indigo nochmals etwa 2 Stunden kochen. Hiedurch wird der röthliche Schmutz abgeführet, und man muß daher den Tuch mit dem Indigo zum öftern aus dem Wasser nehmen, und durch das Drucken versuchen, ob noch dergleichen Schmutz abgehet. Sobald sich aber beym Drucken eine schöne blaue Farbe zeiget, so hat der Indigo hinlänglich gekocht, man nimt ihn daher aus dem Topf, und hebt das Tuch mit dem Indigo in einem reinen Geschirr auf. Andre Strumpfwäscher zerbrechen dagegen den Indigo, waschen ihn einige Mal in warmen Wasser, und zerreiben ihn hierauf in einen Mörser. Auf die zerriebene Farbe gießt die Strumpfwäscherin heisses Wasser, reibet mit diesem den Indigo von neuen, setzt ihn hin, daß er sich setzt, und kläret alsdenn die blaue Farbe in ein Gefäß zum Gebrauch ab. Hiernächst gießt man wieder heisses Wasser auf den rückständigen Indigo, reibet ihn, und klärt ihn wie vorher ab. Diese Arbeit wird so lange fortgesetzt, bis sich der Indigo völlig aufgelöset hat. Allein diese blaue Farbe hat den Fehler, daß sich beym Abklären zuweilen kleine Stücke Indigo mit absondern, welche beym Gebrauch Flecke in den Strümpfen verursachen. Völlig unbrauchbar ist aber zu diesem Blauen eine Brühe von Lackmuß, dessen

sich

sich einige bedienen, weil die Strümpfe hiedurch röthlich werden. Der Indigofarbe bedient man sich aber beym Blauen auf folgende Art. Die Strumpfwäscherin nimt so viel Regenwasser als erfordert wird, so viel Strümpfe durchzuziehen, als sie blauen will. Dieses läßt sie mit etwas venetianischer Seife gut kochen, taucht das Tuch mit dem Indigo hinein, damit sich dieser erweicht, druckt an das Tuch und träufelt einige Tropfen in das Seifwasser. Bey der zweyten beschriebenen Farbe gießt sie gleichfalls aus dem Gefässe einige Tropfen in das Seifwasser. Hierbey muß nun die Wäscherin aus der Erfahrung wissen, wie viel Farbe sie in das Seifwasser träufeln muß, daß es die Strümpfe weder zu stark noch zu schwach blauet. Nunmehro nimt sie die sämtlichen Strümpfe, die sie blauen will, so wie sie sie nach dem Waschen gespület hat, ringet sie aus, wirft sie sämtlich in das blaue Wasser, und ziehet sie durch dasselbe durch. Sie kann die Strümpfe nicht einzeln durch das Seifwasser ziehen, weil alsdenn die zuerst durchgezogenen blauer werden würden, als die letztern. Die geblaueten Strümpfe ringet sie mit den Händen aus, und klatscht sie, damit sich die Farbe durchgängig durchziehet. Hiernächst werden sie zum Trocknen aufgehangen. Trocken zieht man einen Strumpf nach dem andern auf ein Formbrett Fig. XIII, und bestreicht den Strumpf durchgängig mit einem etwas feuchten wollenen Tuch, und zwar auf der äussern rech-

 ten

ten Seite. Endlich werden die Strümpfe angefeuchtet auf einer gewöhnlichen Rolle zum leinenen Zeuge gerollet, wobey aber die Wäscherin die Strümpfe völlig glatt auf dem Rolltuche ausbreiten muß, daß nicht Runzeln entstehen. Denn diese nehmen keinen Glanz an. Die Strümpfe müssen aber so lange gerollet werden, bis sie trocken sind, wodurch sie einen Glanz erhalten. Einige glätten sie zuletzt noch. So werden auch alte bereits getragene Strümpfe gewaschen, ausser daß sie geschwefelt werden, wenn sie gelb sind. Man hängt sie nemlich nach dem Waschen und Spülen auf eine Leine, und steckt Schwefel unter derselben an. Alte Strümpfe werden auch zuweilen moiriret oder gewässert, welches aber ihre Haltbarkeit mindert. Wenn nemlich ein Strumpf auf das Formbrett gezogen, und auf der rechten Seite mit einem nassen wollenen Tuch benetzet ist, so zieht man den andern zubehörigen Strumpf auf den ersten, aber so daß sich die rechte Seite beyder Strümpfe berühret, und die linke des äussersten Strumpfs ausserhalb ist. Diese linke Seite wird gleichfalls mit einem feuchten wollenen Tuch benetzt. Beyde Strümpfe werden nun vereiniget von dem Formbrett abgezogen, und auch vereiniget gewöhnlich gerollet. Durch den Druck der Rolle samlet sich die Feuchtigkeit an einigen Stellen, und hiedurch entstehet der Moir. Zuletzt werden sie geplättet. Das Rollen greift aber überhaupt die Strümpfe an, und daher verbitten es einige Besitzer der

Strüm-

Strümpfe, wenn nemlich der Strumpf nicht moirirt werden soll. Alsdenn zieht man den Strumpf nur auf das Formbrett, feuchtet ihn wie vorher an, und läßt ihn auf dem Formbrett trocken werden. Zuletzt taucht man ein wollenes Tuch in Wasser, worin etwas Gummi Tragant aufgelöset ist, und benetzt hiemit den Strumpf. Hiedurch erhält er einen matten Glanz.

Nachricht. Die sämtliche Strumpfwirker gehören zu einem einzigen Gewerk, obgleich einige blos seidene, andre wieder blos wollene Strümpfe, aber zuweilen auch beyde Arten zugleich verfertigen. Ihre Lehrbursche lernen 4 bis 5 Jahre, die Gesellen erhalten auf ihrer Wanderschaft ein Geschenk, und ein angehender Meister macht zum Meisterstück ein Paar Strümpfe mit einem englischen Zwickel und mit Blumen.

Dritter Abschnitt.

Der Strumpfstricker.

Das Stricken der Strümpfe selbst wird zwar gewöhnlich von den Frauenzimmern in Ausübung gebracht, es giebt aber demohngeachtet doch eine besondere Profeßion, die von der gedachten Arbeit ihre Benennung erhalten hat. Man nennet diesen Profeßionisten in unserer Gegend Strumpfstricker, in verschiedenen andern Gegenden aber **Barettmacher**, und diesen letzten Namen führt er von einer Art Mützen, die man Barett nennet. Vor Erfindung der Strumpfwirkerkunst muß die Zunft der Strumpfstricker zahlreicher, und ihr Gewerbe nahrhafter gewesen seyn. Gegenwärtig findet man aber, wenigstens in unserer Gegend, nur in grossen Städten einen oder ein Paar Strumpfstricker. Denn sowohl der Strumpfwirker, als auch das Frauenzimmer thut dieser Profeßion Abbruch. Doch scheint es, als wenn in der Lausitz und in Schlesien die Zunft der Strumpfstricker zahlreicher ist, als in der Mark Brandenburg. Daher geben sich die wenigen Strumpfstricker, so sich in Berlin befinden, nur

selten

selten mit dem Stricken der Strümpfe selbst ab, sondern sie lassen dieselben von Frauenspersonen ausser dem Hause stricken, und begnügen sich damit, daß sie die gestrickten Strümpfe walken und scheren, und daß sie mit denselben handeln. Ueberdem scheren sie auch die gewirkten und gewalkten Kastorstrümpfe. Noch seltener als die Strümpfe stricken sie anjezt Mützen, Handschuh, Kamisöler und andere Kleidungsstücke; ausser daß sie Mützen und Handschuh noch zuweilen von Frauenspersonen stricken lassen, sie hiernächst wie vorher die Strümpfe behandeln, und sie verkaufen. Am seltensten verfertigen sie anjezt die sogenannte schattirte Arbeit, wozu insbesondre Fußdecken oder Teppiche gehörten. Diese Fußdecken erhielten einen weissen Grund, worin vielfarbige Blumen oder Figuren nach Anleitung einer Patrone eingestrickt wurden. Bey dieser Arbeit muste nun der Strumpfstricker mit mehreren Faden von verschiedener Farbe stricken, aber doch an jedem Ort nur mit einem Faden, der diejenige Farbe hat, die die Natur der Blume oder der Figur erfordert. Allein diese schattirte Arbeit wird nur noch bey einem Meisterstück der Strumpfstricker in Ausübung gebracht, ausser daß man sie zuweilen bey dem Zwickel der Frauenzimmerstrümpfe anbringt, wenn es nemlich die Mode erfordert.

Der Strumpfstricker walkt, rauhet und schert seine Strümpfe beständig. Daher giebt er ihnen nie eine Blume, und selten einen Zwickel,

ckel, weil insbesondre die Blume durch das Walken, Rauhen und Scheren unsichtbar wird. Uebrigens bleiben diese Strümpfe insgemein weiß, doch werden sie auch zuweilen gefärbet. Gleichfalls des Walkens wegen läßt der Strumpfstricker seine Strümpfe blos aus **Streichwolle** stricken, weil diese Wolle beym Walken am besten filzet, wie aus der Beschreibung der Tuchmanufactur in der vorigen Sammlung erhellet. Er nimt ohne Unterschied kurze und lange Wolle, mischt beydes unter einander, und läßt die Wolle hiernächst streichen. Das letztere hab ich in der vorigen Sammlung erklärt. Billig sollte diese Wolle auf einem grossen Schweitzerrade gesponnen werden, damit sie weich ist, und in der Walke gut filzet. Gleichfalls von der Spinnerin läßt der Strumpfstricker die gesponnene Wolle zweyfach doubliren, und die doublirte Wolle zu Klaun oder Knauel aufwickeln. Er läßt aber überhaupt nur zwey Arten Wolle spinnen, feine und grobe. Kurz vorher hab ich gesagt, daß der Faden, woraus der Strumpfstricker Strümpfe stricken läßt, doppelt ist, und die Strümpfe selbst sind also zweydräthig, wie man zu sagen pflegt. In der Lausitz und insbesondre in Bautzen läßt aber der Strumpfstricker die Wolle nicht streichen, strickt aber dagegen dreydräthige Strümpfe. Das Streichen der Wolle macht aber, daß der gesponnene Faden haltbarer ist, und daher ist ein doppelter Faden hinreichend stark.

Ich

Ich habe vorher gesagt, daß der berlinische Strumpfstricker seine Strümpfe insgemein von Frauenzimmern stricken lässet. Dieserhalb hab ich ihn nie stricken gesehen, und daher will ich das Stricken so beschreiben, wie es von den Frauenzimmern in Ausübung gebracht wird, doch so, daß ich das Wichtigste anzeige, worin die Handgriffe des Strumpfstrickers von denen, die bey dem Stricken der Frauenzimmer üblich sind, vorzüglich abweichen.

Strickt der Strumpfstricker nebst seinen Gesellen selbst, so bedient er sich drey Stricknadeln, worauf sich die sämtlichen Maschen nach der ganzen Weite des Strumpfs befinden, wenn nemlich einmal herumgestrickt ist. Doch muß er beym Stricken selbst die vierte Stricknadel zu Hülfe nehmen, worauf die neuen Maschen entstehen. Diese vier Stricknadeln sind ziemlich lang, denn die gedachte Nadel, worauf die neuen Maschen entstehen, stellt der Strumpfstricker an ihrer untersten Spitze in ein hölzernes **Röhrchen** Tab. II Fig. XXI a b, welches er an einem Riem c d e befestiget, so er sich über den Hüften um den Leib schnallet. Dieses Röhrchen, so von den Frauenzimmern Strickholz oder Strickscheide genennet wird, giebt der gedachten Stricknadel allerdings einen sichern Ruheort und einige Festigkeit. Ueberdem hält er den Faden, womit er jedesmal strickt, auf dem Nagel des Zeigefingers der rechten Hand fest. Endlich macht er bey einem Strumpf den Anfang des Strickens bey der Spitze des Fusses, und bey einem Handschuh beym Daum, da im Gegentheil die Frauenzimmer bey der Stulpe anfangen. Diese Art zu stricken siehet am anständigsten aus, daher sie auch insgemein von vornehmen Frauenzimmern in Ausübung gebracht wird, ausser daß diese den Strumpf gewöhnlich oben anfangen. Doch behaupten Sachverständige, daß das Stricken bey dieser ersten Art nicht so schnell von statten gehet, als bey der zweyten Art, die ich gleich beschreiben werde. Diese zweyte Art weicht von der ersten folgendergestalt ab. Die Strickerin bedient sich vier Stricknadeln, worauf sich die sämtliche Maschen befinden, jedesmal wenn einmal herum gestrickt ist. Die fünfte Stricknadel muß aber beym Stricken selbst gleichfalls zu Hülfe genommen werden, worauf die neuen Maschen entstehen. Doch sind diese Nadeln ungleich kürzer, als bey der ersten Art, weil die zuletzt gedachte Stricknadel nicht in ein Röhrchen gestellet wird. Ueberdem hält die Strickerin den Faden, womit sie jedesmal strickt, auf dem Nagel des Zeigefingers der linken Hand fest. In der Sache selbst stimmen aber beyde Arten mit einander überein.

Ich habe schon öfters der Stricknadeln gedacht, die ich noch etwas näher beschreiben muß. Sie sind entweder von Eisen- oder von Meßing- oder auch von Silberdrath. Die von Eisendrath biegen sich zwar nicht so leicht, rosten aber dagegen, da im Gegentheil die mes-

singenen

fingne zwar nicht dem Rost ausgesetzt sind, aber sich leicht biegen, und daher eine leichte Hand erfordern. Silberne sind freylich die besten, weil sie zugleich nicht rosten und sich auch nicht leicht biegen. Doch schmutzen sie den Faden in etwas an. Die Stricknadel ist wenigstens einen halben Fuß lang, und an jedem Ende stumpf zugespitzt. Die Stärke der Stricknadel muß jederzeit mit der Stärke des jedesmaligen Fadens übereinstimmen. Denn ist der Faden fein, und die Nadeln sind zu dick, so entstehen zu grosse und durchsichtige Maschen. Dieserhalb giebt es der Stärke nach wenigstens 9 Arten Stricknadeln, unter welchen Nummer 1 die stärkste, Nummer 9 die feinste ist. Eine oder die andre Art sucht sich die Strickerin nach der Stärke ihres jedesmaligen Fadens aus.

Gesetzt nun, ein Frauenzimmer strickt überhaupt mit 5 Stricknadeln, und macht bey der Stulpe des Strumpfs den Anfang, so muß sie die erste Reihe Maschen nach der Weite des ganzen Strumpfs aus freyer Hand verfertigen oder auflegen, wie man zu sagen pflegt. Auf jede der vier Stricknadeln werden gleich viel Maschen aufgelegt, und wenn die Wolle mittelmässig stark ist, so legt man bey Mannsstrümpfen 35 bis 36, bey Frauensstrümpfen aber 30 bis 32 Maschen auf jede Stricknadel auf. Ist die Wolle feiner, so müssen mehrere, ist sie gröber, wenigere Maschen aufgeleget werden. Die wahre Anzahl dieser Maschen findet das Frauenzimmer am sichersten, wenn sie es nach einem alten Strumpf bestimmt, so wie sie auch den neuen Strumpf zum öftern nach einem alten abmißt, um zu finden, wo und wie oft sie ab- und zunehmen muß. Das Auflegen selbst verrichten die mehresten Frauenzimmer mit folgenden Handgriffen. Sie befestigen einen Faden in seiner Mitte mit einer Schlinge auf einer Stricknadel, so daß sie ein Ende des befestigten Fadens in der rechten, das andere Ende aber in der linken Hand behält. Den letztern Faden schlingt die Strickerin um den Daum der linken Hand, so daß die Schlinge einer grossen Masche gleicht, und der Daum die Stelle einer Stricknadel vertritt. Die gedachte Schlinge ergreift sie hinterwärts mit der Spitze der Stricknadel, doch so, daß die Schlinge sich zugleich auf dem Daum und der Nadel befindet. Hiernächst schlägt sie den Faden in ihrer rechten Hand von unten nach oben um eben die Spitze der Stricknadel, und auf eben diese Spitze legt sie zuletzt die vorgedachte Schlinge nochmals, und zieht ihren Faden an. Hiedurch entstehen zugleich zwey Maschen übereinander. So fährt die Strickerin fort, eine Masche nach der andern auf alle vier Stricknadeln aufzulegen, und die Faden selbst vereinigen die letzten Maschen zweyer benachbarter Stricknadeln, so wie auch das folgende Stricken selbst die zuerst und zuletzt aufgelegte Masche verknüpfet.

Bey dem Stricken selbst kommt es nun hauptsächlich darauf an, daß die Strickerin eine Masche sowohl rechts als links mit aller Schnelligkeit machen kann. Eine **rechte Masche** wird folgendergestalt gemacht. Die Strickerin nimt eine leere Stricknadel, worauf die neue Masche entstehen soll, in ihre rechte Hand, und mit der linken hält sie die erste mit Maschen angefüllte Stricknadel fest. Die Spitze der leeren Stricknadel steckt sie hinterwärts durch die erste und vorderste Masche der ersten Stricknadel durch, doch so, daß nun die Masche auf beyden Stricknadeln hängt, und die vorgedachte Spitze der leeren Stricknadeln in das Innere des Strumpfs hineinragt. Um diese Spitze schlägt oder schlingt sie den Faden, der sich gleichfalls in dem Innern des Strumpfs befindet, und der Faden wird von unten oder von der Linken zur Rechten um die Stricknadel gelegt. Die Umschlingung des Fadens giebt die eine Masche, so vor der alten nach dem Innern des Strumpfs zu liegt. Hiernächst zieht sie die neue Masche mit der Spitze der leeren Stricknadel von dem Innern nach dem Aeussern des Strumpfs zu durch die alte Masche durch, wobey sie aber den Faden anziehen muß, wenn das Durchziehen gelingen soll. Endlich läßt sie die alte Masche von der Spitze der ersten Stricknadel abfallen. Die alte Masche legt sich unter der leeren Stricknadel um die neue Masche, und umgiebt diese nach dem Innern des Strumpfs zu. Folglich wird eine Masche durch vier besondre Verrichtungen vollendet, durch das Einstecken, Umschlagen, Durchziehen und Fallenlassen. Verrichtet die Strickerin alles dieses gegenseitig, so entstehet eine **linke Masche.** Die leere Stricknadel wird in diesem Fall vorwärts z. B. in die erste Masche der ersten Stricknadel eingesteckt, so daß sie sich gleichfalls auf den beyden nur genannten Stricknadeln befindet, und die Spitze der leeren Stricknadel nach dem Aeussern des Strumpfs zugekehrt ist. Gleichfalls ausserhalb des Strumpfs schlägt die Strickerin den Faden oberhalb oder von der Rechten zur Linken um die nur gedachte Spitze der leeren Nadel, und ziehet mit dieser Spitze die neue Masche von dem Aeussern nach dem Innern des Strumpfs zu durch die alte Masche durch. Endlich läßt sie die alte Masche von der Spitze der ersten Stricknadel abfallen, und die alte Masche sinkt unter die leere Stricknadel, und umgiebt die neue Masche, aber an der äussern Seite des Strumpfs. Gesetzt fdgk Fig. XXVI Tab. II ist die alte Masche auf der ersten Stricknadel, so steckt die Strickerin die leere Stricknadel in b in die alte Masche hinein, schlingt die neue Masche von g nach a b um die Spitze der leeren Stricknadel, und zieht die neue Masche durch die alte durch, gerade wie die Masche b a g durch die Masche f a k. Läßt nun die Strickerin die alte Masche von der Spitze der ersten Stricknadel abfallen, so legt sich diese alte Masche f d g vor die neue b a g eben so, wie

durch

durch die genannten krummen Linien angedeutet wird. Es entstehet also eine linke Masche, und der Fall ist bey der rechten nur umgekehrt. So entstehet eine Masche nach der andern, nach Befinden entweder eine rechte, wie gewöhnlich, oder auch zuweilen eine linke. Wenn nun durch Hülfe der leeren Stricknadel über jeder alten Masche der ersten Stricknadel eine neue gebildet ist, so ist die zuletzt genannte erste Stricknadel abgestrickt und leer. Diese nimt die Strickerin wieder, und strickt die zweyte Stricknadel auf die vorgedachte Art ab. Der Faden, welcher beständig hintereinander fortläuft, vereinigt die benachbarten Maschen zweyer benachbarten Stricknadeln. Sind nun alle vier Stricknadeln von der Rechten zur Linken einmal abgestrickt, so ist einmal herumgestrickt, wie die Strickerin sagt, und hiedurch entstehet jedesmal nach der ganzen Weite des Strumpfs eine neue Reihe Maschen. Diejenigen Strickerinnen, so ohne Röhrchen stricken, lassen bey jedem Herumstricken alle Maschen auf jeder Stricknadel, so wie sie anfänglich darauf aufgeleget sind. Die aber mit dem Röhrchen, und also auch mit drey Stricknadeln stricken, stricken bey jedem Herumstricken auf jede Stricknadel von der benachbarten drey bis vier Maschen auf. Denn drey Stricknadeln sperren sich sehr, und daher würde es bey dem fertigen Strumpf merklich in die Augen fallen, wo die Maschen einer Stricknadel aufhören, wenn auf jeder Nadel die ursprünglichen Maschen blieben.

Ein Strumpf muß seine erforderliche Façon erhalten, und daher an dem einen Ort weiter seyn, als an dem andern, welches die Strickerin durch das Ab- und Zunehmen erhält. Ich muß also das Entstehen eines Strumpfs von der Stulpe an bis zu der Spitze des Fusses zeigen. Oben erhält der Strumpf insgemein einen merklichen Rand. Soll dieser ganz einfach seyn, so strickt man nach dem Auflegen blos drey Mal mit linken Maschen herum, oder dagegen wechselsweise einmal herum linke, und das andere Mal rechte Maschen, und überhaupt sechs Mal herum. Noch zierlicher ist dieser Rand, wenn sogenannte kleine Würfel, oder dagegen kleine Blumen, die mit den Blumen des Zwickels übereinstimmen, durch linke Maschen hervorgebracht werden. Nach vollendeten Rande strickt die Strickerin gewöhnlich blos mit rechten Maschen fort, ausser daß der Strumpf hinten durchgängig bis an den Fuß eine Nath erhält. Diese entstehet, da man an dem bestimmten Ort gewöhnlich eine oder ein Paar linke Maschen macht. Unter dem Rande wird bey Mannsstrümpfen etwa 6, bey Frauensstrümpfen aber etwa 3 Zoll in gleicher Weite ohne ab- und zuzunehmen fortgestrickt. Alsdenn nimt aber die sogenannte Kniekele ihren Anfang, wo abgenommen werden muß. Wenn nemlich neben jeder Seite der Nath etwa eine Masche gewöhnlich gestrickt ist, so steckt die Strickerin diejenige Stricknadel, worauf die neuen Maschen entstehen, zugleich durch

durch die beyden nächsten und benachbarten Maschen, und strickt übrigens gewöhnlich fort. Hiedurch wird nun an jeder Seite der Nath eine Masche gemindert, oder abgenommen. Auf diese Art nimt die Strickerin zu Anfang der Kniekele beym ersten Herumstricken einmal ab, strickt alsdann wieder achtmal ohne Abzunehmen herum, und nimt in dem neunten Herumstricken wieder ab. So wird hier überhaupt sechs Mal abgenommen, aber jedesmal nur wieder, wenn acht Mal ohne abzunehmen herumgestrickt ist. Nach dem gedachten Abnehmen strickt die Strickerin in der eigentlichen Kniekele wieder etwa 1 Zoll breit ohne abzunehmen. Nach dieser Länge nimt aber die Wade ihren Anfang, und hier muß nach eben dem Verhältniß zugenommen werden, wie man in der Kniekele abnahm. Mit dem Zunehmen selbst verhält es sich aber folgendergestalt. Wenn die Strickerin nach der Nath etwa eine Masche gewöhnlich gemacht hat, so nimt sie mit der Spitze derjenigen Stricknadel, worauf die neuen Maschen entstehen, die nächste Masche der vorvorigen Reihe auf, wodurch sie in der neuen Reihe eine Masche mehr erhält. Auf jeder Seite der Nath wird aber jedesmal eine Masche zugenommen. Wenn nun in der Wade auf die vorgedachte Art zugenommen ist, so wird wieder in der grösten Weite der Wade gute 2 Zoll ohne ab- und zuzunehmen gestrickt. Alsdenn muß aber wieder, bis der Zwickel seinen Anfang nimt, jedesmal nach sechs

Mal Herumstricken auf die vorgedachte Art einmal abgenommen werden.

Bey Frauensstrümpfen fängt die Blume an, sobald das Abnehmen in der Wade seinen Anfang nimt, bey Mannsstrümpfen aber erst 2 bis drittehalb Zoll nach dem Anfang des vorgedachten Abnehmens. In beyden Fällen muß aber die Strickerin, sobald die Blume anfängt, auf jede der beyden Stricknadeln neben der Nath von den übrigen etwa 5 Maschen mehr bringen, damit die Blume gerade in der Mitte der halben Weite des Strumpfs zu stehen kommt. Eine Blume entstehet aber, wenn die Strickerin an jeder bildenden Stelle statt einer rechten eine linke Masche macht. Sie strickt aber leichte und bekante Blumen nach ihrem getreuen Gedächtniß, künstliche und unbekante aber nach einem Muster, so entweder auf dem bekanten Muster- oder Patronenpapier abgesetzt, oder auf einem Modelltuch gezeichnet ist. In beyden Fällen zählet sie nach, wie viel bildende Maschen sie bey jeden Herumstricken anbringen muß.

Nach geendigter Blume nimmt der Zwickel seinen Anfang, dessen Spitze gerade in die Mitte der Blume fällt. Hier findet aber ein doppelter Fall statt. Der Strumpf erhält entweder einen Querzwickel, oder statt dessen zwey Seitenblumen, die gleich dem Zwickel nach der Länge des Strumpfs hinabgehen. Ich will bey dem letzten Fall zuerst stehen bleiben. Zwischen den beyden gedachten Seitenblumen an jeder Seite des Strumpfs bleibt ein gewöhnlicher glatter aber keilartiger Theil des Strumpfs stehen. Dieserhalb läßt die Strickerin gleich in der Spitze und in der Mitte der Blume zwischen den beyden Seitenblumen eine einzige Masche stehen, und sie nimmt auch jedesmal nach acht Mal Herumstricken eine Masche in der Mitte des gedachten Keils zu, wodurch der Keil unten überhaupt 8 Maschen breit wird. Die Seitenblumen werden aber zu gleicher Zeit mit linken Maschen eben so, wie die vorhergehende eigentliche Blume gebildet. Eben nach dem Verhältniß, da in dem vorgedachten Keil k h m Fig. XIII Tab. II zugenommen wird, muß man hinten in e n abnehmen, und zwar jedesmal hinten an der Nath auf jeder Seite eine Masche. Wenn nun diese Zwickelartige Seitenblumen geendiget sind, und der Strumpf bis zur Biegung l gestrickt ist, so bleiben in i l zwey Stricknadeln mit ihren Maschen, mit welchen man vors erste nicht stricket. Denn nunmehro wird erst der ganze Hacken g k n mit den übrigen beyden Stricknadeln fertig gestrickt. Da hiebey nur zwey Stricknadeln gebraucht werden können, so muß die Strickerin mit diesen wechselsweise bald von der rechten zur linken Hand nach der Richtung k n stricken, bald wieder zurück von der Linken zur Rechten nach der Richtung n k. Erst erhält der Hacken eine gleiche Weite, zuletzt rundet man ihn aber dadurch, daß man sechs Mal abnimmt, aber jedesmal nur, wenn rechts herum gestrickt wird. Auf jeder Seite der Nath wird aber die Masche erst nach der vierten Masche von der Nath entfernt abgenommen. Der Beschluß des Hacken von n bis k ist aber in der That künstlich. Die beyden Stricknadeln, womit der Hacken bisher gestrickt ist, bleiben an ihren Ort in k n sitzen, die vorgedachten acht Abnehmemaschen auf der Seite der Nath in n bringt aber die Strickerin auf eine besondre Stricknadel, und strickt diese mit einer leeren Nadel gewöhnlich hintereinander ab. So oft sie aber die Maschen einmal abgestrickt hat, so nimmt sie von einem der vorigen Stricknadeln in k n eine Masche ab, bringet die Masche auf die Nadel der acht Abnehmemaschen, und vereiniget diese Masche mit der letzten Abnehmemasche, gerade wie beym Abnehmen. So werden diese Abnehmemaschen von n bis k beständig fortgestrickt, und bey jedem Herumstricken wird von den ersten und ursprünglichen Nadeln in k n eine Masche abgenommen. Wenn nun auf diese Art der Hacken geendiget ist, so werden die Maschen auf jeder Seite des Hacken in g k wieder mit einer Stricknadel aufgenommen, und man strickt wieder vereiniget und zugleich mit den beyden Nadeln in g k, und der oben verlaßenen in i l herum. Folglich strickt die Strickerin wieder mit 4 Nadeln. Jedesmal aber nach dem zweyten Herumstricken nimmt die Strickerin mit jeder Nadel des Vorderblatts in i l die äußerste Masche der Stricknadel des Hacken in g eine Masche ab, und vereiniget diese mit der äußersten Masche der Stricknadel des Vorderblatts in i, gerade wie beym Abnehmen. Durch dieses Abnehmen entstehet ein kleiner Keil unter g, der sich so weit erstreckt, bis alle vier Stricknadeln wieder in gerader Linie hinter und neben einander liegen. Zuletzt wird der sogenannte Füßling k o gestrickt. Dieser ist bis zur Spitze vor o von gleicher Weite, in der Spitze wird aber erstlich jedesmal nach viermal Herumstricken dreymal abgenommen, hiernächst nach zweymal, und zuletzt nach jeden Herumstricken. Endlich bleibt auf jeder Stricknadel nur eine einzige Masche, und durch alle vier Maschen zieht man einen Faden, verschlingt ihn, und endiget hiedurch den Strumpf. So entstehet ein Strumpf ohne Querzwickel.

Soll er aber einen Querzwickel erhalten, so wird der Strumpf bis unter der eigentlichen Blume wie vorher gedacht gestrikt, gleich unter der Blume muß aber das Hackstück kneh Fig. XIII abgesondert mit zwey Nadeln gestrickt werden, gerade wie bey dem vorigen Fall der Hacken. In diesem Hackstück muß aber die Strickerin jedesmal nach achtmal Herumstricken in en einmahl abnehmen, aber alsdenn, wenn rechts herumgestricket wird. Uebrigens wird der Hacken eben so geendiget, wie in dem vorigen Fall. Wenn das Hackstück in eh seinen Anfang nimmt, so bleiben in hf zwey Stricknadeln in den Maschen hängen, die nicht eher wieder abgestrickt werden, bis das Hackstük geendiget ist. Ueberdem

dem nimmt die Strickerin die Maschen in h k auf jeder Seite des Hackstücks wieder mit einer Stricknadel auf, und strickt in der Folge mit vier Nadeln, nemlich mit zwey in h k, und eben so viel in h f. Mit den beyden Stricknadeln des Vorderblatts in h f strickt die Strickerin jedesmal wechselsweise, einmal von der Rechten zur Linken, und hiernächst wieder von der Linken zur Rechten herum, überhaupt aber viermal. Sobald aber mit den gedachten Stricknadeln viermal herum gestrickt ist, so strickt die Strickerin jedesmal mit den Nadeln des Querzwickels in h k einmal herum, aber jederzeit rechts. Jedesmal aber, sowohl wenn sie mit den Nadeln des Vorderblatts, als auch mit den Nadeln des Zwickels herum gestrickt hat, nimmt sie mit jeder Stricknadel des Vorderblatts in h f eine Masche, und zwar die oberste äußerste, von den Nadeln des Zwickels ab, und vereiniget sie mit der äußersten Masche der Nadel des Vorderblatts, gerade wie beym Abnehmen. Hiedurch wird nicht nur der Zwickel oben spitz, und unten breiter, sondern da die Nadeln des Zwickels nach der Richtung h k stecken, so gehen auch seine Maschen nach der Weite des Strumpfs, da sie gewöhnlich nach dessen Länge fortlaufen. Durch das vorgedachte Abnehmen entstehet es auch, daß der Zwickel etwas tiefer liegt, als der übrige Theil des Strumpfs. Wenn nun der Zwickel nebst dem Vorderblatt geendiget ist, und der Strumpf im Hacken die gehörige Weite hat, so wird der

Füßling, wie im ersten Fall, gestrickt und zugespitzt.

Nur noch einige Anmerkungen will ich hinzufügen. Ich habe die Sache so beschrieben, wie sie von den mehresten Frauenzimmern verrichtet wird, ohnerachtet einige in Nebensachen hin und wieder anders verfahren. Vorzüglich hab ich aber das Ab- und Zunehmen nur überhaupt beschrieben. Diejenigen Frauenzimmer, welche in großen Städten Unterricht im Stricken geben, haben zum Leitfaden in dieser Sache entweder einen Strumpf, der auf Patronenpapier abgesetzt, und wo bey jeder Reihe Maschen das Ab- und Zunehmen bemerkt ist; oder sie geben ihren Untergebenen dagegen einige schriftliche Regeln, nach welchen sie ab- und zunehmen müssen. Ich habe aber bis jetzt noch nicht Gelegenheit gefunden, eine solche Vorschrift zu erhalten. Ueberhaupt hab ich aber vorzüglich durch die vorhergehende Beschreibung nur zeigen wollen, daß manche Frauenzimmerarbeit künstlicher und umständlicher ist, als die ganze Verrichtung mancher Profeßionen, und daß man solche Arbeiten gleichfalls beschreiben kann, wenn es die Umstände verlangen.

Ich habe bis jetzt gezeigt, wie der Strumpf, welchen der Strumpfstricker nun zur Vollkommenheit bringt, unter den Händen der Frauenzimmer entstehet, und ich muß mich nunmehro zu dem Walken, Rauhen und Scheren dieser Strümpfe wenden. Alle Strümpfe der Strumpf-

stricker

stricker werden in der Walkmühle gewalkt, gerade wie die Kastorstrümpfe. Vor dem Walken zieht der Strumpfstricker die Falten aus jedem Strumpfe aus, da er in kleine Strümpfe mit den Fingern, in große aber mit der Hand hineinfährt, und sie ausdehnt. Hierauf bringt er einige Dutzend zugleich in ein Loch des Walktrogs, und benetzt sie mit einer Lauge von schwarzer Seife und warmen Wasser. In den ersten beyden Stunden, da die Strümpfe von den Stampfen der Walke bewegt werden, wäscht man erst das Fett aus, und gießt daher die mehreste Seiflauge auf. Wenn sie aber vom Fett gereiniget sind, alsdenn nimt man sie aus dem Walktrog, zieht sie abermals mit der Hand auf die obengedachte Art aus, damit unter den Stampfen nicht ungewalkte Falten entstehen, und bringt sie hierauf zum Dickwalken abermals in ein Walkloch. Auch bey diesem Dickwalken werden sie mit schwarzer Seife in warmen Wasser aufgelöset gewalkt, und sie sind innerhalb 2 Stunden, überhaupt also in 4 Stunden, erforderlich gewalkt, wenn nemlich die Walkmühle stark gehet. Zuletzt bringt man sie blos mit reinen Wasser unter die Stampfen der Walkmühle, und wäscht die Seife aus. Rein sind sie gewaschen, wenn das aus dem Stampfloch abgezapfte Wasser nicht mehr Seife bey sich führt. Die gewalkten Strümpfe trocknet man endlich auf einem Formbrett Fig. XIII Tab. II, und giebt ihnen hiedurch völlig eine Facon.

Zuletzt

Zuletzt müssen die Strümpfe zu- oder ausgerichtet, das heißt gerauhet und geschoren werden. Es werden aber nicht nur die gestrickten, sondern auch die gewirkten Kastorstrümpfe, auf die Art, die ich anjetzt zu beschreiben im Begriff bin, von dem Strumpfstricker gerauhet und geschoren. Aus der Beschreibung der Tuchmanufactur erhellet, daß, wenn man ein Tuch scheren will, das Tuch vorher mit Karden gerauhet, und die Wolle hiedurch aufgekratzet und erhöhet werden muß. So wird auch beynahe ein Strumpf gerauhet, und ich setze hiebey die Kenntniß der Karden aus der Beschreibung der Tuchmanufactur als bekannt voraus. Der Strumpfstricker bindet zwey grosse und gute, aber stumpfe Karden zusammen, und fährt mit diesen von der Spitze bis zur Stulpe auf beyden Seiten des Strumpfs einige Mal hinauf. Hiedurch kratzt er den Grund oder den Stapel der Wolle vorläufig auf, vollendet aber diese Arbeit durch das sogenannte Kritzen, wobey er sich neuer und scharfer Karden bedienet. Er befestiget nemlich diese scharfe Karden auf einem gabelartigen eisernen Instrument, welches er Trittsgabel Tab. II, Fig. XVIII nennt. Dieses Instrument hat drey eiserne Spillen a b, c d, und e f, und auf jeder Spille steckt eine Karde g, h und i, so daß die Spille die Karde in dem Kern der letztern durchbohrt, und die Karde auf der Spille umläuft. Mit diesen Karden fährt der Strumpfstricker vermittelst der Trittsgabel von der Spitze bis zur Stulpe des Strumpfs beständig hinauf, bis die Haare der Wolle sich hinreichend erheben. Sind die Karden gut, so kann hiemit 1 Dutzend Strümpfe gerauhet werden, schlechte werden aber zuweilen schon nach 2 gerauheten Strümpfen stumpf. Bey dem letztern Rauhen, sagt der Strumpfstricker, er habe die Arbeit **gemacht**, oder **unter die Schere gebracht**. Denn dieses Rauhen gehet unmittelbar vor dem Scheren vorher. Strümpfe, die weiß bleiben sollen, werden nun gleich geschoren, die aber, so gefärbt werden, schickt man vorher in die Farbe, und rauhet sie nach dem Färben nochmals, aber ganz leicht.

Die **Schere** Fig. XIX Tab. II, womit der Profeßionist die Strümpfe scheret, ist etwa anderthalb Fuß lang. Sie gleicht einer gewöhnlichen grossen Schere, und ein Niedt vereiniget beyde Klingen. Diese sind zwar nicht nach der Länge gekrümmt, aber wol nach der Breite in etwas windschief, damit sie die Haare der Wolle desto besser fassen, beynahe wie bey dem Tuchscherer. Der berlinische Strumpfstricker erhält diese Scheren aus Bautzen, wo sie verfertiget werden, ziehet sie sich selbst ab, und richtet sie, wenn sie sich werfen, blos durch das Biegen vor dem Knie. Beym Scheren selbst steckt er einen Ring a an dem Griff der Schere, durch ein Loch eines Riems, welchen er um den Leib trägt, steckt hinter dem Riem nach dem Leibe zu einen Pflock durch den Ring, und giebt hiedurch der Schere eine sichere und haltbare Lage. Den Strumpf, welchen er scheren will, legt er auf eine 1 Fuß lange hohle hölzerne Walze Fig. XX Tab. II, die mit einem alten Strumpf überzogen ist, damit der neue Strumpf eine weiche Unterlage hat. Auf dem Strumpf und der Walze liegt die Schere unbeweglich nach der Länge der letztern, in die Aushöhlung der Walze steckt aber der Strumpfstricker eine Hand, und bewegt mit der Walze den Strumpf gegen die Schneiden der Schere, und setzt blos die eine Klinge der Schere mit der Hand in Bewegung, so daß die Schere die erhöheten Haare abschneidet. Aus dem Obigen erhellet, daß von der Spitze des Strumpfs nach der Stulpe zu gerauhet wird, die Natur der Sache bringt es aber mit sich, daß das Scheren gegenseitig von der Stulpe nach der Spitze zu verrichtet werden muß. Jede breite Seite des Strumpfs wird besonders geschoren, aber nur einmal. Zuletzt werden die abgeschornen Haare mit einem Besen von Reißstroh abgebürstet. Denn das Reißstroh giebt auf dem Strumpfe keine Streifen.

Nachricht. Der Strumpfstricker gehöret zu den gewöhnlich zünftigen Profeßionisten, und seine Zunft ist vermuthlich sehr alt. Seine Lehrbursche erlernen dieses Handwerk in 4 Jahren ohne ein Lehrgeld zu erlegen. In Berlin verfertiget ein angehender Meister zum Meisterstück ein Mannskamisol, in Bautzen und Breßlau aber einen Teppich von der oben gedachten schattirten Arbeit.

Vierter Abschnitt.

Der Färber.

Die Färberkunst gehöret mit zu den Verrichtungen derjenigen Fabriken, worin leinene, baumwollene, wollene und seidene Zeuge verfertiget werden, welche die mehresten Geheimnisse enthalten. Nach meinen Einsichten sind zwar die Bestandtheile der gewöhnlichsten Farben bekannt genug, allein das Geheimnißvollste liegt darin, die wohlfeilste Farbe so zu wählen, und anzubringen, daß sie wenigstens einigen Bestand hat, und ein Zeug hiemit auf die leichteste, kürzeste und vortheilhafteste Art zu färben. Hiezu gehören gewisse Erfahrungen und Handgriffe, die ein erfahrner ansäßiger Färber selten seinen Lehrburschen und Gesellen entdeckt, es sey denn, daß es seine nahe Anverwandten sind. Daher muß der gröste Theil der Färber diese Kunst aus der eigenen Erfahrung, durch glükliche Veranlaßungen, und zum Theil durch den Zufall lernen. Am ersten scheint ein solcher Färber Erfahrung und Uebung zu erhalten, wenn er in solchen Fabriken arbeitet, die eigene Färbereyen in ihrem Innern unterhalten. Doch haben einige Fabriken die Gewohnheit, daß sie wenigstens den Vorsteher ihrer Färberey vereiden lassen, damit er ihre Färbergeheimnisse nicht bekannt macht. Zugleich pflegt der Vorsteher einer solchen Fabrik selbst eine Kenntniß von diesen Geheimnissen zu besitzen, damit er sie im Nothfall jemand beybringen kann. Aus allen dem erhellet, daß die gedachten Geheimniße wenig bekannt seyn können, und daß man daher selten Gelegenheit findet, sich durch den Augenschein und durch mündliche Nachrichten von dieser Kunst zu belehren. Dieserhalb hatt ich beynah den Entschluß gefaßt, diese Kunst gänzlich zu übergehen, bis ich endlich doch einige wenige Nachrichten einzog, und mich daher entschloß, diese Kunst kürzlich zu beschreiben. Ich kann aber nichts weiter versprechen, als daß ich die wenigen eingezogenen Nachrichten aus Schriften über die Färberkunst ergänzen, und hiernach einen kurzen Begriff von der Färberey geben werde. Ein solcher kurzer Begriff dient aber nicht, hieraus die Färberey zu erlernen, sondern nur die Neugierde zu befriedigen.

Es fehlt nicht an Schriften, die die Färberey umständlich erzählen, und einige haben sogar die Sache physikalisch behandelt. Insbesondre ist mir aber von Sachverständigen Fabrikanten des Hrn. Hellot Färberkunst, von Hrn. Prof. Kästner übersetzt, gerühmet worden, und überdem gewisse vermischte Briefe über die Färberkunst in französischer Sprache. Die erste dieser Schriften hab ich in Händen, und werde sie in der Folge vorzüglich zu Rathe ziehen; die letzte

Schrift hab ich aber nicht erhalten können. Ich kann aber auch das Urtheil dieser Sachverständigen Männer über diese Schriften nicht verschweigen. Die Vorschriften dieser Bücher, sagten sie, sind ganz gut, und laßen sich auch zum Theil in Ausübung bringen, nur haben sie einen doppelten Fehler. Wollte man erstlich nach diesen Vorschriften färben, so würde die Sache in der Ausübung zu umständlich seyn, und zu viel Zeit und Mühe erfordern. Vorzüglich sind aber die vorgeschriebnen Farben nebst ihrer Zusammensetzung gröstentheils zu theuer, und der Fabrikant würde die Zeugarten, die auf die gedachte Art gefärbt sind, ungleich theurer verkaufen müßen. Daher muß er auf wohlfeilere und doch zugleich dauerhafte und beständige Farben denken, und hierin liegt meines Erachtens das wahre Geheimniß der praktischen Färberey. Aus dem Gesagten wird man nun die wahre Beschaffenheit dieser Kunst vorläufig ersehen können, und zugleich, was man von Schriften zu halten hat, die von dieser Kunst handeln.

Ueberhaupt kommt es bey der Färberey meines Erachtens vorzüglich auf zweyerley an, daß man die ungesponnene Wolle, oder das gesponnene Garn aller Art, oder Seide, oder auch die Zeuge aller Art erforderlich vorbereitet, damit es die Farbe mit Bestand annimmt, und daß man überdem die Hauptbestandtheile jeder Farbe durch eine Beymischung in die Umstände versetzt, daß sich ihre Farbentheile gehörig in Wasser auflösen. Diese doppelte Absicht erreicht der Färber größtentheils durch die Salze aller Art. Allein die Mittel, wodurch man zu dieser doppelten Absicht zu gelangen sucht, sind nicht bey allen zu färbenden Materialien von einerley Art, ja nicht einmal bey allen Farben z. B. der Wolle. Jede Art dieser Materialien will in beyden Fällen verschieden behandelt seyn, und die Wolle muß z. B. auf eine andre Art vor dem Farben vorbereitet werden, als die Seide. Daher kann ein Färber die Kunst verstehen, Wolle geschikt zu färben, allein es ist ihm unbekannt, wie die Seide beym Färben behandelt werden muß, obgleich die vorzüglichen Bestandtheile der Farben bey Wolle und Seide ein und eben dieselben sind. Dieserhalb sondern sich die Färber in hiesiger Gegend in drey Arten ab, in Schwarzfärber, Schönfärber und Seidenfärber. Die Benennung des Seidenfärbers zeigt schon an, daß er bloß Seide färbt. Die Schwarz- und Schönfärber färben im Gegentheil Leinen, Baumwolle und Schafwolle. Ursprünglich soll der Schwarzfärber nur größtentheils mit schlechten und unächten Farben färben, der Schönfärber aber mit den vorzüglichsten und ächten Farben. Allein in unserer Gegend achtet man diesen Unterschied nicht mehr sonderlich, und jeder Schwarz- und Schönfärber färbt mit jeder Farbe, die er nur zu bereiten vermag. Daher werd ich in der Folge auf diesen Unterschied nicht sonderlich Rücksicht nehmen, und zuerst von dem

Schwarz- und Schönfärber, hiernächst aber von dem Seidenfärber reden.

I. Der Schwarz- und Schönfärber.

Unter allen zu färbenden Materialien läßt sich die Schafwolle am leichtesten färben, da im Gegentheil das Leinen und insbesondre die Baumwolle die Farbe ungleich schwerer annimmt. Die mehresten dieser Materialien müßen vor dem eigentlichen Färben durch einen Sod, Sud, oder Absud vorbereitet werden, damit sie die Farbe erforderlich annehmen. Die Färber zählen aber überhaupt fünf Hauptfarben, blau, roth, gelb, braun und schwarz, weil durch die Mischung dieser Hauptfarben alle übrige Nebenfarben hervorgebracht werden können. Ich werde der Gewohnheit aller Schriften über die Färberey folgen, und zuerst von der blauen Farbe reden, weil die Zubereitung dieser Farbe am umständlichsten ist, und weil hieraus durch die Vermischung mit den übrigen viele Nebenfarben entstehen.

1) Von der blauen Farbe.

Die ächte blaue Farbe entstehet entweder aus dem Waidt, oder aus dem Indigo, oder aus beyden zugleich. Doch müßen die färbenden Theile des Waidts sowohl, als des Indigo durch eine Beymischung entwickelt werden. Es scheint als wenn man in Deutschland, wenigstens in ältesten Zeiten blos mit Waidt blau gefärbet habe, in neuern Zeiten hat sich aber der Gebrauch dieses

ses Färberkrauts sehr durch die Einführung des Indigo gemindert. Unterdessen mischt man doch diesem Indig insgemein etwas Waidt bey, weil er unvermischt keine beständige blaue Farbe giebt. Der Waidt ist eine Pflanze, die insbesondre in Languedok, in der Mark Ankona in Italien und in Thüringen wächst. In Thüringen säet man ihn anjetzt insgemein im Frühjahr, wiethet ihn aus, und stößt die reife Pflanze nach Pfingsten zum ersten Mal ab, und hiernächst noch bis zum October zweymal hinter einander. Das abgestoßene Kraut wird hiernächst in einem Fluße gewaschen, auf einer Mühle gemahlen, zusammen geballet, und auf Horden getrocknet. In diesem Zustande verkauft der Landmann den Waidt an den Waidthändler, der den Waidt zu großen Haufen zusammen schüttet, mit Wasser benetzt, und hiedurch in Gährung bringet. Diese Gährung verzehret zum Theil die fremdartigen Theile, und zugleich wird hiebey die Pflanze in kleinere Theile gebracht. Zuletzt ballet man den Waidt in große Ballen zusammen, und verkauft ihn an die Färbereyen. Er ist am besten, wenn er einige Jahre gelegen hat. In Frankreich gewinnt man nebst der guten auch eine schlechtere Art Waidt, so man Wau oder Waue nennt. Die Blauküpe wird mit dieser Waue eben so angestellet, als mit dem guten Waidt, aber man muß von jenen ungleich mehr nehmen, als von diesem. Der Waidt führt, so wie er anjetzt zubereitet wird, viele irdische und fremdartige Theile bey sich, so seine Kraft mindern. Daher behaupten die einländischen Färber, daß 1 Pfund Indigo in der Färberey eben so viel Wirkung thut, als 3 Centner Waidt, doch soll der französische Waidt nicht so geringhaltig seyn, vermuthlich, weil er besser zubereitet wird. Diese Verschiedenheit der Wirkung des Waidts und Indigs läßt sich aber leicht errathen, wenn man weiß, daß der Indigo bloß der Saft einer Pflanze ist, der Waidt aber noch Blatt und Stengel bey sich führet. Daher rathen viele, den Waidt, als ein einländisches Produkt, besser nach Art des Indigo vorzubereiten, um ihm hiedurch sein altes Ansehen wieder zu bringen, und den theuern ausländischen Indig abzuschaffen. Umständlicher redet von dem Waidt Herr D. Schreber in seiner Beschreibung des Waidts in Thüringen. Der Indigo oder Indig hat seinen Nahmen von seinem Vaterlande, Indien, erhalten: die Pflanze, woraus man ihn gewinnt, heißt Anil oder auch Ind und Indig, und diese wächst in Ost- und Westindien. Zwey Monathe nachher, da man den Samen dieser Pflanze in einen fetten Boden gesäet hat, kommt die Pflanze zur Reife, und wird abgeschnitten. Man bindet mehrere Pflanzen in Bündel, wirft diese in ein Faß, gießt Wasser darauf, so daß dieses die Pflanzen völlig bedeckt, und der Anil muß in diesem Faße in Fäulniß gerathen. Durch diese Fäulniß, so vermittelst einer Gährung entstehet, werden die Salz- und überhaupt die Farbentheilchen von der Pflanze abgesondert, und

die

die Farbentheilchen gehen in das aufgegoßene Wasser über. Daher zapft man dieses Wasser in ein zweytes niedriger stehendes Gefäß ab, und wirft die ausgeleerten Pflanzen weg. In dem zweyten Gefäß, wird der Indigosaft beständig gerührt, und der Aufseher muß wissen, wenn es Zeit ist, dieses Umrühren zu endigen. Alsdann müßen die Indigotheile sich zu Boden setzen, worauf man das abgesonderte Wasser als unbrauchbar abzapft, den gedachten Bodensatz aber hiernächst in ein drittes noch niedriger stehendes Gefäß ablaufen läßet. In diesem Gefäß müßen die Feuchtigkeiten, die sich noch in den Indigtheilen befinden, abdunsten. Zuletzt gießt man diese Theile in einen flachen Kasten, worin sie trocken und hart werden müßen. Ein guter brauchbarer Indig muß so leicht seyn, daß er auf dem Wasser schwimmet, und überdem muß seine dunkelblaue Farbe ins Violette fallen. Zu seidenen Zeugen wählt man gerne einen Indig, der auf seiner Oberfläche und im Bruche hin und wieder kupferartig aussiehet. S. Hellots Färberkunst im Anhange.

Vermittelst des Indigs und des Waidts, nebst einiger Beymischung wird nun die ächte blaue Farbe in einer sogenannten Blauküpe zubereitet, und von dieser Blauküpe muß ich nunmehro reden. Wenn man in die Werkstätte eines Färbers trit, so bemerkt man sogleich eine große Feuermauer Tab. III Fig. I., so unten in g h die Gestalt eines halben Cylinders hat, und unter einem Schorstein gi stehet. Die Feuermauer ist inwendig hohl, damit der Rauch nach dem Schorstein zu einen Abzug hat. In kh springt ein Mauerwerk vor, und in diesem Vorsprung werden verschiedene Farbenkessel von Kupfer, Meßing und Zinn eingemauert. Jeder Kessel hat ein Heizloch in seinem untern Mauerwerk, damit Feuer unter dem Kessel angezündet werden kann, und dieses Heizloch öfnet sich natürlicher Weise in dem Innern der Feuermauer. In ehf ist ein solcher Farbenkessel angebracht. In einiger Entfernung von diesen Farbenkesseln steht die gleichfalls eingemauerte Blauküpe ace. Die dauerhaftesten und besten Küpen sind von Kupfer, und haben eine Kegelförmige Gestalt, wie die Punkte in ace andeuten. Das Mauerwerk, worin diese Küpe eingemauert ist, ist mit alme bezeichnet. Die ganze Küpe pflegt etwa 5 Fuß hoch zu seyn, und ist unten in c einen Fuß, oben in ae aber wenigstens noch einmal so weit. In bcd wird die Küpe etwa 1½ Fuß tief in die Erde eingegraben, und in diesen Raum sinkt der Bodensatz oder der Mark des Indigo und Waidts. Denn das Feuer muß über diesem Bodensatz brennen. Der obere Theil abde der Küpe ist mit einer cylindrischen Mauer alme umgeben. Da nun die Küpe selbst Kegelförmig ist, so bleibt zwischen dieser und der Mauer ein leerer Raum, den man in alb und edm bemerken wird. In diesem leeren Raum werden um die Küpe Kolen glüend erhalten, und dieserhalb ist in dem Innern der

Feuer-

Feuermauer in der Küpenmauer alme ein Heitzloch. In eben diesem Mauerwerk ist gleichfalls nach dem Innern der Feuermauer zu eine Röhre von Steinen oder Eisen, damit eine Zugluft entstehet, die die Kolen glüend erhält. Diese letzte Röhre nebst dem Heitzloch fällt nicht in der 1 Fig. in die Augen, weil beydes in dem Innern der Feuermauer angebracht ist. Eine solche Blauküpe wird zwar vorzüglich beym Färben mit Indigo gebraucht, doch bedienen sich die gegenwärtigen Färber ihrer auch häufig statt der Waidtküpe, wovon ich nunmehro reden muß. Diese Waidtküpen sind, im Grunde betrachtet, starke Fäßer, die der Färber aus Stäben oder Dauben zusammensetzen läßet, welche 6 Zoll breit, und 1 bis 2 Zoll dik sind. Es liegen um diese Küpe von 2 zu 2 Fuß eiserne Bänder. Die Höhe dieser Küpe kann bis 7 Fuß, und die Weite im Durchmeßer bis 12 Fuß betragen, je nachdem die Färberey nach ihrem Betrieb eine große oder kleine Küpe gebraucht. Der untere Theil dieser Küpe ist gleichfalls in die Erde eingegraben, so daß sie nur bis 4 Fuß über den Fußboden hervorragt, und der Arbeiter bequem an der Küpe arbeiten kann. Hätte diese Küpe einen hölzernen Boden, so würde die Last der Farbe denselben leicht zersprengen. Daher macht man bey großen Küpen dieser Art den Boden aus einem Estrich, der blos von ungelöschten Kalk geschlagen wird. Diese Küpen haben einen doppelten Fehler, daß der Boden leicht Risse bekömmt, und die eingegrabegrabenen Stäbe leicht in der Erde verfaulen. Ueberdem kann man die Farbe dieser Küpen nicht im erforderlichen Fall erwärmen, und sie muß dieserhalb in die Kessel übergetragen werden. Daher sagt Hr. Hellot, daß die Holländer den aus der Erde hervorragenden Theil dieser Küpe von Kupfer machen, und um dieses eine cylindrische Mauer aufführen, in welcher sie Kolen glüend unterhalten, gerade wie bey der zuerst beschriebenen kupfernen Küpe. Die deutschen Färber laßen dagegen die hölzernen Küpen oben an dem geachten Ort mit kupfernen Platten beschlagen. In dieser Waidtküpe wird nun die blaue Farbe von Waidt, in der ersten kupfernen aber die Indigofarbe angestellt. Ich habe aber schon bemerkt, daß die einländischen Färber sich in beyden Fällen häufig der kupfernen Küpen bedienen. Ueber jeder Küpe sowohl, als über jeden Kessel befindet sich ein horizontaler hölzerner Nagel, der in einem Balken g an dem Rauchfang befestiget ist, Man nennet diesen Nagel **Windenagel** n o F. I, und der Färber hängt auf diesen hölzernen Nagel das gefärbte Garn, wenn er es ausringen will. Sollen endlich wollene Zeuge gefärbt werden, so hängt der Färber einen Einsenker in die Küpe. Der **Einsenker** Tab. III Fig. XI ist entweder ein hölzerner Reif von Böttcherarbeit, oder dagegen ein eiserner Ring, in welchem ein Netz von Schnüren ausgespannet ist. An diesem Reif sind an drey verschiedenen Orten Schnüre befestiget, und an dem äußersten Ende jeder Schnur ist ein eiserner

ner

ner Haken. Diese Haken hakt man an dem obern Rand der Küpe ein, und versenkt den Einsenker in erforderlicher Tiefe in die Farbe der Küpe. Der zu färbende Zeug ruht beym Färben auf dem Einsenker, und dieser hindert, daß der Zeug nicht den Bodensatz der Küpe berühren, und beschmuzt werden kann.

Aus dem Obigen erhellet, daß die Küpenblaue Farbe, oder wie man schlechthin sagt, daß Küpenblau entweder vorzüglich aus Waidt, oder aus Indigo bereitet werden kann, daß man aber sowohl dem Waidt, als dem Indigo noch einige andre Dinge beymischen muß, um ihre Farbentheile aufzulösen. Denn unvermischt färben beyde kaum das Wasser an.

1) Die **Waidtküpe** wird folgendergestalt angestellt, wie der Färber sich ausdruckt, das heist, die Waidtfarbe wird folgendergestalt in der Küpe zubereitet. Ich setze in der Folge zum voraus, daß die Küpe ganz von Kupfer ist, und also Feuer neben derselben angezündet werden kann. Nach Verhältniß der Größe der jedesmaligen Küpe schüttet der Färber in erforderlicher Menge und Proportion Kley, Pottasche und Waidt auf den Boden der Küpe, zerbricht die Waidtballen beym Hineinwerfen, und zerstößt sie hiernächst in der Küpe mit einer Krücke Fig. VII. Hierauf füllet er die Küpe halb mit Wasser an, wozu man am liebsten faules oder doch sehr weiches Wasser nimt, und zündet neben der Küpe ein mäßiges Feuer an. Das Wasser muß nur beständig laulich warm in der

der Küpe seyn, und in diesem Zustande muß der Waidt in der Küpe etwa eine Nacht über ziehen. Man deckt auch die Küpe mit einem hölzernen Deckel und mit einer Decke zu. Da aber der Waidt zum öftern in der Küpe aufbrauset, so muß der Färber die Küpe jedesmal etwa nach 3 bis 4 Stunden lüften, das heißt öfnen, und mit einer Krücke Fig. VII umrühren. Ich beschreibe dieses Anstellen nach mündlichen Nachrichten eines Sachverständigen Mannes, und es weicht von den gedruckten Vorschriften in folgenden Fällen ab. Erstlich wird nach diesen gedruckten Nachrichten nicht Pottasche mit in die Küpe gebracht, aber dagegen etwas Färberröthe, oder Brühe von dieser Farbe. Soviel ist gewiß, daß zu der blauen Farbe von Indigo insgemein etwas Färberröthe hinzugesetzt wird, weil es die blaue Farbe violetter und gefälliger macht, und daher kann es seyn, daß einige Färber auch zu den Waidtküpen Färberröthe hinzusetzen. Ferner wird bey jedem vorgedachten Lüften etwas gelöschter Steinkalk hinzugesetzt, da man im Gegentheil nach eingezogenen mündlichen Nachrichten den Kalk erst beymischt, wenn der Indig in die Küpe gebracht ist, und von dieser Beymischung des Indigs will ich nunmehro reden. Man setzt aber diesen Indig hinzu, weil er die blaue Farbe des Waidts erhöhet. Es hängt von dem Willkühr des Färbers ab, wie viel Indig er hinzusetzen will, je nachdem die Farbe schöner oder schlechter werden soll. Unterdessen rechnet Hr. Hellot auf jedes Pfund

Waidt

Waidt ein Loth Indig. In hiesiger Gegend wird der Indig auf eine doppelte Art vor der Beymischung aufgelöset. Im Kleinen brühet man den Indig erst mit heißen Wasser ab, wodurch viel Unreinigkeit abgewaschen wird, zerstößt ihn hiernächst in einem Mörser, und zerreibet ihn hierauf in einem Reibkessel. Der Reibkessel Tab. III Fig. II von Kupfer hat unten einen Kegelartig erhöheten Boden. Man setzt ihn beym Gebrauch auf einen Strohkranz, der auf einem Tische liegt, damit der Kessel fest stehet. In diesen Kessel wirft der Färber den Indig, gießt etwas Brühe aus der angestellten Küpe auf den Indig, und reibt diesen mit einer eisernen Kugel Fig. V. Wenn die vorgedachte Brühe durch das Reiben mit Indigotheilchen geschwängert ist, so gießt man sie in ein besonderes Gefäß ab, und gießt so lange Brühe auf den Indig, reibt ihn und klärt ab, bis der Indig völlig aufgelöset ist. Durch diese Behandlung wird zwar der Indig am besten aufgelöset, aber sie ist in großen Färbereyen zu umständlich. Dieserhalb stellt man den Indig so zu sagen vorläufig in einen Kessel besonders an. Man nimmt etwas Kley, Färberröthe und Weinhefenasche, kocht es in einem Kessel mit Wasser, schöpft das Wasser aus, wäscht den Bodensatz, und bringt das Wasser oder die Brühe wieder auf den Bodensatz. Der Indig wird hierauf zerstoßen in die Brühe geschüttet, und das Feuer muß verstärkt werden. Nach und nach schüttet man zuweilen etwas Kalk hinzu. Wenn sich der Indig aufgelöset hat, so mindert man nach und nach das Feuer. Von dieser Indigobrühe gießt man nun im erforderlichen Maaße in die Waidtküpe. Wenn nemlich die angestellte Waidtküpe eine Nacht über bey mäßigen Feuer gestanden hat, so füllt man sie bis einige Zoll hoch vom Rande mit gekochten Wasser an, und gießt den auf ein oder die andere Art aufgelöseten Indig in die Küpe. Neben dieser unterhält man abermals nur ein mäßiges Feuer, so daß die Küpe beständig nur handwarm ist. Man rührt die Küpe mit der Krücke auf, und deckt sie hierauf wieder zu. Beständig nach 2 bis 3 Stunden muß sie aber gelüftet, und etwas ungelöschter Kalk hinzugeschüttet werden. Der Färber sagt von dieser Beymischung, er habe die Küpe verschärft. Jedesmal werden ein paar Hände voll Kalk hinein geschüttet, oder gebreitet, und der Färber muß jederzeit auf die Natur und Beschaffenheit des jedesmaligen Waidts sehen, ob viel oder wenig Kalk hinzugeschüttet werden muß. Jedesmal wird aber die Küpe vor dieser Beymischung mit der Krücke aufgerührt. Sobald nun die Oberfläche der Farbe, wenn man die Küpe öfnet, grünlich schimmert, so macht man eine Probe im Kleinen, ob die Küpe bereits färbet, und hiezu bedient man sich eines sogenannten **Stahls**, den man auch wol **Wächter** nennet. Es ist eine kleine hölzerne Scheibe, in deren Mittelpunkt eine kleine hölzerne Spille steckt. In ein Loch dieser Spille steckt man etwas Wolle, und stellt den Stahl in die Küpe, so daß die Scheibe

auf

auf der Farbe schwimmt, die Wolle aber eingetaucht ist. Nach einer halben Stunde nimmt man den Stahl mit der Wolle wieder aus der Küpe, und bringt die Wolle an die Luft. Ist die Wolle grün, und wird sie in der Luft hiernächst gut blau, so ist die Küpe brauchbar, erfolgt das vorgedachte aber noch nicht, so muß die Küpe noch mit Kalk verschärft werden. Doch wiederholet man die gedachte Probe gerne ein paar Mal nach einiger Zwischenzeit, wenn gleich die Wolle bey der ersten Probe grünet. Zuletzt wird die Küpe völlig mit Wasser angefüllet, im erforderlichen Fall noch etwas mit Kalk verschärft, und man läßt sie noch einige Zeit in Ruhe stehen. Alsdenn wird sie, wie der Färber sagt, geöfnet, oder man macht den Anfang mit dem Färben. Eine Hauptsache bey dieser Küpe ist, daß sie nicht zuviel, auch nicht zu wenig Kalk erhält. Hat man ihr die erforderliche Portion Kalk beygemischt, so ist nicht nur die vorgedachte zur Probe gefärbte Wolle, sondern auch der Bodensatz grünlich, wenn man beydes aus der Küpe zieht, und es setzen sich auch große blaue Blasen auf der Farbe. Dagegen ist die Probe nicht grünlich, sondern schmutzig, wenn zuviel Kalk beygemischt ist, und man verbessert diesen Fehler gemeiniglich durch einen Zusatz von Kley und Färberröthe, auch wol etwas Waidt, und läßt die Küpe einige Zeit in Ruhe. Hat die Küpe zu wenig Kalk, so wirft die Farbe nicht große, sondern kleine Blasen, und giebt einen übeln Geruch von sich. Nicht nur die frisch angestellten Küpen haben zuweilen zu wenig Kalk, sondern auch zuweilen, wenn schon in der Küpe gefärbt ist, und ein Zusatz von Kalk verbessert diesen Fehler. In einer solchen Waidtküpe werden nur Zeugarten von Schafwolle nebst der Wolle selbst gefärbet. Viele Färber haben die Gewohnheit, daß sie diese Küpe nur alle Jahr einmal von neuen anstellen, und sie nur jedesmal nach 2 bis 3 Monathen erneuern. Dieses geschiehet, da sie die Farbenbrühe aus der Küpe in einen Farbenkessel übertragen, den alten Bodensatz wegschaffen, von neuen Waidt und Indig nach Gutdünken in die Küpe schütten, und die Farbenbrühe wieder aus dem Kessel in die Küpe schöpfen. Die Farbenbrühe wird nemlich nach einigen Monathen in etwas schmutzig, und muß daher erneuert werden. Nach einem Jahre ist diese Brühe aber insgemein völlig schmutzig und muß daher von neuen angestellet werden. Doch haben einige Färber auch die Gewohnheit, daß sie die Küpe nicht erneuern, sondern dagegen von frischen anstellen, und dieses letztere scheint allerdings besser, aber auch theurer zu seyn.

2) Mit Voraussetzung des Vorhergehenden kann ich nun schon kürzer von der Blauküpe aus Indig reden. Um die Farbentheile dieses Indigs aufzulösen, setzt man Pottasche, oder dagegen Weinsteinasche, zerstoßene Färberröthe und häufig auch noch etwas weniges Waidt hinzu. Zu einer Küpe, die die eben beschriebene Größe hat und von Kupfer ist, werden über 6 Pfund

Indig,

Indig, eben so viel Pottasche, und etwas mehr, als ein halbes Pfund zerriebene Färberröthe erfordert. Die Pottasche, Färberröthe und etwas Kley läßt man mit so viel Wasser, daß es den dritten Theil der Küpe anfüllen kann, in einem besondern Farbenkessel kochen. Sobald diese Brühe eine Viertel- höchstens eine halbe Stunde gekocht hat, läßt man sie nach und nach kalt werden. Mit dieser Brühe reibet nun der Färber den Indig auf die oben beschriebene Art, und gießt den zerriebenen Indig in die Brühe des vorgedachten Kessels. Wenn nun der Indig gänzlich aufgelöset ist, so schüttet der Färber etwas Kley, und im erforderlichen Fall auch den Waidt auf den Boden der Küpe, trägt die vorgedachte Brühe mit einem **Schöpflöffel** Fig. X in die Küpe über, zugleich aber auch den Bodensatz des Kessels, rührt diese Mischung in der Küpe um, und zündet neben der Küpe ein mässiges Feuer an. Die Farbenbrühe muß aber beständig nur in einem solchen Grad der Wärme erhalten werden, daß man unbeschädiget die Hand hineinstecken kann. In diesem Zustande unterhält man die Küpe, bis sie anfängt grün zu werden, welches man erfährt, wenn man auf die oben beschriebene Art mit dem Stahl eine Probe macht. Fällt diese Probe gut aus, so rührt man die Küpe um, und läßt sie hierauf so lange ruhig stehen, bis sich eine braune kupfrige Haut auf der Farbenbrühe der Küpe setzt, diese Haut auch sogleich wieder erscheint, wenn man sie zurück bläset. Die Küpe bleibt nach diesem Zeichen abermals einige Stunden ruhig stehen, nach welcher Zeit sie völlig angefüllet werden muß. Dieserhalb nimt man so viel Wasser, als zur Anfüllung der Küpe erfordert wird, und kocht dieses in einem besondern Kessel mit halb so viel Pottasche, als das erste Mal, etwas Kley und Färberröthe, gerade wie das erste Mal. Die gekochte Brühe wird endlich in die Küpe geschöpft, und die Farbe in der Küpe umgerührt, wodurch die blaue Indigfarbe zur Vollkommenheit gelangt, wenn sie einige Stunden geruhet hat. Hiebey ist nur noch zu bemerken, daß man aus der Kley, die bey dieser Küpe gebraucht wird, gerne das Mehl auswäscht. Ueberhaupt giebt man aber dieser Küpe selbst beym Färben nicht den Grad der Wärme, als der vorhergehenden.

3) Herr Hellot beschreibt überdem noch eine Blauküpe, die kalt, und mit Urin angestellet wird, es ist mir aber nicht bekannt, ob sie in Deutschland gebräuchlich ist. Man gießt nemlich auf 4 Pfund Indig 4 Quart Eßig, setzt diese Mischung in warme Asche, damit sich der Indig in dem Eßig auflöset. Ist die Auflösung nicht hinreichend von statten gegangen, so zerreibt man den Indig noch wie vorher gedacht, und gießt nach und nach etwas Urin hinzu. Hiernächst wird noch etwas zerriebene Färberröthe unter den Indig gerühret, man giesset diese Mischung in eine Tonne, und setzt einige Eimer

mer voll Urin hinzu. Man rührt die Farbe um, und wiederholet dieses acht Tage hintereinander Morgens und Abends. Die Küpe ist zum Färben brauchbar, wenn sie beym Aufrühren grün schimmert. Aus dieser Küpe kann man ohne weitere Vorbereitung oder Erwärmung färben, und die Farbe ist so lange brauchbar, bis sie von Farbetheilen erschöpft ist. Auch ohne Urin kan eine kalte Blauküpe folgendergestalt angestellet werden. Man läßt ungelöschten Kalk, Kupferwasser und Auripigment in einem Gefäß mit Wasser zergehen, giesset diese Auflösung nebst dem gewöhnlich zerriebenen Indig in eine Küpe, füllet diese erforderlich mit Wasser an, deckt sie einige Zeit ruhig zu, und rühret sie hiernächst täglich wenigstens zweymal um. Die Küpe ist brauchbar, wenn sich auf derselben ein kupferfarbiges Häutchen zeigt; es kann aber nur Leinen und Baumwolle in derselben gefärbt werden. Die Schriften, so von der Färberey reden, gedenken noch mehrerer Blauküpen, so ich aber der Kürze wegen übergehe.

Ich komme nunmehro zu den Handgriffen beym Färben selbst, oder wie der Färber sagt, beym netzen. 1) Unter allen zu färbenden Materialien läßt sich die Schafwolle und die Zeuge, welche hieraus verfertiget werden, am leichtesten färben, und ich mache daher hiemit den Anfang. Aus der vorigen Sammlung setz ich als bekannt voraus, daß die ungesponnene Wolle insbesondre zu Tüchern vorläufig gewaschen, und hie-

 durch

durch von dem Schmutz, den sie von Natur bey sich führet, gereiniget werden muß, wie ich in der Tuchmanufactur gezeiget habe. Ferner setz ich aus eben der Sammlung als bekant voraus, daß das wollene Garn von dem Zeugfabrikanten mit Seife gewaschen, und hiedurch von dem Oel, so es beym Kämmen erhält, gereiniget werden muß, insbesondre wenn es mit hohen Farben gefärbt werden soll. Eben so muß man solche Zeugarten, die erst nach dem Weben gefärbt werden, vor dem Färben waschen. Diese Anmerkung gilt nicht nur von der blauen, sondern auch von den übrigen folgenden Farben. Was die blaue Farbe insbesondre betrifft, so ist es nicht nöthig, daß man der Wolle, die blau gefärbt werden soll, einen Sud oder Absud giebt, und hiedurch zum Farben vorbereitet, wie bey den mehresten folgenden Farben nothwendig ist. Es ist hinreichend, wenn die Wolle oder der wollene Zeug vor dem Färben in warmen Wasser gut genetzt wird, wodurch sich vermuthlich die Zwischenräume der Wolle öffnen, daher denn die Farbentheile desto besser eindringen können. Man bedient sich beym Färben der Wolle insgemein der Waidküpe, die, wenn sie frisch angestellt, geöffnet und gebraucht wird, warm ist, in der Folge aber jederzeit vor dem Färben erwärmt werden muß, womit man insgemein den Abend vorher den Anfang macht. Die Schafwolle kann aber in einem dreyfachen Zustande gefärbt werden, ungesponnen, gesponnen in Strenen

oder

oder Stücken und endlich gewebt in Zeugen. Von jedem muß ich besonders reden. Die ungesponnene Wolle netzet man folgendergestalt in der Blauküpe. Man wirft die Wolle in erforderlicher Proportion in die Küpe, wenn vorher der oben gedachte Einsenker Fig. XI in der Küpe angebracht ist, breitet die Wolle gut in der Küpe aus, rühret sie zuweilen mit einem Stab auf, und läßt einige Zeit die Farbe einziehen, länger oder kürzer, nachdem die Wolle dunkler oder heller blau gefärbt werden soll. Sobald die Wolle erforderlich gefärbt ist, zieht man sie aus der Küpe, und wirft sie auf eine Tragbare, so auf die Mündung der Küpe gelegt wird, damit die Farbenbrühe aus der Wolle in die Küpe abläuft. Es ist hiebey überhaupt zu bemerken, daß man die Schafwolle, sie mag nun ungesponnen, gesponnen oder bereits gewebt seyn, nicht ausringt, weil sie hiedurch ihren Farbenglanz verlieret. Hiezu kommt, daß die Farbenbrühe leicht von der Wolle abläuft. Die ungesponnene Schafwolle, so wie alle in der Blauküpe gefärbte Materialien, siehet grünlich aus, wenn sie aus der Küpe gezogen wird, sie wird aber blau, wenn sie nur einige Minuten der Luft ausgesetzet ist. Daher nennen die Färber das Trocknen der Küpenblau gefärbten Materialien, **grünen**. Doch muß man die ungesponnene Wolle auf der Tragbare gut ausbreiten, wenn sie durchgängig grünen soll. Sobald nun die Farbenbrühe von der Wolle abgelaufen ist, so spület man sie in reinen und kalten Wasser, und breitet sie hiernächst und zuletzt zum Trocknen aus. Will der Färber ferner gesponnene Wolle färben, so hängt er einige Strenen auf einen Stock, taucht sie hiemit in die Farbe, und drehet die Strenen beständig auf dem Stab in der Farbe um, so lange bis die Farbe die erforderliche Schattirung hat. Alsdann hängt er sie auf den Windenagel o n Fig. I Tab. III, und läßt die Farbenbrühe ablaufen. Hiernächst wird die gesponnene Wolle gespület und zwar in einem Strom, und zuletzt auf Stangen getrocknet. Was endlich die aus Schafwolle gewebten Zeuge betrifft, so können diese nicht anders, als mit Beyhülfe einer Winde in der Küpe genetzt werden, weil die Küpe warm ist, und der Zeug sowohl des Färbens wegen, als auch damit es nicht anbrennet, eine beständige Bewegung verlangt. Dieserhalb setzt der Färber die Winde oder den Haspel Fig. III Tab. III auf die Mauer der Küpe, und zieht mit Hülfe derselben den Zeug beständig durch die Farbenbrühe. Bey dem wollenen Zeuge ist es nun vorzüglich nothwendig, daß der Einsenker Fig. XI in der Küpe hängt. Wenn nun der Zeug nach Erforderniß der Schattirung hinreichend genetzt ist, so schlägt man ihn zusammen, hängt ihn auf den Windenagel o n Fig. I, und läßt die Farbenbrühe ablaufen. Hiernächst muß der Zeug in einem Fluß folgendergestalt gespület werden. Zu diesem Behuf hat jeder Färber auf einem fliessen-

den

den Wasser eine Waschbanke zu stehen, neben welcher einige Pfäle in den Strom eingerammet sind, die den Zeug hindern, daß er nicht wegschwimmet. Den zusammengeschlagenen Zeug wirft der Färber nach und nach von der Waschbanke in das Wasser, taucht ihn mit Stäben unter, und zieht ihn lagenweise wieder auf die Waschbanke, wenn er hinreichend gespület ist. Zugleich schlägt er zuweilen auf den Zeugstoß, damit das überflüßige Wasser abfliesse. Hiernächst legt man den Zeug auf einen **Bock** Fig. VIII, worauf das Wasser völlig abträufelt. Endlich wird der Zeug auf Stangen getrocknet. So spület und trocknet man auch bey allen übrigen Farben. Beym Färben der Schafwolle, sowohl der gesponnenen, als ungesponnenen und der wollenen Zeugarten ist noch zu bemerken, daß der Färber beym Netzen in der Küpe die Wolle zuweilen herausziehet, und grünen lässet, um zu bemerken, ob sie nach dem Grünen die erforderliche Schattirung der Farbe hat. Ueberdem kann die Wolle wol mit einem einzigen Netzen, Spülen, und Trocknen gefärbt werden, dauerhafter wird die Farbe aber, wenn man diese Verrichtungen zweymal wiederholet. 2) Ungleich schwerer, als die Schafwolle läßt sich nun schon das leinene Garn und die Leinwand färben. Zwar braucht beydes vor dem Färben nicht vorbereitet zu werden, ausser daß einige Färber es gleichfalls durch heisses Wasser ziehen. Allein in der Waidtküpe kann das Leinen schon nicht gefärbt werden, weil diese Küpe viel zu langsam wirkt. Daher färbt man das Leinen entweder in der oben beschriebenen kalt angestellten Küpe, oder in einer Indigküpe, die aber nur mäßig warm seyn muß. Dieserhalb nennt man diese Indigküpen auch Leinenküpen. Uebrigens wird das leinene Garn, wie vorher das wollene, und die Leinwand, wie vorher der wollene Zeug genetzt, gespült und getrocknet. Doch findet hier der einzige Unterschied statt, daß das leinene Garn sowohl, als die Leinwand nach dem Netzen oder Färben ausgerungen werden muß. Denn die Farbenbrühe läuft nur langsam von dem Leinen ab, und daher bekommt es keinen Glanz, wenn es nicht ausgerungen, oder wie der Färber sagt, capeschiret wird. Dieserhalb hängt man das leinene Garn auf den Windenagel o n Fig. I über der Küpe, steckt in a einen Stab hinein, und ringet das Garn mit Beyhülfe des letztern aus. Die Leinwand wird über der Küpe blos mit den Händen ausgedruckt und ausgerungen. 3) Die Baumwolle, sowohl ungewebt, als gewebt, nimt die blaue Küpenfarbe unter allen übrigen noch am liebsten an. Doch muß man sie dadurch vorbereiten, daß man sie ein paar Stunden in Wasser kocht, und ihr hiedurch ihre Fettigkeit benimt. Uebrigens wird sie eben so, wie das Leinen, in einer kalten oder dagegen in einer Indigküpe genetzt, hierauf ausgerungen, gespület und getrocknet. Selten erhält aber die Baumwolle und das Leinen

nen durch ein einziges Netzen die gehörige Schattirung der Farbe, sondern man muß dieses wol zuweilen 3 bis 4 Mal wiederholen. Diejenigen Schriften, welche von der Färberey reden, bemerken noch, daß man die Schönheit der blauen und insbesondre der dunkelblauen Farbe erhöhen kann, wenn man den Zeug nach dem Färben und vor dem Spülen durch heisses Wasser ziehet, oder wol gar mit Seife walkt.

Ueberhaupt theilt man das Blaue in dunkel- und hellblau ab, und von beyden Hauptschattirungen giebt es wieder verschiedene Arten, die ich jeßt der Kürze wegen nicht nennen will. Alle diese Schattirungen können durch ein und eben dieselbe Küpe hervorgebracht werden, da man nemlich zuerst, wenn die Küpe noch ihre ganze Stärke hat, und erst geöffnet ist, den blauen Grund zu schwarzen Tüchern, hiernächst nach und nach die verschiedenen Schattirungen des Dunkelblauen, zuletzt aber, wenn die Kraft der Küpe abnimt, nach und nach die Schattirungen des Hellblauen färbet. Je nachdem also die Kraft der Küpe abnimt, kann eine hellere Schattirung der hellblauen Farbe hervorgebracht werden. Freylich nimt die Schönheit der Farbe mit der Schwächung der Küpe ab, und besser wär es, wenn man verschiedene Küpen nach den verschiedenen Schattirungen anstellte, und nach jeder Schattirung das Maaß der Farbenbestandtheile bestimmte: allein ein solches Verfahren würde den Preis der gefärbten Zeuge sehr erhöhen. Auf-

Ausser diesem Küpenblau kann man auch eine blaue Farbe aus indianischen oder Campeschenholz verfertigen, aber diese Farbe ist unächt, und verschwindet beym Waschen. Man zerhackt dieses Holz, schüttet es in einen Beutel und kocht es mit Wasser, wozu man noch etwas Vitriol hinzusetzt. Das Garn oder der Zeug wird in dieser Farbenbrühe ohne weitere Vorbereitung gekocht und hiedurch gefärbet. Das Campeschenholz ist der Kern eines amerikanischen Baumes, der zu dem Geschlecht der Dornen gehöret. Deutsch nennt man dieses Holz **Blauholz**.

2) Die rothe Farbe.

Die rothe Farbe wird in hiesiger Gegend aus Krapp, Cochenille, und unächt auch aus Brasilien- oder Fernanbuckholz zubereitet. Von allen drey Arten muß ich besonders reden.

1) Ich mache mit Recht den Anfang mit dem **Krapproth**, oder mit der rothen Farbe der Färberröthe, womit der Krapp im Lande wächst. Diese Farbe kann aber nur bey Schafwolle gebraucht werden. Die **Färberröthe** entstehet aus der Wurzel eines Krauts, so insbesondre in Flandern und Seeland, jetzt aber auch häufig in Schlesien gebauet wird. Man ziehet diese Röthe aus Keimen oder kleinen Wurzeln, so im Frühjahr in Furchen geleget werden, wiethet das hervorkeimende Kraut zum öftern, und lockert die Erde auf, dergestalt daß man es

im nächsten August dermassen mit Erde umgiebt, daß nur die Spitzen unbedeckt sind. Sollen die Wurzeln hinlänglich stark und gut werden, so müssen sie 18 Monathe oder 2 Sommer nebst einem Winter nach dem Pflanzen in der Erde stehen bleiben, da man denn endlich im Herbst das Kraut nebst den Wurzeln ausziehet. Die Wurzel wird getrocknet, in der Hitze gedörret, mit eisernen Hacken zerschlagen, und endlich gemahlen. Mahlet man die ganze Wurzel, so entstehet hieraus die Färberröthe, sondert man aber beym Mahlen den Kern der Wurzel von der äussern Rinde ab, so erhält man von dem Kern eine bessere Farbe, die den Namen **Krapp** führet. Die Färberröthe und der Krapp werden beym Färben auf gleiche Weise gebraucht, nur mit dem Unterschied, daß man von der schwächern Färberröthe noch einmal so viel nehmen muß, als von dem Krapp.

Mit dieser Farbe wird nun folgendergestalt gefärbt. Die blaue, braune, und schwarze Farbe erfordert keine Vorbereitung der zu färbenden Materialien, allein bey allen übrigen Farben müssen diese Materialien durch Salze vorbereitet werden, wodurch die Farbe beständig wird, vermuthlich weil diese Vorbereitung die Zwischenräume der zu färbenden Zeuge öffnet. Zu der Krappfarbe **alaunet** der Färber die Wolle vorläufig folgendergestalt, und er nennet dieses Alaunen auch zuweilen den Sud oder **Ansod**. Er kocht nemlich die Wolle oder den

Zeug

Zeug in Kleywasser, und rühret beyde beym Kochen mit einem Stab um. Hiernächst wird gröblich zerstossener Alaun und weisser Weinstein mit Wasser in einem Kessel zum Kochen gebracht, worauf man sogleich die Wolle oder den Zeug in diese Brühe bringt, zwey Stunden kochen läßset, und zum öftern umrühret. Nach diesem Kochen nimt man die Wolle oder den Zeug aus dem Sod, läßt die Brühe ablaufen, und wenn der Sod vorzüglich gut werden soll, so steckt man beydes in einen Sack, und läßt es hierin bis 6 Tage an einem kühlen Ort liegen, damit die Salztheile die Wolle gehörig durchdringen. Gemeiniglich begnügt man sich aber mit dem Kochen in dem Sod. Auf eben die Art alaunet der Färber die Wolle bey den mehresten Farben.

Beym Färben selbst läßt der Färber Wasser in einem Kessel laulich warm werden, schüttet hierauf den besten Krapp in das Wasser, rühret das Wasser mit dem Krapp um, und läßt diesen einige Zeit ziehen. Also netzet er die Wolle oder den Zeug in die Krappbrühe, worin es eine Stunde verbleibet. Kochen muß aber diese Farbenbrühe nie, weil sonst eine matte rothe Farbe entstehet. Die Krappfarbe ist eine der dauerhaftesten, wenn die Wolle vorläufig gehörig alaunet ist, und zugleich hat sie den Vorzug, daß sie unter allen ächten rothen Farben am wohlfeilsten ist. Selten macht man aber von dieser Farbe Schattirungen, ob sie gleich bey

vielen

vielen Schattirungen aus zusammengesetzten Farben zum Grunde liegt, und den übrigen theuern rothen Farben zur Verminderung des Preises beygemischet wird.

2) Ungleich schöner aber auch theurer ist die rothe Farbe aus Cochenille, wodurch vorzüglich der Scharlach entstehet. Allein nur die Schafwolle und die Seide nimt diese Farbe an. Jetzt ist nur die Rede von der mit Cochenille gefärbten Wolle. Bey wollenen Tüchern färbt man nicht die Wolle mit dieser Farbe, sondern die gewebten Tücher nach dem Scheren, weil diese Farbe in der Walke nicht bestehet.

Die Cochenille sind kleine Würmer, so sich auf dem amerikanischen Feigenbaume insbesondre in Peru aufhalten. Der Amerikaner breitet unter dem Feigenbaum Tücher aus, und schüttelt auf diese die Cochenillewürmer. Nach Europa übergebracht hat sie die Gestalt kleiner Körner, und es giebt mehrere Arten von verschiedener Güte.

a) Die natürliche Farbe dieser Cochenille ist die Cramoisifarbe. Soll gesponnene Wolle in dieser Farbe gefärbt werden, so muß sie der Färber vorher durch den oben beschriebenen Absod alaunen. Beym Färben läßt man Cochenille in erforderlicher Proportion mit Wasser in einem Farbenkessel laulich warm werden, hängt die Wollstrenen auf einen Stock, und drehet sie eine Stunde in der Farbenbrühe um, während daß diese Brühe kocht. Zuletzt wird die Wolle ausgedruckt und gespület. Je mehr Cochenille man hinzu nimt, desto dunkler wird die Farbe, und umgekehrt. Soll diese Farbe dem Scharlach näher kommen, und heller seyn, so setzt man etwas von der sogenannten Composition hinzu, d. i. Zinn in Scheidewasser aufgelöset, wie ich sogleich bey dem Scharlach zeigen werde. Doch muß beym Cramoisin die Composition im geringern Maasse hinzugethan werden, als beym Scharlach, andrer kleinen Abweichungen nicht zu gedenken. Tücher werden häufig auf diese letzte Art cramoisiroth gefärbet.

b) Ich komme nun auf die **Scharlachfarbe**, bey welcher die natürliche Cramoisifarbe der Cochenille durch Zinn in Königswasser aufgelöset erhöhet wird. Daher nennt man diese Farbe auch feuerfarbenen oder auch holländischen Scharlach. Je mehr man von dem aufgelöseten Zinn zur Cochenille hinzusetzt, desto heller wird die Farbe, und umgekehrt, wodurch die verschiedenen Schattirungen dieses Scharlachs entstehen. Vorläufig muß die Wolle, so diese Farbe erhalten soll, durch einen Sud alaunet werden, wie ich bey dem Krapproth gezeiget habe. Die Scharlachfarbe selbst wird aber folgendergestalt zubereitet. Zuförderst muß feines und unlegiertes Zinn folgendergestalt in Scheidewasser aufgelöset, und hiedurch eine sogenannte **Scharlachcomposition** hervorgebracht werden. Man versetzt reines Scheidewasser mit Salmiak und etwas Wasser, und schüttet nach

und

und nach das zerhackte oder gekörnte Zinn hinein, worin sich dieses nach und nach auflöset. Durch diese Auflösung entstehen rothe Dünste, die man in dem irdenen Gefäß, worin das Zinn aufgelöset wird, zu erhalten sucht, weil sie zur Schönheit der Farbe das ihrige beytragen. Ist das Zinn völlig aufgelöset, so hat diese Solution eine röthliche Farbe. Hierauf wird nun reines Flußwasser in einem Kessel warm gemacht, und pulverisirte und gesiebte Cochenille nebst Cremor Tartari hineingeschüttet. Man rechnet etwa auf jedes Pfund Wolle 2 Loth Cochenille. Wenn das Wasser zu kochen anfängt, so wird etwas von der vorgedachten Scharlachcomposition hinzugegossen, mehr oder weniger, nachdem die Farbe heller oder dunkler werden soll. Sobald nun diese Farbenbrühe kocht, so taucht man die Wolle in heisses Wasser, bringt sie in die Farbenbrühe, drehet sie beständig um, und nimt sie erst nach anderthalb Stunden heraus, da sie denn ausgedrückt und in Wasser gespület wird. Diese erste Brühe erschöpft sich aber, und giebt der Wolle noch nicht die gehörige Farbe. Daher muß noch eine zweyte schwächere Brühe auf die vorgedachte Art zubereitet werden, in welcher auch die Wolle auf die vorherbeschriebene Art genetzt, und zuletzt gespület wird. Diese Scharlachfarbe kann nur in einem zinnernen Kessel zubereitet werden, weil die kupfernen und meßingenen den gefärbten Zeug anschmutzen. Mit einer geringen Abänderung färbt man auch auf die vorige

Art die Tücher und die übrigen Zeuge. Ueberdem können durch diese Farbenbrühe vermittelst einer Beymischung verschiedener Salze und Halberze viele Nebenfarben hervorgebracht werden, als Violett, Lilas, Zimmtfarbe ꝛc. Die Kürze erlaubt nicht, von diesen Farben zu reden.

Die vorgedachte Scharlachfarbe giebt einen lebhaften Scharlach, den man aber dunkler machen kann, wenn man zu der vorgedachten Brühe Alaunwasser hinzusetzt. Hr. Hellot beschreibet überdem noch eine dunkle aber beständigere Scharlachfarbe von Kermes, den man franz- oder auch venetianischen Scharlach nennt. Ich zweifle aber, daß diese Farbe anjetzt von einem deutschen Färber zubereitet wird, weil die Farbe theuer und jetzt nicht nach der Mode ist. Kermes oder Alkermes ist der Saft von einer Beere oder vielmehr von einem Auswuchs, der an einer Art Eichen (ilex coccigera), gleich den Galläpfeln, wächst. Die Beere ist eine Hülse, worin sich eine Fliege aufhält, und ihr rother Saft giebt die Scharlachfarbe. Dieser Baum wächst in den mittäglichen europäischen Ländern, und der beste Kermes kommt aus Languedock. Beym Gebrauch wird der Kermes pulverisiret und gesiebet, und auf jedes Pfund Wolle kocht man höchstens 1 Pfund Kermes in Wasser. Sobald diese Farbenbrühe kocht, so färbt man hiemit die vorher alaunte Wolle oder den Zeug in der Farbe, wenn beydes noch von dem Sud naß ist. Die Handgriffe beym Färben sind gerade

wie

wie bey der Blaukūpe. Je mehr Kermes zu dieser Farbenbrühe hinzugesetzt wird, desto dunkler ist der Scharlach, und umgekehrt. Hiedurch entstehen die verschiedenen Schattirungen dieses Scharlachs. Soll die Farbe ins Cramoisin fallen, so zieht man den Zeug vor dem Spülen durch heißes Waßer, oder man setzt zu der Farbenbrühe alkalische Salze hinzu. Eine Beymischung von der vorgedachten Scharlachcomposition macht aber diesen Scharlach heller und lebhafter. Wohlfeiler, aber auch schlechter wird diese Farbe, wenn man Kermes und Krapp zur Hälfte nimmt, wodurch der sogenannte Halbscharlach oder das blutrothe entstehet.

Endlich führt Hr. Hellot noch einen Scharlach aus Gummi Lack an, der nicht so lebhaft, aber beständig seyn soll. Man löset diese Farbe entweder in Wasser auf, gießt das gefärbte Wasser ab, und läßt es abdunsten, da denn ein klebricher Saft übrig bleibt, der zum Färben gebraucht wird: oder der Färber läßt den Gummi Lack nebst Waltwurtz und Wasser an einem warmen Ort einige Stunden stehen, wodurch sich der Gummi Lack auflöset. Er gießt hierauf das gefärbte Wasser ab, stürzet die Farbentheilchen zu einem Bodensatz, und läßt diesen in der Sonne trocknen. Durch beyde Mittel werden die harzigen und unreinen Theile von dem Gummi Lack abgesondert. Diesen geläuterten Gummi Lack reibt man nun erst mit warmen Waßer, und hiernächst mit Scharlachcomposition, bringt diese Mischung mit Weinsteine und Wasser in einen Farbenkessel, und wenn das Wasser anfängt zu kochen, so färbt man alsdenn den Zeug, wie oben bey dem Cochenillenscharlach.

3) Auch der unechten rothen Farbe aus Brasilienholz muß ich gedenken, weil sie vorzüglich bey Leinen gebraucht wird. Das rothe und harte Brasilienholz führt seinen Namen von seinem Vaterlande Brasilien, und man hält das Fernanbuckholtz für das beste. Es wird in kleinen Spänen zur Farbe gebraucht. Man schüttet nemlich diese Holtzspäne in einen Sack, damit sie nicht in die Farbenbrühe übergehen, und sich an das Garn und den Zeug anhängen. In diesem Sack kocht man sie in einem Kessel mit Wasser, wodurch eine Farbenbrühe entstehet, die man zum Gebrauch aufhebet. Der Färber glaubt, daß diese Brühe am brauchbarsten ist, wenn sie einige Zeit stehet und gähret.

Soll Wolle in dieser Brühe gefärbet werden, so muß man sie vorher nach der obigen Beschreibung in einem Sud alaunen, wozu aber nur wenig Weinstein genommen wird, weil dieser in Uebermaaß der Farbe nachtheilig ist. Hierauf macht der Färber etwas von der vorgedachten Farben- oder Holtzbrühe warm; und netzet hierin die Wolle oder den wollenen Zeug. Hr. Hellot sagt, daß man erst zweymal hinter einander schlechten Zeug in eben derselben Holtzsuppe färben muß, da man denn erst bey dem dritten Färben eine gute und reine rothe Farbe erhält.

Leine-

Leinenes Garn und Leinwand kann nicht ächt roth gefärbet werden, sondern blos unächt in der Brasilienfarbe, das Leinen muß aber durch Gallus oder Galläpfel vorbereitet werden, daß es die rothe Farbe annimt. Man zerstößt den Gallus, kocht ihn in Wasser, und ziehet durch diese Brühe das Leinen durch. In eben diese Brühe gießt der Färber in erforderlicher Proportion rothe Farbenbrühe, und wenn die Farbenbrühe erwärmet ist, netzet er das leinene Garn oder die Leinwand in der Farbe auf die schon oft beschriebene Art. Allein diese rothe Farbe ist, wie alle Holtzfarben, nicht beständig, ohnerachtet man hiemit unächten Scharlach färbt, sie auch wol zu der Krappfarbe hinzusetzt, um diese hiedurch zu erhöhen. Es entstehet auch aus der Brasilienholtzfarbe eine Moredereefarbe, da man den mit Brasilienholtz gefärbten Zeug mit Kupferwasser abdunkelt. Man löset nemlich das Kupferwasser in heißen Wasser auf, und zieht den Zeug 2 bis 3 Mal durch.

Endlich muß ich noch bemerken, daß es weiter keine rothgefärbte Baumwolle giebt, als das sogenannte türkische Garn, so aus der Levante zu uns kommt. Zwar haben sich selbst in Berlin, wie an verschiedenen andern Orten, viele Mühe gegeben, diese rothe Farbe der Baumwolle gleichfalls eben so gut hervorzubringen. Es ist vielen auch in sofern geglückt, daß sie eine beständige rothe Farbe hervorgebracht haben, aber theils ist das Roth nicht so lebhaft, als bey dem levantischen türkischen Garn, theils ist das Garn mürbe und zerreisset leicht. Vermuthlich versteht man noch nicht die Kunst, der Baumwolle den gehörigen vorbereitenden Absud zu geben, und nimt hiezu gar zu scharfe Salze, die das Garn mürbe machen. Uebrigens machen selbst die Einländer, so die Baumwolle roth färben, aus dieser Farbe ein Geheimniß.

4) Endlich muß ich noch der Nebenfarben kürzlich gedenken, so aus der rothen und vorhergehenden blauen Farbe vermischt entstehen. Ich nenne hier nur eine einzige Farbe, so die wichtigste in dieser Art ist, nemlich das Violette, so aus Küpenblau und Cramoisi entstehet. Man färbet bey dieser Mischung der gedachten Farben den Zeug erst in der Küpe blau, weil die Küpe, wenn zuletzt blau gefärbt würde, leicht durch die vorhergehende Farbe verderben könnte. Insbesondre muß sich der Färber hüten, daß er nicht einen Zeug in die Küpe bringt, zu dessen Farbe Kupferwasser gebraucht ist, weil dieses die Blauküpe verdirbt. Wenn also violett gefärbet werden soll, so muß er den Zeug gewöhnlich in der Blauküpe blau färben. Sobald der Zeug getrocknet ist, so alaunet er ihn in einem Absod, wie ich oben gezeigt habe, und färbt ihn hierauf gewöhnlich mit der oben beschriebenen Cramoisifarbe. Hieraus entstehet Violett, welches aber noch auf verschiedene andre Arten hervorgebracht werden kann, die ich aber der Kürze wegen übergehe.

3) Von

3) Von der gelben Farbe.

Die gelbe Farbe entstehet aus folgenden Materialien. Die einheimischen Färber bedienen sich vorzüglich der Scharte, weil dieses Färberkraut im Lande wächst, und daher wohlfeil ist. Man findet es auf Wiesen, insbesondre in sumpfigen und waldigten Gegenden. Die gelbe Farbe dieses Krauts fällt etwas ins grünliche, daher die Scharte vorzüglich zur Grundlage der grünen Farbe dienlich ist. Ungleich besser ist die gelbe Farbe eines Krauts, so in der Uebersetzung des Hellots **Winde** oder **Wau** genennet wird, worunter die französische Gaude zu verstehen ist. Dieses Farbenkraut wächst in Frankreich und in vielen andern mittäglichen Gegenden. Man streuet den Saamen im März aus, und das Kraut ist im Junius und Julius reif, da es denn nur noch gedörret werden darf. Die kleine und röthliche Gaude ist besser, als die grosse und dunkelgrüne. Die einheimischen Färber bedienen sich der theuern Gaude selten allein, sie mischen dieselbe aber unter die Scharte, und verbessern diese hiedurch. Das Pfriemenkraut ist eine Staude, so in Wäldern wächst, und dessen Blüte und Blätter zum Gelbfärben gebraucht werden. Es wächst auch in Deutschland. Das griechische Heu oder Bockshorn ist eine Pflanze, die wild wächst, und auch gesäet wird. Sie trägt Schoten, gleich den Bockshörnern, wovon sie ihre zweyte Benennung erhalten hat. Das Gelbholz führt auch den Namen Fustel oder

Färberbaum. Man gewinnt es von einer Staude, so in Ungarn, Italien und Frankreich wächst, und färbt hiemit dunkelgelb. Unächt färbt man überdem noch mit Curcume oder Terra merita, wobey ich mich aber nicht verweilen werde.

Bey dem Gebrauch der vorgedachten Farbenkräuter schüttet man eins oder das andre in gehöriger Proportion in einen Sack, belastet diesen in dem Farbenkessel auf eine oder die andre Art, und kochet es in Wasser. Es verstehet sich an sich, daß der Färber gewöhnlich mit einem oder dem andern Kraut unvermischt färbt, er vermischt aber auch wol zwey solcher Farbenkräuter, nach Beschaffenheit der jedesmaligen Schattirung. Insbesondre mischt man diesen Farbenkräutern das gelbe Holz bey. Doch wird mit diesem gelben Holz auch unvermischt gefärbt, da man es gleichfalls in Beuteln zerstückt mit Wasser kocht. Allein diese Holzfarbe ist an sich nicht sonderlich beständig.

Beym Färben selbst muß die Wolle und der wollene Zeug vorläufig durch den oft beschriebenen Absod alaunet werden. Das leinene Garn und die Leinwand ziehet man dagegen durch Pottasche in warmen Wasser aufgelöset durch. Hiernächst wird beydes auf die oft beschriebene Art in der Farbenbrühe genetzet.

Die Schattirungen dieser Farbe sind, strohgelb, blaßgelb, citronengelb und orangegelb. Man erhält sie, theils da man mehr oder weniger Farbenbenkräuter in einem gewissen Maaß Wasser kochen läßt, theils da man auch diese Brühe eine längere oder kürzere Zeit kochen läßt. Zu dem Absud der blaßgelben Farben nimt der Färber insgemein nur Alaun ohne Weinstein.

Ich muß endlich noch der Nebenfarben gedenken, die aus der Mischung der gelben mit den beyden vorhergehenden Farben entstehen.

1) Aus der Mischung der gelben und blauen Farbe entspringt vorzüglich

die grüne Farbe.

Ueberhaupt entstehet diese gemischte Farbe, wenn man einen Zeug erst gelb und alsdenn blau färbt, oder umgekehrt erst blau und alsdenn gelb. Am besten ist es aber, wenn man es zuletzt blau färbet. Denn färbt der Färber den Zeug zuerst blau, und alaunet ihn alsdenn, damit er die gelbe Farbe annimt, so wird das Blaue in etwas grau. Uebrigens verfährt er beym Färben, wie bey blau und gelb gezeiget ist. Nach der letztern Art alaunet er nemlich die Wolle vor dem Färben, und das Leinene zieht er durch in heissem Wasser aufgelösete Pottasche. Hierauf wird die zu färbende Materie erst gelb und hiernächst blau gefärbt. Will er das gelbe aber zuletzt aufsetzen, so muß er dem blau gefärbten Zeug vor der gelben Farbe den nur gedachten Absod geben. Alles dieses ist an sich leicht, die gröste Schwierigkeit liegt aber darin, die verschiedenen Schattirungen des Grünen hervorzubringen. Man setzt zwar das Gelbe gröstentheils durch die Gaude und Scharte auf, und das Blaue durch das Küpenblau. Allein durch die verschiedenen Schattirungen dieser Hauptfarben muß man auch die Schattirungen der grünen Farbe hervorzubringen wissen, welches aber von der Erfahrung des Färbers abhängt. Z. B. ein gelblich Grün entstehet aus dem Gelben der Scharte und Hellblau. Blaßgelb und Dunkelblau giebt Papagayengrün u. s. w.

Es hat sich seit einigen Jahren ein Neu- oder sächsisch Grün, so wie auch ein Neu- oder sächsisch Blau bekannt gemacht, so auf folgende Art gefärbet wird. Nach mündlichen Nachrichten schüttet man 3 Theile Indig in 1 Theil Vitriol, läßt das Gefäß einige Zeit in der Wärme stehen, und löset hiedurch den Indig auf. Diese Auflösung giesset der Färber in warmes Wasser eines Farbenkessels, und ziehet den zu färbenden Zeug durch. Hiedurch erhält der Zeug eine sächsisch blaue Farbe. Der Herr von Justi bereitet diese Farbe etwas künstlicher. Er löset nach seinen Schriften zerstossenen und gesiebeten Kobald in Vitriolöl auf, da er beydes 24 Stunden an einen warmen Ort gesetzet hat. In diese Auflösung schüttet er nun den Indig, der sich gleichfalls innerhalb 24 Stunden in der Wärme auflöset. Hierauf giebt er der Wolle den gewöhnlichen Absod mit Alaun und Weinstein, welches auch bey der vorhergedachten Art geschiehet, so ich aber zu erinnern vergessen habe. In diese Absodbrühe wird nun die vorgedachte Indigauflösung gegossen, und je mehr man hinzu giesset,

desto

desto dunkler wird die Farbe. Ueberhaupt bedarf man aber nicht viel von dieser Auflösung. Durch die vorher gedachte mit Indig versetzte Brühe wird nun der Zeug etwa eine Viertelstunde durchgezogen. Nunmehro ist es leicht, auch das sächsische Grün hervorzubringen. Nach dem gewöhnlichen Absod gülbet der Färber den Zeug mit Scharte, wie ich bey der gelben Farbe gezeiget habe, trocknet ihn, und bringet ihn in die nur gedachte sächsisch blaue Farbe, entweder in die eine, oder in die andre. Zu dieser blauen Farbe darf er aber nur wenig von der Indigauflösung hinzusetzen. Der Herr von Justi schlägt auch zu dieser grünen Farbe eine besondre Tinctur vor, womit sie gelb gefärbet werden soll, deren Beschreibung mich aber zu lange verweilen würde. Auf eben die Art kann auch Leinen sächsisch blau und grün gefärbet werden, wenn man nur den Absod abändert, und das Leinen durch mit Pottasche geschwängertes warmes Wasser ziehet.

2) Aus Gelb und Roth entstehen ferner folgende gemischte oder Nebenfarben. Orange, Goldgelb, Aurora, Ringelblumenfarbe ꝛc. da man das Gelbe mehrentheils mit der Scharlachfarbe vermischt.

4) Die braune Farbe.

Diese Farbe hat nebst der Blauen und Schwarzen das Eigenthümliche, daß so wenig die Wolle, als das Leinene durch einen Ansod vorbereitet werden darf; vermuthlich, weil die sämtlichen braunen Farben schon ein Salz bey sich

sich führen. Es gehört diese Farbe zwar zu den Hauptfarben, sie ist aber an sich nicht so beträchtlich, als weil hieraus vereinigt mit den übrigen viele Nebenfarben entstehen. Sie entspringt aus folgenden gröstentheils einfachen Bestandtheilen:

1) Aus der bekanten äussern grünen Schale der wälschen Nüsse. Mehrere dieser Schalen wirft man in ein Gefäß, giesset Wasser drauf, und läßt sie ein Jahr stehen. Beym Gebrauch macht der Färber Wasser in einem Farbenkessel warm, schüttet die Nußschalen in erforderlicher Proportion in den Kessel, und läßt sie nur eine kurze Zeit kochen. Alsdenn zieht er das Garn oder den Zeug durch warmes Wasser, und netzt beydes so lange in der Farbenbrühe, bis es die erforderliche Schattirung hat. Der Färber kann entweder zuerst wenig Nußschalen und nach und nach mehrere in den Kessel werfen, und hiedurch erst die hellen, nach und nach aber die dunklern Farben hervorbringen, oder umgekehrt. Das erste ist bey dem Garn, das letzte bey den Zeugen am gewöhnlichsten.

2) Auch die Wurzel des wälschen Nußbaums giebt eine braune Farbe. Man zerhackt sie, schüttet sie in einen Beutel, und läßt sie mit Wasser in einem Farbenkessel etwas stärker, als lauwarm werden. Alsdenn wird der Zeug in dieser Brühe genetzt, und man erhält erst die dunkeln, zuletzt die hellern Schattirungen. Das Wichtigste hiebey ist, daß der Färber den Grad

der

der Wärme dieser Farbenbrühe zu treffen weiß. Denn ein zu starker Grad der Wärme macht die Farbe gar zu dunkel.

3) Die Erlenrinde wird gleichfalls mit Wasser gekocht, und ihre hellbraune Farbe mit Kupferwasser häufig abgedunkelt, wie ich oben bey dem Morederee gezeiget habe.

4) Der Sumach oder Schmack wird zwar auch zur schwarzen Farbe genommen, an sich aber giebt es eine braune Farbe. Die Blätter und Früchte des sogenannten Färberbaums führen diesen Nahmen, und geben diese Farbe, da im Gegentheil die Stengel zur Gerberey gebraucht werden. Die braune Farbe dieses Schmacks ist nicht dunkel, und man bedient sich desselben vorzüglich zum Abdunkeln der Farben statt der Galläpfel. Die Farbe wird wie aus den Nußschalen zubereitet.

5) Das Sandelholtz wird in Ostindien aus einem starken Baum gehauen, und ist theils weiß, theils gelb, theils roth. Das letztere wird zum Färben gebraucht. Dieses Holz giebt an sich keine gute Farbe, daher man es beständig mit Galläpfeln, Schmack und Erlenrinde vermischt gebraucht. Diese Mischung wird in Wasser gekocht, und der Zeug 2 Stunden in der Brühe genetzt, und beständig bewegt. Ueberhaupt werden die vorgedachte Farben oft mit einander vermischt verbraucht.

6) Endlich erhält man auch aus dem Ruß eine braune Farbe, die aber nicht beständig ist.

Aus der Mischung dieser mit den vorigen Farben entstehen folgende Nebenfarben. Braun und Blau geben die Olivenfarbe nebst andern grünlichen und grauen Farben. Aus der braunen und rothen Farbe enstehet die Zimmt- Castanien- und Tobacksfarbe. Man färbt insgemein mit Färberröthe zuerst roth, und setzt alsdenn die braune Farbe mit Nußbaumschalen auf. Aus den verschiedenen vermischten Schattirungen dieser beyden Farben entstehen die vorgedachten Nebenfarben nebst verschiedenen andern. Braun und gelb giebt die Bärenhaar- und Blättergelbe Farbe. Erst färbet man gelb und hiernächst braun, insgemein mit Ruß.

5) Die schwarze Farbe.

Es kostet ohne Zweifel dem Färber die mehreste Mühe, diese einfache Farbe hervorzubringen, und jeder Färber hält insgemein sein Verfahren bey dieser Farbe geheim. Galläpfel und Kupferwasser sind ohne Zweifel die wichtigsten Bestandtheile dieser Farbe. Da nun das Kupferwasser die Farbentheile der Galläpfel auflösen muß, zugleich aber die zu färbende Wolle angreift und mürbe macht, so sucht man, so wenig wie möglich Galläpfel zu dieser Farbe zu nehmen. Dieserhalb giebt der Färber den feinen Tüchern vorläufig einen blauen Grund von dunkelblauen Küpenblau, den schlechten Zeugen aber einen dunkelbraunen Grund. Denn dunkelblau und braun kommt dem Schwarzen am nächsten, und der

Zeug

Zeug braucht nicht in einem Absod alaunet zu werden, so wie auch nicht bey der schwarzen Farbe.

Vorläufig will ich erst die Bestandtheile der schwarzen Farbe nennen. 1) Die Galläpfel oder der Gallus ist ein runder Auswuchs, so man auf den morgenländischen Eichen, insbesondre in der Türkey findet. Denn die einländischen Galläpfel sind nicht brauchbar. Die schwarzen hält man für die besten. Es giebt eine Art Galläpfel, die auf den Eichbäumen neben den Eicheln wächst, und die man in Ungarn, Mähren und Böhmen findet. In diesem Auswuchs hält sich insgemein ein Insect auf. Man nennet diese Galläpfel Knoppern oder Knuppern, und sie werden nicht nur in der Gerberey, sondern auch zum Schwarzfärben der Baumwolle und des Leinen gebraucht. 2) Vitriol ist ein Sauersalz, so theils weiß, theils blau, theils grün ist. Der grüne Vitriol ist der gebräuchlichste, und ist in der Färberey unter dem Namen Kupferwasser bekannt. 3) Den Schmack, das Blau- und Gelbholz hab ich schon oben genennt. 4) Der Weinstein ist ein Schaum, der sich an die Weinfässer inwendig ansetzet, sich daselbst verhärtet, und zu den Salzen gehöret. Siedet man diesen Weinstein in Wasser, und läßt ihn hierauf zu Cristallen anschiessen, so entstehen die Weinsteincristallen oder Blumen. Auch aus den gebrannten Weinhefen gewinnet man ein Salz, so den Namen Waidtasche führt, weil es von den Waidtfärbern öfters gebraucht wird. Es hat mit der Pottasche ziemlich einerley Wirkung.

Die

Die Auswahl, die Proportion und das Verfahren bey der schwarzen Farbe ist beynahe in allen Färbereyen verschieden. Die leichteste schwarze Farbe, aber auch die schlechteste, so bey Tüchern gebräuchlich ist, ist das Schmackschwarz. Man kocht aus Schmack, halb so viel Blauholz und etwas Weinstein mit Wasser eine Brühe in einem Farbenkessel, netzt in dieser Brühe das Tuch drey Stunden, wenn es vorher dunkelblau gefärbet ist, und beym Netzen zieht man es beständig mit der Winde Fig. III Tab. III durch. Alsdenn wird das Tuch aus dem Farbenkessel genommen, und man schüttet in denselben eben so viel Kupferwasser, als Schmack. Wenn das Kupferwasser zergangen, und die Farbenbrühe etwas abgekühlet ist, bringt der Färber das Tuch abermals 2 Stunden auf die vorige Art in die Brühe, lüftet es hierauf, netzt es von neuen eine Stunde in der Brühe, und wäscht es zuletzt. Zu dieser Farbe werden also keine Galläpfel erfordert. Zuweilen läßt man den Schmack weg, und kocht blos aus Gelb- und Blauholz mit Wasser eine Brühe, netzt hierin das Tuch, und dunkelt es wie vorher mit Kupferwasser ab. Das Tuch muß aber vorher gleichfalls dunkelblau gefärbt seyn. Man nennt dieses Schwarz Kastorschwarz.

Mit Galläpfeln färbt der Färber das Tuch am kürzesten folgendergestalt schwarz. Er schüttet zerstoßene Galläpfel in einen Beutel, bringt diesen in einem Kessel mit Wasser zum Kochen, und netzt das vorher blau gefärbte Tuch 2 Stunden in der kochenden Farbenbrühe. Er nimmt es hierauf aus der Brühe, schüttet in dieselbe Kupferwasser und Blauholz, und netzet das Tuch abermals 2 Stunden in der erkalteten Brühe.

Umständlicher erzehlet Hr. Hellot dieses Färben mit Galläpfeln folgendergestalt. Man kocht das Blauholz und die zerstoßenen Galläpfel in Wasser zu einer Farbenbrühe, bringt den dritten Theil dieser Brühe mit etwas Grünspan in einen besondern Kessel, und netzt in dieser zweyten kochenden Grünspanbrühe das Tuch 2 Stunden. Wenn das Tuch aus dieser Farbenbrühe genommen ist, so schöpft man zu dieser zweyten noch $\frac{1}{3}$ von der ersten Brühe hinzu, und löset hierin Kupferwasser auf. Hiebey wird das Feuer gemindert, und die Brühe muß abkühlen. In dieser abgekühlten Brühe netzt der Färber den Zeug eine Stunde. Hierauf wird das letzte Drittel der ersten Brühe zu der letztern geschöpft, in der ganzen Brühe läßt man Schmack in erforderlicher Proportion einmal aufkochen, setzt noch etwas Vitriol hinzu, und netzt in dieser Brühe den Zeug etwa eine Stunde, da er denn gespület wird. Soll das Tuch gelinde, und die Farbe dauerhaft werden, so netzt der Färber jenes noch in eine kochende Farbe von Wiede oder Gaude. Die Gewohnheit, die Tücher erst blau, denn in Krapp roth, und zuletzt schwarz zu färben, ist aus der Mode gekommen, weil das Schwarze alsdenn ins Röthliche fällt.

Bisher hab ich nur von der schwarzen Farbe der Schafwolle geredet, ich muß aber auch eben dieser Farbe bey Baumwolle und Leinen gedenken. Die Bestandtheile dieser Farbe sind die oben gedachten Knuppern und das Kupferwasser. Der Färber kocht zerstoßene Knuppern mit Wasser in einem Kessel, und nimmt nach dem erforderlichen Aufwallen die Knuppern aus dem Kessel, damit sie sich nicht auf dem zu färbenden Zeug oder das Garn festsetzen. Hiernächst löset er Kupferwasser in laulichten Wasser auf. Das Leinen wird zu dieser Farbe weiter nicht vorbereitet, als daß man es höchstens durch heisses Wasser zieht. Die Baumwolle muß aber vorher 2 Stunden in heissen Wasser gekocht werden, es sey denn, daß man sie vorher in der Blauküpe dunkelblau gefärbt hätte, welches allerdings die schwarze Farbe beständiger macht. Hierauf wird sowohl das Leinen, als die Baumwolle wechselsweise durch das kalte Kupferwasser und durch die Knuppernbrühe gezogen, und dis viermal hintereinander. Man behauptet insgemein, daß zu der schwarzen Farbe der Baumwolle auch die bekannte Eisenschwärze genommen wird, die Färber wollen es aber nicht eingestehen, weil die Eisenschwärze die Baumwolle weich und mürbe macht.

Durch die Vermischung der Galläpfel und des Vitriol in geringeren Maße entstehet auch die graue Farbe. Man kocht nemlich Galläpfel in Wasser, schüttet in diese Brühe Kupferwasser, in warmen Wasser aufgelöset, und netzt den Zeug in dieser laulich warmen Brühe. Oder man kocht den Zeug erst in der Galläpfelbrühe, gießet hierauf etwas von dem aufgelöseten Kupferwasser hinzu, und netzet hierin den Zeug abermals. Je mehr Kupferwasser hinzu gesetzet wird, desto dunkler wird die Farbe.

Folgende Nebenfarben entstehen aus der schwarzen mit den übrigen Farben vermischt. Blau ist die Grundlage des Schwarzen, und es entstehen also aus beyden keine Nebenfarben, färbt man aber einen Zeug oder Wolle erst roth und hiernächst mit Gallus und Vitriol schwarz, so entstehet **Braunroth** und **Weingrau**. Aus Gelb und Schwarz entspringen gelbliche Schattirungen, die man aber insgemein wohlfeiler durch braun und schwarz hervorbringet, weil die braune Farbe wohlfeiler ist. Es entstehet hieraus die **Coffee-** und **Maronenfarbe** nebst andern ähnlichen Schattirungen. Der Zeug wird erst braun gefärbet, und hiernächst wird die schwarze Farbe mit Gallus, Schmack, Erlenrinde und Kupferwasser aufgesetzt. Je mehr Kupferwasser der Färber beymischt, desto brauner wird die Farbe.

Hinter jeder Hauptfarbe hab ich bisher die Nebenfarben genennet, so aus der Vermischung zweyer Farben entstehen. Man kann aber auch mehrere Farben mit einander vermischen, und hiedurch Schattirungen hervorbringen, doch werden selten mehr, als 3 Farben vermischt. Z. B. aus blau, roth und gelb entstehet nur röthliche Olivenfarbe und ein grünliches Grau. Blau, roth und schwarz giebt unter andern das Schiefer- und Bleyfarbengrau. Aus blau, gelb und braun bringt man gelbliche und Olivenfarben hervor. Aus roth, blau, braun oder gelb erhält man Orangenfarbe, Goldfarbe, Ringelblumenfarbe, gelbbraune Zimmtfarbe und Tabacksfarbe.

Ich habe nunmehro die wichtigsten Farben in aller Kürze beschrieben, und es fehlen nur noch sehr wenige unächte Farben, die mich zu weit von meinem Zweck würden abgeleitet haben. Hiezu gehört die Orseille, mit deren Beyhülfe und einer Beymischung von der oben gedachten Scharlachcomposition man einige unächte Halbscharlache nebst verschiedenen andern Schattirungen zu färben pflegt. Ferner gehört hiezu der Rocou, womit man unächtes Roth färbt, da man den Rocou mit Waidtasche und Wasser kocht, und den Zeug in der Farbenbrühe netzt. Die Körner von Avignon und die Terra merita oder Curcume giebt eine gelbe Farbe, die gleichfalls nicht ächt ist. Endlich gedenkt Hr. Hellot der Haarfarbe, womit man Incarnat färbet. Man kocht nemlich Ziegenhaare in Wasser, färbt sie hierauf zu drey verschiedenen Malen mit Alaun und Färberröthe roth, schmelzt sie hiernächst, da man sie mit Waidtasche in Wasser kocht, wodurch die Ziegenhaare zerkochen, und träufelt endlich nach und nach Urin hinein, indem die Farbenbrühe kocht. Beym Gebrauch schüttet der Färber etwas Alaun in die Brühe, versetzt

sie

sie mit laulichten Wasser, und netzt hierin den Zeug.

Ich werde mich zwar bey diesen unächten Farben nicht verweilen, ich kann aber doch zum Beschluß einige Nebenbeschäftigungen der Färberey nicht mit Stillschweigen übergehen. 1) Die Schwarzfärber insbesondre pflegen eine **gedruckte Leinwand** zu verfertigen, die einen blauen Grund, und hierauf weiße ungefärbte Blumen erhält. Ueberhaupt ist bekannt genug, daß man die Leinwand auch mit Oelfarben drucken kann, da denn auf einem weißen Grund ein- oder vielfarbige Blumen oder Figuren aufgesetzet werden. Das Verfahren hierbey ist gerade, wie bey der schon beschriebenen Cattundruckerey, äußer, daß man sich bey der Leinwand der Oelfarbe bedient. So verhält es sich aber nicht mit der blauen Leinwand, die weiße Blumen erhält, und deren ich vorher gedacht habe. Diese wird dergestalt gefärbet, daß der Grund blau wird, die Blumen aber weiß und ungefärbt bleiben. Dieserhalb müssen diejenigen Stellen der Leinwand, wo Blumen entstehen sollen, dergestalt bedeckt werden, daß die blaue Farbe nicht eindringen kann. Zu dieser Bedeckung verfertiget sich der Färber folgenden Kütt. Er reibt zerstoßene Pfeiffenerde und Grünspan mit Terpentin und Terpentinöl, und verdünnt diese Masse mit Wasser, worin Gummi arabicum aufgelöset ist. Dieser verdünnten Masse bedient er sich nun wie in der Wachstuchtapetenfabrik die Farben beym Drucken gebraucht werden. Er taucht nemlich hierin eine Form ein, und druckt hiemit auf der gerollten Leinwand diejenigen Stellen, wo weiße Figuren entstehen sollen. Hierauf wird die Leinwand, wie alle übrige in der blauen Küpe gefärbt, doch mit einem einzigen Unterschied. Wollte der Färber diese Leinwand mit der Winde Fig. III Tab. III, wie gewöhnlich, durchziehen, so würde der vorgedachte Kütt abspringen. Dieserhalb muß er sie in einem Rahm ausspannen, und mit diesem in der Küpe netzen. Nach dem Färben wird die Leinwand gespület, wodurch sich der Kütt auf den weißen Blumen auflöset, und sich gemeiniglich abspülen läßet. Löset er sich aber nicht, so bestreicht man ihn mit Vitriolöl, oder spület die Leinwand in warmen Wasser, worin man das gedachte Oel gegossen hat. Hierauf wird die Leinwand getrocknet, und zuletzt geglättet. 2) Die Färber besitzen insgemein eine Glätte oder einen Glättetisch, Tab. III Fig. VI, worauf insbesondre die rohe, weiße, auch gefärbte Glanzleinwand geglättet wird. Man rollet diese Leinwand, stärket sie hierauf reichlich mit Stärke, und glätter sie zuletzt auf der Glätte Fig. III. Ich würde unnöthig weitläuftig werden, wenn ich von dem Stärken und Glätten gegenwärtig ein mehreres gedenken wollte, da ich diese Beschäftigung schon umständlich in der Beschreibung der Kattunfabrik gezeiget habe. 3) Endlich besitzen insbesondre die Schwarzfärber eine große Rolle, Tab. III Fig. IV oder Mange, worauf

auf sie nicht nur ihre gefärbte Leinwand rollen, sondern auch alle rohe, gebleichte und gefärbte Leinwand, so ihnen dieserhalb von andern zugeschickt wird. Ueberdem hab ich in der vorigen Sammlung bereits bemerkt, daß die Seidenfabrikanten einige halbseidene Zeugarten auf dieser Rolle rollen und hiedurch glätten laßen. Ich will diese große und wirksame Rolle kürzlich zergliedern. Diejenige Rolle, welche ich selbst gesehen habe, hatte einen Fuß a b Fig. IV, der aus einigen verbundenen Rahmstücken und Balken bestand. Auf diesen Fuß liegt der Boden a c der Rolle, dessen obere Fläche sehr glatt behobelt, der Boden selbst aber aus starken eichenen Bolen zusammen gesetzt seyn muß. Dieser Boden ist, wie der Rollkasten, an die 12 Fuß lang, und wenigstens 3 Fuß breit. Auf diesen Boden liegen unmittelbar zwey Rollen oder Walzen g und h, die aus Eichenholz, so glatt wie möglich abgedrehet, und von gleicher Dicke sind. Auf diesen beyden Rollen ruhet nun der Rollkasten a d e c f, und die vorgedachten Rollen befördern die Bewegung des Kastens. Der Kasten ist ziemlich so breit und lang, als der vorgedachte Boden, und an die 3 Fuß hoch. Er ist aus starken Bolen zusammen gesetzt, ganz mit großen Steinen angefüllt, und insgemein oben in d bedekt. Man kann daher leicht denken, daß dieser Kasten eine ansehnliche Schwere hat, und daher nicht mit Menschenhänden bewegt werden kann. Dieserhalb hat man folgenden Mechanismus an-

 gebracht.

gebracht. Ueber dem Rollkasten liegt in einiger Entfernung eine starke Welle k l, die in k und n in ihren Zapfenlagern auf Balken ruhet. Es sind aber diese Balken des Platzes wegen nicht angedeutet. Um diese Welle winden sich bey der Bewegung wechselsweise 2 Ketten. Die eine Kette ist neben r an der Welle, und in i an der vordern schmalen Seite des Kastens mit Ringen und Klammern befestiget. Dieser schmalen Seite i gegenüber hängt die zweyte Kette hinter d mit dem Rollkasten auf eben die Art zusammen, gehet von d nach s, und ist an dem letztern Ort auf der Welle k l befestiget. Diese Welle k l trägt in l ein Stirnrad, in dessen Zähne ein Trilling o p greift. Der letzte befindet sich an einer senkrechten Welle n q, deren Zapfen o in seinem Zapfenloche in dem Balken in n läuft, unten aber mit seinem Zapfen q in eine Unterlage greift. An dieser letztern Welle ist ein Deichsel u t, nebst einer Ortscheide v w, und an die letztere spannet man ein Pferd an, so zugleich in der Mitte der Siele mit einer Kette an der Welle o q befestiget ist. Diesem Pferde sind durch Kappen die Augen bedeckt, daß es nicht sehen kann, und seinen Kreislauf desto ungehinderter vollendet. Es ist dergestalt abgerichtet, daß es umläuft, ohne daß man es lenket, und daß man es durch gegebene Zeichen mit dem Laut der Stimme regieren kann. Wenn also das Pferd rechts nach der Richtung v q umläuft, so drehet es die Welle o q gleichfalls rechts um, der Trilling l aber das Kammrad l

und

und also auch die Welle k l links. Folglich windet sich die Kette d s auf die Welle k l auf, und die Kette zieht den Kasten a d e c f nach der Richtung e d. Umgekehrt erfolgt aber die ganze Bewegung, wenn das Pferd links umläuft, und der Kasten a e wird nach der Richtung d e bewegt. Denn die Natur der Rolle verlangt es, daß das Pferd wechselsweise rechts und links umläuft, und die Länge der Ketten ist schon dergestalt abgemessen, daß, wenn sich z. B. die Kette d s auf die Rolle k l aufgewickelt hat, das Pferd nicht weiter rechts laufen kann, daher es denn merkt, daß es sich links umdrehen muß. Wenn aber die Rolle g oder h unter dem Rollkasten weggenommen werden soll, so giebt man dem Pferde mit der Stimme ein bestimmtes Zeichen, und wenn z. B. die Rolle h weggenommen werden soll, so giebt es dem Kasten beym Beschluß der rechten Bewegung einen stärkern Ruck, wodurch der Kasten in e sinkt, so daß man die Rolle h wegnehmen kann. Durch die nächste linke Bewegung kommt aber der Kasten wieder in seine gehörige Lage. Damit nun bey der Bewegung der Rollkasten nicht nach seiner rechten oder linken langen Seite schwankt, die Rollen g und h auch nicht von dem Boden der Rolle hinabrollen können, so stehet insgemein an jeder langen Seite des Rollkastens auf dem Boden a c eine Lehne, doch in einiger Entfernung von dem Rollkasten. Diese Lehne hat in ihrem obern horizontalen Riegel einige kleine horizontale Rollen oder Scheiben, die etwas vor der Lehne vorspringen, und woran der Rollkasten bey der Bewegung vorbey gleitet. Die Rollen erhalten den Kasten in einem geraden und gleichmäßigen Lauf. Die gedachten beyden Lehnen nebst ihren Rollen sind in der IV Fig. nicht angedeutet, weil sie den Rollkasten bedecken würden. Ein Zeug, der auf dieser Rolle gerollet werden soll, muß aber auf einer der beyden Rollen g oder h so glatt, wie möglich, aufgebäumet oder aufgewickelt werden, damit nicht Runzeln oder Falten entstehen. Der Färber erreicht diese Absicht mit Beyhülfe einer **Winde**, die ich schon in der vorigen Sammlung bey Gelegenheit des Kalanders der Zeugfabrik beschrieben habe. Sie ist in der IX Fig. Tab. III abgebildet. Auf dem Gestelle a b Fig. IX sind in c und d, ferner in e und f Zapfenlager, und in zwey zusammengehörige Zapfenlager legt der Färber einen Rollbaum seiner Rolle. (F. IV, g oder h.) Er ziehet hierauf sein Stück Zeug, so er rollen will, nach einer Schlangenlinie um die Stäbe g, h und i, und die Spannung, so diese Umwindung dem Zeuge verursachet, machet, daß der Färber den Zeug mit den Händen glatt auf den Rollbaum z. B. c d aufwickeln kann. Alsdenn bringt er den Rollbaum mit dem Zeuge unter den Rollkasten Fig. IV e a, und setzt die Rolle auf die oben beschriebene Art in Bewegung. Wenn der Zeug auf einer Seite glatt gerollet ist, und er will es auch auf der andern Seite rollen, und daher umbäumen, so legt er den Rollbaum, worauf es gerollt ist, z. B. in die Zapfenlager c und g der Winde Fig. IX, zieht es um die Stäbe

g h i,

ghi, und wickelt es auf den zweyten Rollbaum ef auf. Zuweilen liegt in ef statt des Rollbaums nur eine eiserne Stange mit einer Kurbel, worauf man den Zeug wickelt, wenn er nicht sogleich wieder gerollet werden soll.

II. Der Seidenfärber.

Noch geheimnißvoller, als die vorige, ist die Seidenfärberey, und die mehresten erlernen sie für einen festgesetzten ansehnlichen Preis. Daher ist es vergebens, sich bey einem Seidenfärber nach mündlichen Nachrichten zu erkundigen, oder zu verlangen, daß man ein Zeuge seiner Arbeiten seyn wolle. Ich sehe mich daher genöthiget, diesen Mangel der Vollständigkeit wegen aus Schriften zu ersetzen. Ich habe zwey Schriften über die Seidenfärberey vor mir. Erstlich stehet in dem dritten Bande des Schauplatzes der Künste und Handwerke eine umständliche Beschreibung dieser Färberey, so aus dem Französischen des Hrn. Macquer übersetzt ist. Ferner ist in der zweyten Ausgabe der Uebersetzung der Färberkunst des Hrn. Hellot eine kurze Nachricht, von der Seidenfärberey angehängt, der einem Auszug aus der vorigen Schrift sehr ähnlich siehet, so wie auch noch ein paar Schriften dieser Art, die mir in die Hände gefallen sind, und die ich der Kürze wegen nicht nennen will. Ich will ehrlich verfahren, und es offenherzig bekennen, daß nachstehende Beschreibung aus Hrn. Macquers Nachrichten genommen ist.

1) Von der ungefärbten weißen Seide.

Aus der Beschreibung des Seidenbaus in der vorigen Sammlung erhellet, daß die Seide eine klebrichte Materie, beynahe dem Gummi gleich, bey sich führet, die aber doch nicht, wie Gummi in Wasser aufgelöset werden kann. Diese klebrichte Materie macht die Seide steif, oder roh, wie der Seidenwirker sagt, und diese Steifigkeit ist bey den mehresten Zeugarten hinderlich, den Flor und wenige andre Zeugarten ausgenommen. Ueberdem haben die mehresten Cocons und also auch ihre gehaspelte Seide eine gelbe schmutzige Farbe, die völlig weggeschaft werden muß, wenn die Seide weiß und ungefärbt bleiben soll, so wie sie auch hinderlich ist, wenn die Seide gefärbt werden soll, weil die Seide bey diesem Schmutz die Farbe nicht gut annimmt. Beydes, die Steifigkeit und der gelbe Schmutz, muß nun durch ein Kochen in guter weißer Seife weggeschaft werden, wozu man insgemein und am liebsten venetianische Seife nimmt. Vorläufig muß aber der Seidenfärber jede Seidenstrene mit einer Schnur verbinden, die Strenen auseinander drehen, und mehrere mit einander vereinigen, damit sich die Seide beym Kochen nicht verwirret.

Soll nun die Seide weiß und ungefärbt bleiben, so löset der Färber auf jeden Centner Seide 30 Pfund zerschnittene Seife in einem Kessel mit Flußwasser auf, und mindert die Hitze des Feuers, sobald die Seife durch das Kochen des Wassers aufgelöset ist, so daß das Seifbad zwar

heiß

heiß bleibt, aber nicht kocht, denn durch das Kochen würde die eingetauchte Seide verwirret werden. Hiernächst hängt der Färber einige Strenen Seide auf einen Stab, ergreift diesen mit beyden Händen, und taucht den untern Theil der Seidenstrenen in das Seifbad ein. In diesem Seifbad hält der Färber die Seide so lange, bis sich die oben gedachte klebrichte Materie verloren hat, welches er an der Weisse und Geschmeidigkeit der Seide erkennet. Alsdenn kehret er die Strenen auf dem vorgedachten Stab um, so daß der obere noch rohe Theil derselben gleichfalls eingetaucht wird, und in dem Seifbad auf die vorgedachte Art weich wird. So befreyet man die Seide von dem Gummi, und man muß ihr nun noch durch das Kochen in eben solchen Seifbad eine völlig weisse Farbe geben. Dieserhalb steckt man 25 bis 30 Pfund Seide in eine Tasche von grober Leinwand, schnüret diese Tasche mit einer Schnur zu, und wirft sie in ein frisches Seifbad, so auf die vorige Art zugerichtet ist, worin die Seide anderthalb Stunden kochen muß. Der Färber muß aber die Taschen in dem Seifbade zum öftern mit einer eisernen Stange umrühren, damit die Seide nicht anbrennet. Es ist an sich begreiflich, daß man die Seide in Taschen kocht, damit sie sich nicht beym Kochen verwirre. Nach dem Kochen wird jede Tasche mit einer eisernen Stange auf einen reinen Platz des Bodens geworfen.

Die

Die Färber pflegen weisse Seide von verschiedenen Schattirungen hervorzubringen, indem sie dieser Seide mehr oder weniger einen röthlichen oder blaulichen Schimmer geben. Hieraus entstehen fünf verschiedene Schattirungen der weissen Seide. 1) Das indianische Weiß wird insgemein nur auf die vorgedachte Art weiß gemacht. Soll die Seide ja einen mäßigen blaulichen Schimmer erhalten, so giebt man ihr diesen mit etwas Blauen von Indigo in einem schwachen Seifbade, wie ich 2) bey dem chinesischen Weiß zeigen werde. Dieses Weiß hat einen röthlichen Schimmer, so der Seide in einem schwachen Seifbade durch etwas Rocou beygebracht wird. Der Seidenfärber löset nemlich Seife in einer mäßigen Proportion in einem Kessel mit siedenden Wasser auf, indem er auf 30 Eimer Wasser nur anderthalb bis 2 Pfund Seife nimt. Giebt dieses Seifwasser nur einen mäßigen Schaum, wenn man mit einem Stab hinein schlägt, so ist es weder zu fett noch zu mager. Denn beyde Abwege muß man vermeiden. In dieses Seifbad schüttet der Färber mehr oder weniger Rocou, wovon ich weiter unten reden werde, je nachdem die weisse Seide einen stärkern oder schwächern röthlichen Schimmer erhalten soll. Er hängt hierauf mehrere Strenen Seide auf einen Stab, und taucht die Seide zur Hälfte ein, kehrt hierauf die Strenen um, und taucht auch diejenige Hälfte jeder Strene ein, die bey dem ersten Eintauchen oben

und

und ausserhalb dem Bade war. Je mehr Rocou in das Seifbad geschüttet wird, und je länger man die Seide eingetaucht in dem Seifbade hält, desto stärker wird der röthliche Schimmer. 3) **Zwirn- oder Milchweiß** wird in dem nur beschriebenen Bade eben so behandelt, ausser daß man statt des Rocou etwas aufgelöseten Indig in das Seifbad giesset. Sowohl bey dem chinesischen als Milchweiß muß das Bad beständig heiß seyn, aber nicht kochen. Zuletzt ringet man die Seidenstrenen auf dem Windestock Tab. III Fig. I o n aus, und läßt sie auf Stangen trocken werden. 4) Schon einen stärkern blauen Schimmer hat das **Silberweiß** und den stärksten 5) das **blaulichte Weiß**. Dieserhalb wäscht der Färber Indig dreymal mit warmen Wasser, zerstößt ihn hierauf in einem Mörser, gießt heisses Wasser darauf und läßt die groben Theile des Indigs zu Boden sinken. Das Klare gießt er ab, und schüttet etwas in das oben beschriebene Seifbad sowohl der ersten, als der zweyten Kochung. Je mehr er Indig hinzu giesset, desto stärker wird der blaue Schimmer. Nach der letzten Kochung wirft er die oben gedachten Taschen in ein Gefäß mit kalten Wasser, spült auch die aus den Taschen gezogene Seide in reinen kalten Wasser.

Den höchsten Grad der Weisse erhält die weisse Seide durch das **Schwefeln**. Naß, so wie sie aus dem vorgedachten Bade kommt, hängt man sie daher auf Stangen in einer festen Kam-

Kammer auf, zündet unter derselben Schwefel auf Kolen an, und läßt die Seide eine Nacht über in dem Schwefeldampf hängen. Am Morgen öffnet man die Kammer, und läßt die Seide in der Sommerwärme trocknen. Geschieht das Schwefeln aber zur Winterszeit, so muß die Kammer wieder verschlossen werden, wenn sich der Schwefeldampf verzogen hat, und man setzt unter die Seide zum Trocknen glüende Kolen. Ist aber nach dem Schwefeln die Schattirung nicht blau genug, so gießt man etwas Indigbrühe blos in klares Wasser, taucht in dieses die Seide ein, und schwefelt sie auf die vorgedachte Art zum zweyten Mal. Blos die Seide zum Moir muß nicht geschwefelt werden, weil die Seide durch das Schwefeln hart wird, und das moiriren nicht annimt. Schwefelt man sie ja, so taucht man sie nach dem Schwefeln in heisses Wasser, wodurch sie wieder weich wird.

Zu den Blonden und dem Flor (Gaze) wird der Natur dieser Zeugarten gemäß eine steife und rohe weisse Seide erfordert. Hiezu sucht man nun diejenige Seide aus, die schon von Natur am weissesten ist, und am liebsten die chinesische Seide. Wählt der Fabrikant ja hiezu eine europäische Seide, so macht man sie dadurch etwas weisser, da sie in ein Seifbad, worin wenig Seife ist, getaucht wird, und wozu man auch nach Befinden etwas Blaues hinzusetzt. Nach dieser Weißmachung wäscht man die Seide in einem Flusse, wodurch sie wieder ihre vorige Steifigkeit erhält.

2)

2) Von der Vorbereitung derjenigen Seide, die gefärbt werden soll.

Seide, die gefärbt werden soll, braucht zwar nicht so weiß zu seyn, als die ungefärbte weiße Seide, weil ein gelblicher Schimmer den Farben nicht nachtheilig ist, unterdessen muß doch der mehreste gelbe Schmutz weggeschaft, und der Seide die vorgedachte klebrichte Materie benommen werden. Dieserhalb kocht man die zum Färben bestimmte Seide zwar, aber nur einmal. Die Seide wird nemlich sogleich in leinene Taschen eingetascht und auf die bey der weissen Seide beschriebene Art viertehalb bis vier Stunden in Seifwasser gekocht. Bey gewöhnlichen Farben rechnet man auf 100 Pfund Seide 20 Pfund Seife, bey solchen Farben aber, die einen vorzüglichen weissen Grund erfordern 30 bis 50 Pfund Seife. Die in Seifwasser gekochte Seide heisset weiche, die ungekochte aber rohe Seide. Durch diese Kochung verlieret die Seide insgemein 1 Viertel von ihrem Gewicht. Die Chineser verstehen die Kunst, ihre Seide weich zu machen, ohne daß sie in Seifwasser gekocht wird, wodurch sie einen bessern Glanz erhält. Eigentlich ist aber die Kochung der Seide keine Vorbereitung zum Färben, sondern die Natur der mehresten Zeugarten erfordert diese Vorbereitung. Denn die rohe Seide nimt die Farben besser an, als die weiche, und man verbraucht auch gefärbte rohe Seide z. B. zum Flor, und zum Einschlag des Gros de Tours, ferner des schlechten Sammts, so eine sogenannte Charte erhält.

Im Gegentheil muß das Alaunen bey vielen Farben nothwendig vor dem Färben vorhergehen, da es die Farbe beständig macht und ihren Glanz erhebet. Der Färber löset zu diesem Bade 40 bis 50 Pfund römischen Alaun in heißen Wasser auf, und gießt diese Auflösung in ein Gefäß mit 40 bis 50 Eimer Wasser angefüllt. Er muß aber das Bad gut umrühren, damit der Alaun nicht in dem kalten Wasser zu Cristallen anschießt. Hierauf ziehet er mehrere Strenen Seide auf einen Strick, taucht jene mit diesem in das Alaunbad völlig ein, und läßt die Seide in dem Alaunbade 8 bis 9 Stunden hängen. Nach dieser Zeit ringt er sie mit den Händen aus, und spült sie in einem Flusse. Bis 150 Pfund Seide können in einem solchen Bade ohne Zusatz alaunet werden; da denn das Bad schwach wird, und auf die vorige Art mit 20 bis 25 Pfund Alaun gestärkt werden muß. Das Bad ist brauchbar, bis es anfängt, übel zu riechen.

3) Von der blauen Farbe.

Die ächte blaue Farbe der Seide entstehet blos in der Blauküpe, die mit Indigo angestellet ist. Man verfährt bey diesem Anstellen eben so, als bey der Indigküpe, die ich bey dem Schönfärber beschrieben habe, daher ich mich bey dieser Sache nicht verweile. Ich erinnere nur,

daß

daß die Küpe durch das wiederholte Färben geschwächet wird, weshalb man ihr eine Stärkung von Weinstein, Färberröthe und Kley geben muß. Alles dreyes wird vermischt ½ Viertelstunde mit etwas Brühe der Küpe gekocht, in die Küpe gegossen, und diese gut umgerührt. Die Küpe muß aber vor dem Färben einige Stunden ruhen.

Diejenige Seide, welche blau gefärbt werden soll, wird mit 35 bis 40 Pfund Seife auf 100 Pfund Seide gekocht, aber nicht alaunet. Nach der Kochung mit Seife muß die Seide zweymal im Flusse gespület und gut vom Seifwasser gereiniget werden, weil dieses der Küpe nachtheilig ist. Der Färber hängt hierauf mehrere Strenen Seide auf eine Walze, taucht die Strenen zum Theil in die Farbe der Küpe ein, und drehet sie beständig auf der Walze um. Je öfter sie in der Farbe umgewendet oder genetzet wird, desto stärker wird die Schattirung. Hiernächst ringt man sie über der Küpe mit der Hand aus, wäscht sie zweymal in Wasser, ringet sie auf einem Windestock gut aus, und hängt sie zum Trocknen auf Stangen. Die blaue Farbe der Seide wird ungleich, wenn die Seide nicht in kleinen Theilen gefärbt, schnell gespület, und getrocknet wird.

Die blauen Schattirungen der Seide entstehen gleichfalls, da man die Seide entweder länger in der Farbe netzt, oder die helleren Farben in einer geschwächten, die dunkleren aber in einer frischen und starken Küpe färbet, wie ich bey dem Schönfärber gezeiget habe. Auf diese Art werden die hellblauen Schattirungen des Blauen, nemlich das Bleich- oder Porcelanblau, das Himmelblau und das Mittelblau hervorgebracht. Bey den beyden übrigen dunkelblauen Schattirungen muß man der Seide vorläufig einen Grund von Orseille geben. Auf das Mittelblau folgt nemlich das Königsblau, so schon einen schwachen Grund von Orseille bekömmt. Nach dem Kochen wird nemlich die Seide gespült, mäßig ausgerungen, und sogleich in das Orseillebad gebracht, dessen Zubereitung weiter unten gezeiget werden soll. Alsdenn spült der Färber die Seide, klopft sie aus, und bringt sie in eine frisch angestellte Küpe. Statt der Orseille legt man auch wol einen Grund mit Cochenille, und bringt ein beständigeres Blau hervor, so man daher Feinblau nennt. Auch kann man diesen Grund mit Grünspan und indianischen Holz legen, da denn das Königsblau der ähnlichen Farbe der Tücher beykommt. Die letzte Schattirung des Blauen ist das türkische Blau, so einen stärkern Grund von Orseille erhält, als das Königsblau.

Soll rohe Seide blau gefärbt werden, so weicht man die Strenen in Wasser ein, klopft sie zweymal, und färbet sie in einer bereits gebrauchten Küpe, da die rohe Seide die Farbe leicht annimt. Bey dunkeln Farben wird gleichfalls ein Grund von Orseille vorausgeschickt.

4) Die gelbe Farbe.

Man färbt zwar zuweilen mit den Körnern von Avignon gelb, allein die beständigste und gewöhnwöhnlichste gelbe Farbe giebt das Strichkraut: Dieses wächst zwar wild, aber das angepflanzte schätzt man höher, ob die Staude gleich kleiner ist. Es wächst am besten in einem sandigten Boden, und wenn es gut gelb und reif ist, so schneidet man es ab, und bindet es zum Gebrauch in kleine Bündel. Beym Gebrauch rechnet der Seidenfärber auf jedes Pfund Seide zwey Pfund Strichkraut. Dieses läßt er nur eine Viertelstunde in Wasser kochen, und seiget alsdenn die Brühe auf eine oder die andre Art durch, um sie von den Stengeln des Strichkrauts zu reinigen. Wenn diese Brühe handwarm ist, so kann hiemit gefärbet werden.

Die Seide muß aber vorher mit 20 Pfund Seife auf 100 Pfund Seide gekocht, und hiernächst alaunet werden. Hierauf hängt der Färber mehrere Strenen auf einen Stock, taucht sie mit diesem in die gelbe Strichkrautbrühe ein, und wendet sie auf dem Stock beständig um. Während dieser Arbeit wird das Strichkraut nochmals in Wasser gekocht, es wird ein Theil der ersten Brühe ausgeschöpft, und durch diese zuletzt gekochte ersetzt. In diesem zweyten Bade, so etwas heißer seyn kann, wird die Seide, wie vorher genetzt. Endlich nimmt der Seidenfärber 1 Pfund Weinsteinasche auf 20 Pfund Seide, gießt etwas von der zweyten Brühe kochend auf, und wenn die Weinsteinasche aufgelöset ist, gießt er sie in die erste Brühe. In dieser netzt man nun die Seide zuletzt, wie vorher. Hiedurch wird die Farbe goldgelb, und diese Farbe wird erhöhet, wenn man mehr Weinsteinasche hinzusetzt. Noch stärker fällt diese Farbe ins Goldgelbe, wenn man mit dem Weinstein auch etwas Rocou hinzusetzt. Zu den hellgelben Schattirungen als Citronen- und Seringelb muß die Seide sehr weiß gekocht und nicht alaunet werden. Man netzt sie hierauf in einem mit Wasser verdünnten Bade von Strichkraut, und setzt etwas weniger Küpenblau zu der Brühe, wenn die Farbe ins grünliche fallen soll.

Der Rocou oder Rocco bringt zwar unvermischt eine ziegelrothe Farbe hervor, allein diese Farbe wird durch eine Beymischung der Weinsteinasche gelb. Hiedurch entstehen verschiedene Schattirungen der gelben Farbe, die zwar schön aber nicht beständig sind. Der Rocou entspringt aus den Saamenkörnern einer Pflanze, die auf der Insel Tabago in Westindien häufig wächst. Die Pflanze trägt eine Frucht gleich den Distelköpfen, worin sich die gedachten Körner befinden. Diese Körner weicht der Amerikaner in Wasser ein, wodurch das Wasser roth gefärbt, und wieder von den Körnern abgekläret wird. Der Bodensatz des Wassers wird in Fässern aufbehalten, oder besser an der Sonne gleich Kuchen getrocknet, und diese Kuchen insbesondre geben die gedachte Farbe. Der Färber zerstückt diese Kuchen, wirft die Stücken in einen metallenen Durchschlag, setzt diesen in einen Kessel voll heissen Wasser, reibt den Rocou in dem Durchschlag,

und

und läßt die zerriebene Farbe in das Wasser fliessen. Eben so behandelt er auch die Weinsteinasche, wovon er höchstens so viel, als von dem Rocou nimmt. Diese Farbe hebt der Färber zum Gebrauch auf. Die erste Schattirung, die hiedurch entstehet, ist die Aurorfarbe. Man gießt etwas von der aufgelöseten Rocoufarbe in einen Kessel voll Flußwasser, läßt dieses etwas mehr, als laulich warm werden, netzt hierin die Seide, und spült sie zuletzt. Netzt man die auf diese Art gefärbte Seide noch in einer Brühe von Gelbholz und Kupferwasser, so entstehen die hellen Schattirungen der Moredoreefarbe, und die dunkeln Schattirungen erhält der Färber, wenn er zu der letzteren Brühe noch indianisches Holz nimmt. Wird die Seide in einer Rocoubrühe genetzt, die bereits zur Aurorfarbe genutzt ist, so entstehet das Goldgelb und die Isabellenfarbe. Die Orangefarbe ist dunkler, als die Aurorfarbe, und daher muß man dem Rocou wieder etwas von seiner natürlichen Farbe geben. Die Seide wird daher zwar wie bey der Aurorfarbe gefärbt, man zieht sie aber durch Weineßig oder Citronensaft, wenn die Schattirungen der Orange hell seyn sollen, durch aufgelöseten Alaun aber, wenn die Schattirungen dunkel seyn sollen.

Aus der vorigen blauen und der gegenwärtigen gelben Farbe entstehet

die grüne Farbe.

Ueberhaupt wird die Seide zu dieser Farbe gewöhnlich gekocht, alaunet, mit den verschiedenen Farbekräutern gelb, zuletzt aber in der Blauküpe blau gefärbet. Dieses ist an sich begreiflich, und es kommt nur vorzüglich darauf an, wie die so mannigfaltigen Schattirungen hervorgebracht werden müssen. Das Meergrün erhält den oben gedachten Citronengrund, und wird alsdenn in die Blauküpe gebracht. Durch eine Beymischung des indianischen oder gelben Holzes und des Rocou zu der gelben Strichkrautfarbe entstehen die dunklern Schattirungen des Meergrün. Bey einer solchen Beymischung kann nur das Strichkraut gebraucht werden, bey allen übrigen grünen Schattirungen, die diese Beymischung nicht erhalten, färbet man aber den gelben Grund vortheilhafter mit Geniste, und am besten mit Scharte. Mit der letztern kann man dem Gras- oder Smaragdgrün den gelben Grund geben, aber nur in einer schon gebrauchten Brühe, und die Seide alsdenn in die Blauküpe bringen. Blos ein Zusatz des indischen Holzes zu der gelben Farbe giebt das Entengrün, und wenn der gelbe Grund stärker oder schwächer ist, als bey dem Grasgrün, so entstehet das Nelkengrün. Seladongrün erhält nur den schwächsten gelben Grund, und das Apfelgrün hält die Mitte zwischen Nelken- und Seladongrün. Die Olivenfarbe entstehet, wenn man zu der Strichkrautbrühe indianisches Holz nebst etwas Weinsteinlauge hinzusetzt, und soll diese Farbe bräunlich werden, so nimmt man statt dessen indianisches und Gelbholz.

5) Von der rothen Farbe.

Die ächteste rothe Farbe ist das Cramoisinroth von Cochenille. Ehedem brachte man diese Farbe blos durch die Cochenille und Rocou hervor, allein die Seide hatte weder Geräusch noch gutes Gefühl. Beydes nebst einem Zuwachs an Schwere erhält die Seide durch Beymischung der Scharlachcomposition, des Weinsteins und der Galläpfel. Der Seidenfärber schüttet weiße Galläpfel und Cochenille, beydes zerstoßen und gesiebet, in einen Kessel, der halb mit Wasser angefüllet ist, und wenn diese Brühe einmal aufgekocht hat, setzt er weißen gebrannten und zerstoßenen Weinstein hinzu. Hiemit läßt er die Brühe noch ein paar Mal aufkochen. Eben diese Brühe erhält hierauf einen Zusatz von Scharlachcomposition, dessen Entstehen aus Zinn und Scheidewasser ich bey dem Schönfärber gezeigt habe. Nach diesem Zusatz wird die Brühe gut umgerührt, und der Kessel ganz mit kalten Wasser angefüllt. Die Seide, so in diesem Bade gefärbt werden soll, muß mit 20 Pfund Seife auf 100 Pfund Seide gekocht, und hierauf alaunet werden. Man netzt sie in der vorgedachten Brühe bis 6 Mal, bringt die Brühe zum Kochen, netzt die Seide ferner 2 Stunden, und zieht sie hierauf durch Alaunwasser, wie beym Alaunen. Zuletzt wird sie im Fluße gewaschen, geklopft, ausgerungen, und getrocknet. Zieht man die auf diese Art gefärbte Seide durch laulichtes Wasser, worin aufgelöseter Vitriol gegossen ist, so entstehet eine ächte Zimmtfarbe.

Ungleich wohlfeiler, aber auch unächt ist die Cramoisinfarbe von Brasilienholz. Ich habe bey dem Schönfärber gesagt, daß man aus diesem Holz eine Brühe in Vorrath kocht. Von dieser Brühe vermischt man etwas in einem Gefäße mit heißen Wasser, und netzt hierin die Seide. Diese erhält hiedurch eine Cramoisinfarbe, die ins gelbliche fällt. Daher löset der Färber Weinsteinasche in heissen Wasser auf, gießt diese Auflösung in ein Gefäß voll kalten Wasser, zieht durch dieses die Seide, und benimmt ihr hiedurch den gedachten gelblichen Schimmer.

2) Bis jetzt haben die Seidenfärber das Ponceauroth noch nicht, wie bey der Wolle aus Cochenille hervorbringen können. Sie bedienen sich dagegen des Safflors oder wilden Saffrans, einer Pflanze, die selbst in Gärten allenthalben wächst. Die Blüthe dieser Pflanze enthält theils eine gelbe Farbe, die sich in Wasser auflöset, theils eine rothe Farbe, die sich nur durch alcalische Salze auflösen läßet. Die rothe Farbe ist nur zum Ponceau brauchbar, daher man die gelbe im Wasser auflösen und absühren

ren muß. Dieserhalb wird der Safflor in einem Fluß oder in einem mit Wasser angefüllten Gefäß mit Füßen getreten, und hiedurch die gelbe Farbe abgeleitet. Hiernächst vermischt man den Safflor mit Weinstein: oder Pottasche, und knetet ihn von neuen, da denn die Asche die rothe Farbe auflöset. Zuletzt bringt man den Safflor in ein Sieb, gießet Wasser auf denselben, und sondert mit dem abfließenden Wasser die rothe Farbe ab. Die Seide, so eine Ponceaufarbe erhalten soll, muß erst mit Rocou Orangegelb gefärbt werden. Hiernächst vermischt man mit der Safflorbrühe Citronensaft, und netzt hierin die Seide, wäscht und trocknet sie. Auf eben die Art muß die Seide bis sechsmal in ein frisches Safflorbad gebracht werden, bis die erforderliche Farbe entstehet. Lebhaftigkeit giebt man dieser Farbe, da man die Seide durch heißes Wasser mit Citronensaft vermischt ziehet. Die zum Ponceau bereits gebrauchten Bäder sind noch stark genug, hierin Incarnat und Kirschbraun zu färben. Die zu diesen Farben bestimmte Seide erhält aber keinen Grund von Rocou, der Färber behandelt sie aber übrigens, wie bey dem Ponceau. Eine unächte Ponceaufarbe entstehet, wenn man die Seide erst mit Rocou, und hiernächst mit Brasilienholz färbet.

3) Aus der blauen und rothen Farbe entspringt Violet. Soll diese Farbe ächt seyn, so färbt man sie mit Cochenille, der weder Wein-

stein noch Scharlachcomposition beygemischt ist. Nach diesem rothen Grunde bringt man die Seide in die Blauküpe. Das unächte Violett kann mannigfaltig hervorgebracht werden, und man bedient sich hiezu erstlich der Orseille. Die Orseille gehört zu den Moosarten, und wird in Erd- und Kräuterorseille eingetheilt. Insbesondre aus dem letztern bereitet man einen Teig, der zur Färberey gebraucht wird, wie Hr. Hellot umständlich in seiner Färberkunst zeigt. Die Orseille muß zum Färben in Wasser gekocht werden, und in der abgegossenen Brühe netzt der Färber die Seide vorläufig, und bringt sie hierauf in die Blauküpe. Ist diese letzte blaue Farbe nur schwach und mit Weinsteinasche gemischt, so entstehet die Lilafarbe. Schon schlechter ist das Violet, so blos mit indianischen Holze gefärbt ist, oder mit diesem und Grünspan.

4) Eben so, wie das ächte Violet, entstehet auch der dunkle Purpur. Der Färber färbt die Seide erst blos mit Cochenille, und netzt sie hierauf in einer schwachen Blauküpe. Statt des letztern wird die Seide blos durch heißes Wasser mit etwas Küpenblau vermischt gezogen, wenn die Purpurschattirungen hell seyn sollen. Unächt ist diese Farbe, wenn die Seide erst mit Brasilienholz, und zuletzt mit Orseille gefärbet wird.

6) Von

6) Von der braunen Farbe.

1) Soll die Seide eine Zimmtfarbe erhalten, so kocht man sie gewöhnlich in Seife und alaunet sie. Man nimmt Brühe von Gelbholz, und setzt hiezu $\frac{1}{4}$ Brasilienholzbrühe, und $\frac{1}{8}$ Brühe von indianischen Holz, läßt die Mischung mäßig warm werden, netzt hierin die Seide, ringt sie aus, und bringt sie in ein zweytes Bad von eben der Art, dem man nach Befinden der Schattirung die erforderliche Stärke giebt.

2) Die Castanienfarbe ist nur etwas brauner, als die vorige, daher der Färber zu der vorgedachten Brühe blos mehr indianisches, als Brasilienholz hinzusetzt.

3) Nußbraun. Der Färber thut in heisses Wasser Brühe von Gelbholz, von Orseille und indianischen Holze, und netzt hierin die Seide, welche nicht alaunet ist. In die vorige Brühe gießt er aufgelöseten Vitriol, und netzt hierin die Seide von neuen. Es giebt noch mehrere Farben dieser Art, als Mohrengrau, Eisengrau und dergl. die fast auf eine ähnliche Art entstehen.

7) Die schwarze Farbe.

Sachverständige haben bemerkt, daß das gewöhnliche Verfahren bey der schwarzen Farbe der Seide viel zu umständlich ist, und überflüßige

Be-

Bestandtheile vorkommen. Ich überlaße es also dem Leser, dieses weitläuftige Verfahren in der zu Anfang genannten Seidenfärberey des Herrn Macquer nachzulesen, und wähle dagegen die schwarze Farbe, so in dem Anhang dieser Schrift beschrieben ist. Man bedient sich dieser Farbe zu Genua beym schwarzen Sammt.

Die Seide wird gewöhnlich gekocht mit 25 Pfund Seife auf 100 Pfund Seide, und man spület sie, alaunt sie aber nicht. Hierauf kocht der Färber Galläpfel in Flußwasser, schöpft die Brühe ab, nimmt die Galläpfel aus dem Kessel, und gießt die Brühe wieder in eben den Kessel. Alsdenn hängt der Färber einen Durchschlag in den Kessel, und schüttet in denselben Gummi arabicum, römischen Vitriol und Eisenfeilstaub. So lange bis diese Bestandtheile, die zum öftern umgerührt werden, sich aufgelöset haben, muß das Bad kochen, da man denn das Feuer auslöscht, und das Bad 8 Tage gähren lässet. Nach dieser Zeit wird das Bad wieder heiß gemacht, und in den Durchschlag schüttet man von neuen Gummi, Vitriol und Eisenfeilstaub, lässet dieses schmelzen, und schreckt das Bad mit kalten Wasser ab, so daß es nur handwarm ist. In diesem Bade wird nun die Seide genetzt, und über dem Kessel ausgerungen. Wenn alle erforderliche Seide durchgezogen ist, so löset man von neuen Gummi, Vitriol und Eisenfeilstaub in dem Bade auf, und netzt eben die Seide zum zweyten Mal, wenn

nem-

nemlich das Bad, wie vorher, handwarm ist. Die schwarze Farbe vermehrt das Gewicht der Seide, welches die Galläpfel verursachen.

Nachricht. Die Lehrlinge der Färber erlernen ihre Kunst in drey Jahren, wenn sie ein Lehrgeld erlegen, ohnedem aber in vier bis fünf Jahren. Die Gesellen erhalten auf ihrer Wanderung ein Geschenk, und ein angehender Meister muß zum Meisterstück eine Blauküpe anstellen und hierin färben, überdem aber auch noch eine rothe und schwarze Farbenbrühe zurichten, und hiemit färben. Solche Färber aber, die in den Fabriken arbeiten, dürfen sich einer solchen Prüfung der Zünfte nicht unterwerfen.

Fünfter Abschnitt.

Die Blumenfabriken.

Vor einiger Zeit wurden in Berlin nur Blumen aus Band oder höchstens von Florettseide verfertiget, und nach der damaligen Mode von den Frauenzimmern zum Putz getragen. Seit kurzen sind auch wieder in Berlin Blumen von Flor oder Gaze Mode, die den vorgedachten Bandblumen beykommen. Die Verfertigung dieser Blumen ist aber nie in hiesiger Gegend, wenigstens meines Wissens, fabrikenartig behandelt worden. Vor einigen Jahren legte aber ein Franzose Nahmens Dreue eine Fabrik an, worin italiänische Blumen verfertiget werden, und diese Fabrik wird bis jetzt noch von dem Kaufmann Friedel ohnweit dem Spittelmarkte unterhalten. Noch in frühern Zeiten und etwa vor 4 Jahren ist auch von einem Franzosen Nahmens Nantu eine Federblumenfabrik angeleget worden. Die Vorsteher beyder Fabriken laßen die Blumen in ihrem Fabrikenhause von einer nahmhaften Anzahl junger Frauenzimmer verfertigen, und zwar fabrikenartig, so daß eine der andern in die Hand arbeitet. Von beyden

den Fabriken will ich kürzlich dasjenige erzehlen, so mir hievon bekannt geworden ist.

I. Von den italiänischen Blumen.

Ursprünglich werden diese Blumen zwar mehrentheils aus den getrennten Häutchen der Seidencocons verfertiget, da sich diese Häuthe ihrer bey sich führenden klebrichten Materie wegen gut formen laßen: unterdessen wenn die Blätter groß sind, so bedient man sich auch oft des steifen Papiers oder Pergaments, und das äußere Ansehen mancher Blume verlangt auch, daß sie aus Sammt oder aus einem andern Seidenzeuge verfertiget werden muß. Hiezu kommt noch, daß sich die Mode fast täglich ändert, und der Fabrikant daher auch beständig auf neue Materialien denken muß, um die Neuerungssucht der Mode zu befriedigen.

1) Ich bleibe zuerst bey solchen Blumen stehen, die aus Coconhäutchen verfertiget werden. Ich habe in der vorigen Sammlung gezeigt, daß beym Haspeln der Seide von jeden Cocon zuletzt eine Hülse oder eine Hauth übrig bleibt, von welcher sich der Dichtigkeit wegen weiter kein seidener Faden ablöset. Aus diesen seidenen Coconhäutchen werden nun die nur gedachten Blumen verfertiget, aber nur aus solchen, die nicht schmutzig sind. So dicht dieses innere Gespinst des Seidenwurms auch an sich ist, so läßt sich jede Coconhaut doch wieder in verschiedene Häu-

the auflösen, und diese Häute liegen übereinander. Dieserhalb übergiebt der Fabrikant die Coconhäuthe insgemein kleinen Mädchen, welche dieselben von der Florettseide reinigen, die Hauth nach der Länge von einander schneiden, die verschiedenen Häuthe mit den Nägeln ihrer Hände von einander absondern, und zugleich die dünnen und dikken Häuthe jedes besonders werfen. Wieder andere Frauenzimmer vereinigen mehrere Coconhäute mit Zwirnfaden, um sie desto bequemer bey dem Färben netzen zu können. Denn da man bey diesen Blumen die Natur so viel wie möglich nachzuahmen sucht, so gebraucht der Fabrikant Häute von allen Farben und ihren Schattirungen. Es kann nicht schwer halten, die Cocons zu färben, da aus dem vorigen Abschnitt bekannt ist, daß die rohe Seide und also auch die Coconhäute ungleich leichter die Farben annehmen, als die gekochte weiche Seide. Vermuthlich färbt also der Vorsteher der Fabrik diese Coconhäute mit den gewöhnlichen Handgriffen der Seidenfärberey, ohnerachtet hiebey einige kleine Nebenumstände vorkommen können, die nicht bekannt sind. Die gefärbten Coconhäute gehen nun wieder in die Hände der Frauenzimmer über, und insgemein legen alle Frauenzimmer, die an einem Tische bey einander sitzen, Hand an ein und eben die Blume, und jede ist zu einer ihr eigenthümlichen und besondern Verrichtung bestimmt. Eine dieser Frauenzimmer muß also zuerst den Coconhäuten den der Natur gemäßen

figür-

figürlichen Umfang geben. Diese Figur hängt von der Natur der Blume ab, wozu das Blatt verwendet werden soll, und eine Art Blumen hat größere Blätter, als die andre, ja bey jeder gefüllten Blume sind die innern Blätter kleiner, als die äußern. Daher muß der Vorsteher der Fabrik nicht nur die Blume anzeigen, die verfertiget werden soll, sondern das Frauenzimmer muß auch die innern Blätter kleiner formen, als die äußern. Das Frauenzimmer erleichtert sich das Ausschneiden oder Ausstechen dieser Blätter durch sogenannte Stangen, und zu jeder Blume gehöret eine besondere Stange, und zwar nicht eine, wenn die Blume gefüllt ist, sondern mehrere. Denn die innern kleinen Blätter erfordern auch eine kleinere Stange, als die äußeren großen. Bey großen Blumen, z. B. bey einer Rose, sticht man mit der Stange nur einzelne Blätter aus, bey kleinen Blumen aber eine ganze Reihe Blätter, die im Umkreise neben einander stehen, z. B. die sämtlichen äußern Blätter nach dem ganzen Umfang der Blume. Dieser letzte Fall findet bey der Stange Tab. IV Fig. I statt. Denn diese Stange gehört zu einem Veilchen, und daher werden die vier Blätter a, b, c und d einer Reihe oder Lage zugleich geformt. Eine solche Stange ist eine kurze eiserne Walze, so an derjenigen Spitze, welche formen soll, verstählt ist. Auf dieser verstählten Grundfläche stehet nun eine Schneide a b c d, so die Figur des bestimmten Blatts hat, und der Stahl ist innerhalb neben der Schneide von dem Stempelschneider weggeschnitten, wie man leicht denken kann. Folglich springt diese Schneide vor der Stange vor. Aus dem Zusammenhange erhellet, daß die Fabrik eine ansehnliche Menge Stangen besitzen muß, die in einen Schrank geordnet neben einander liegen. Eine oder die andre Stange stellt nun das Frauenzimmer in ein Loch eines Bretts, so auf ihren Schoß liegt, legt auf die Schneide a b c Fig. I der Stange etwa 12 Coconhäuthe übereinander, und wenn das Blatt nur klein ist, so legt sie die Coconhauth auch wol ein oder ein paar Mal zusammen. Auf die sämtlichen aufgelegten Häuthe schlägt sie ferner mit einem bleyernen Hammer Fig. VII Tab. IV, der die Schneide der Stange nicht beschädiget, und diese Schneide schneidet aus jeder Coconhauth ein oder mehrere Blätter, folglich etwa 12 Blätter zugleich. Die mit jeder Stange geformten Blätter werden getrennt, und zum fernern Gebrauch besonders gelegt. Insgemein verlangt aber die Natur der Blume, daß ihr Blatt eine Rundung und Biegung erhalten muß. Die Blätter einer Rose runden und biegen sich z. B. nach dem Innern der Rose zu. Diese Krümmung giebt das Frauenzimmer dem Blatt mit einem warmen Eisen Fig. II Tab. IV. Die vordere Gestalt eines solchen Eisens, so an einem hölzernen Griff befestiget ist, hängt von der Rundung und Biegung, ferner von der Größe und Gestalt des Blatts ab, und das Eisen Fig. II, so gerundet ist, wird bey

einer

einer Pose gebraucht. Das vorige Frauenzimmer übergiebt daher die geformten Blätter einem andern, so auf ihrem Schoß ein mit Baumwolle gepolstertes Pult Fig. VIII. zu liegen hat, und neben ihr stehet ein Kohlenbecken mit glüenden Kolen, worin sie das gedachte Eisen mäßig erwärmt. Das geformte Blatt legt sie auf das Pult, probirt das erwärmte Eisen auf einer unbrauchbaren Coconhaut, ob es nicht etwa sengt, und giebt mit dem Eisen dem Blatte die erforderliche Biegung und Rundung. Das Gummi der Coconhaut macht, daß das Blatt diese Biegung unverändert behält, wenn es kalt ist. Endlich muß noch eine Person vorläufig den Stengel der Blume von ausgeglüeten Drath zuschneiden, die eine Spitze zu einer Oese umbiegen, und an dieser die Staubträger befestigen, wie ich bey einigen Beyspielen zeigen werde.

Die geformten Blätter nebst dem Stengel kommen nur in die Hand eines Frauenzimmers, so das Ganze zusammen setzt. Wir wollen annehmen, daß eine Rose entstehen soll, und die erforderlichen Blätter nach ihrer verschiedenen Grösse schon vorläufig, wie vorher gedacht, geformt sind. Diese Blume kann, wenn sie klein ist, aus Coconhäutchen verfertiget werden, häufig nimt man aber auch zu den Blättern der Blume selbst steifes gefärbtes Papier, zumal wenn die Rose groß ist. Es sey nun eins, oder das andre, so wird, wenn nemlich die Rose bereits aufgeblühet verfertiget wird, an der vorgedachten Oese des drathernen Stengels ein kleiner Püschel von einer gelben Coconhaut mit einem Faden befestiget. Dieser Püschel stellt die innern Staubträger vor, er ist rund und an seinem Umfange hin und wieder eingeschnitten. Unter diesem Püschel wird etwas Baumwolle gleich einer Knospe mit in Wasser aufgelöseten Gummi arabicum angeklebt, und um diese wieder die erste und kleinste Reihe Blätter, die auch am dunkelsten sind. Jedes Blatt hat unten eine Spitze, womit es angeklebet, auch wol mit rother Seide jede Lage der Blätter umwickelt wird. So wird nun eine Lage oder Reihe der Blätter über der andern befestiget, und die äussern Reihen Blätter nehmen stets an Grösse zu, so wie sie im Gegentheil nach und nach eine hellere rothe Schattirung haben. Die innern Reihen Blätter runden sich nach dem Innern zu, die Blätter der äussern Reihe aber nach dem äussern zu, wie man an der Rose Fig. IV in a bemerken wird. Dieserhalb müssen diese Blätter gegen die übrigen gerechnet umgekehrt befestiget werden. Unter diesen Blättern ist bekanntermassen der grüne Kelch, der bey einer Rosenknospe gänzlich in die Augen fällt. Diesen Kelch modellirt oder formt das Frauenzimmer aus grünen Coconhäutchen auf einem hiezu bestimmten hölzernen Modell, wenn er vorher schon auf einer Stange zugeschnitten ist, und klebt ihn an einer Seite zusammen. Hierauf steckt sie den Stiel der Blumen durch eine Oeffnung dieses

Kelchs, die unten in demselben zu diesem Behuf bleibt, streift den Kelch bis an die Blätter a Fig. IV, und auf die oben gedachte Baumwolle, wo sie ihn mit Gummi anklebt. Noch fester wird dieser Kelch befestiget, wenn man den ganzen Stiel a b mit starker grüner Seide umwickelt. Bey dieser letztern Arbeit müssen zugleich die Blätter der Rosenstaude z. B. c befestiget werden. Diese Blätter sind zu groß, als daß sie aus Coconhäutchen geformt werden könnten. Man schneidet sie daher entweder aus grünen seidenen Zeugen, oder gewöhnlich aus grün gefärbten starken Papier oder Pergament. Der Fabrikant will die Kunst verstehen, durch einen Firniß dem mit Grünspan gefärbten Papier oder Pergament einen Glanz zu geben, welches auch z. B. von dem Pergamentmacher in Ausübung gebracht wird. Es ist aber auch bekannt, daß das Papier oder Pergament glänzend wird, wenn man es mit grün gefärbten Wachs und Terpentin über Kohlfeuer anstreicht. Es sey nun das Blatt von Seide, Papier oder Pergament, so muß ein ungeübtes Frauenzimmer es nach einem aufgelegten Modell mit der Schere zuschneiden, denn es ist zu groß, als daß es gestanzet werden könnte. Geübte Frauenzimmer schlagen aber die Seide oder das Papier nur zusammen, und schneiden beyde Hälften des Blatts zugleich aus freyer Hand aus. Ein oder mehrere Blätter werden nun an einen Drath Fig. IV d e befestiget, indem man den Drath in d durch das Blatt steckt und jenen umdrehet. Man bewickelt diesen Drath d e gleichfalls mit grüner Seide, und befestiget ihn an den Hauptstengel a b, indem dieser mit Seide bewickelt wird. So werden alle übrigen Blätter befestiget und verfertiget. Zuweilen wird die Blume selbst a so vorgestellt, als wenn sie noch nicht völlig aufgebrochen wäre. Alsdenn verfertiget eine Person auf einer hölzernen Form einen runden Ball von Papier, und klebt dieses mit Gummi zusammen, so aber daß die Form unten wieder herausgenommen werden kann. Daher wird das Papier unten eingeschnitten. In diesen Ball steckt das Frauenzimmer die Oese des dräthernen Stengels, klebt den Ball mit Gummi an, und bindet ihn auf dem Stengel fest. Sie bestreicht hierauf den Ball mit Gummi, und klebt mehrere Lagen rother mit der Stange geformten Blätter auf dem Ball an, zuletzt aber, wie vorher den geschlossenen Kelch. Den Kern einer Knospe macht man von Baumwolle, und klebt über diese den geformten geschlossenen Kelch mit Gummi an. Wird aber eine solche Knospe schon etwas aufgebrochen vorgestellt, so müssen auf der Baumwolle, ehe der Kelch übergestreift wird, einige rothe Blätter von Coconhäuten angeklebet werden. Alles übrige erhellet aus dem vorhergehenden.

Aus der vorigen Beschreibung läßt sich nun leicht das Entstehen der übrigen Blumen dieser Art erklären, und ich will nur noch von den Tab. IV angebrachten Blumen die Zusammensetzung einer Nelke Fig. V zergliedern. An der obern Oese des von Drath verfertigten Stengels werden zwey Fasern oder Haare einer Gänsefeder angebunden, so die Staubträger vorstellen, und unter diesen wickelt das Frauenzimmer etwas Baumwolle um den Drath, und befestigt sie mit aufgelöseten Gummi. An die Baumwolle setzt sie die innerste Reihe der kleinsten Blätter mit Gummi aufgerichtet an, und umwindet sie mit Seide. Zu den mittlern Reihen ist eine ganze Reihe Blätter mit einem Male vorläufig auf der Stange Fig. I ausgestochen, gerade wie die vier Veilchenblätter a, b, c, d Fig. I. Denn die mittlern Blätter einer gefüllten Nelke sind nicht groß, und lassen sich also in jeder Reihe vereinigt formen. Durch den Mittelpunkt dieser vereinigt geformten Blätter sticht das Frauenzimmer ein Loch, bestreicht dessen Umfang vermittelst eines Pinsels mit Gummi, steckt den Stengel a b durch dieses Loch, und schiebt die vereinigten Blätter bis zu der vorgedachten Baumwolle hinauf. Hier klebt sie die Reihe Blätter auf der Baumwolle an, und fährt auf eben die Art fort, mehrere Reihen Blätter von zunehmender Grösse über einander anzuleimen. Die Blätter der äussersten Reihe c werden ihrer Grösse wegen wieder einzeln angeklebt und mit Seide umwunden. Ueberhaupt muß aber das Frauenzimmer den sämtlichen Blättern neben und hintereinander eine solche Lage geben, wie es die Natur jeder Blume erfordert. Zuletzt wird unter den Blättern der Blume der Kelch a angesetzt. Der Kern dieses Kelchs ist von Baumwolle, so um den Stengel gewickelt, und angeklebet wird. Ueber diesen Kern streift das Frauenzimmer den äussern Kelch von grün gefärbten Coconhäuten, und klebt ihn mit Gummi auf der Baumwolle an. Vorläufig muß aber dieser Kelch auf der Stange geformt, und auf einem hölzernen Modell gebildet werden, gerade wie bey der Rose. Auf eben die Art setzt man unten der Natur gemäß noch wol einen kleinen Kelch d an, und umwindet den Stiel d b mit grüner Seide. Bey dieser letzten Arbeit werden auch halb aufgeblühete f und unaufgeblühete Knospen e, so wie auch Blätter des Stengels g von grünen Pergament oder Papier angesetzt, gerade wie bey der Rose. Ich bemerke nur noch zweyerley. Haben die Blätter einer Blume durch das Färben noch nicht die gehörige Schattirung der Farbe erhalten, so mahlt man sie auch wol mit Saftfarben aus, wenn die Blume schon verfertiget ist. Ueberdem werden nicht nur Blumen verfertiget, so man in der Natur findet, sondern auch solche, die blos ein Werk der Einbildungskraft sind.

2) Die Mode verlangt beständig Abänderungen, und daher werden nicht nur aus Coconhäuten, sondern auch aus verschiedenen andern Materialien Blumen verfertiget, wovon

ich

ich ein paar Beyspiele geben will. Aus steifen nur mit Erdfarben gefärbten Papier werden häufig vorzüglich großblättrigte Blumen z. B. Rosen verfertiget. Insgemein schneidet man die Blätter von Papier nur aus freyer Hand nach einem Modell zu, biegt sie auch mit der Hand erforderlich, und setzt die Blume auf die vorgedachte Art zusammen. Ist das Blatt einer Blume sammtartig, so nimt man auch hiezu Sammt, so man aus freyer Hand zu Blättern bildet. Blos ein Werk der Einbildungskraft sind die reichen Blumen. Man bieget nemlich einen Drath nach der Gestalt eines Blatts, umwindet ihn mit Lahn oder Cantille, füllet den leeren Raum gleichfalls mit Lahn oder andern reichen Fäden durch das Umwinden und Flechten aus, und setzt mehrere solche Blätter auf die vorgedachte Art zu einer Blume an einen Stengel zusammen. Den Mittelpunkt der Blume verzieret man auch wol mit Flittern, reichen Puscheln u. d. g. Ueberdem entstehen auch Blumen von seidenen Band, seidenen Zeugen und Flor. Das Frauenzimmer schneidet entweder aus diesen Zeugen Blätter nach einem Modell, oder sie legt auch ein Stück Zeug zusammen, und bildet aus freyer Hand vermittelst eines eingezogenen Fadens durch das Falten an einer Seide ein Blatt. Mehrere solcher Blätter vereiniget sie wie vorher zu einer Blume. Vordem verfertigte man Blumen aus Florettseide, welche gekämmt, und auf einer Glasscheibe

mit

mit Hausenblase zusammengeklebet wurde. Hieraus entstand ein zusammenhängender Körper, aus welchen man, wie bey den Coconhäuten Blätter bildete und Blumen zusammensetzte. Allein dieses Verfahren ist umständlich und kostbar, und ist daher aus der Mode gekommen.

II. Von der Federblumenfabrik.

In dieser Fabrik entstehen Federblumen, vorzüglich zum Putz der Damen an dem Kopfe, ferner Federn, (Plumes, Plumages) auf den Hüten der Männer, Frauenzimmermuffen und d. m. Alle diese Dinge verfertiget man insbesondere aus folgenden Federn: 1) Zu kleinen und unerheblichen Blumen nimmt die Fabrik nur Federn von den Gänsen, Kapaunen und Hühnern, welche aber sämtlich ein dichtes Haar haben müssen. Zu beträchtlichern Dingen werden aber folgende Federn erfordert. 2) Von dem Reiher sind die blaulichten Federn auf dem Kopf brauchbar, ferner noch einige andre, die hin und wieder zerstreut vorhanden sind, und woraus die Reiherfedern zum Kopfputz der Damen verfertiget werden. 3) Von der Pfau nimmt man die schattirten Federn auf dem Kopf und in dem Schweif. 4) Die brauchbarsten Federn sind aber die Strausfedern, welche von Natur lang, fein und gekräuselt sind. Sie kommen aus der Türkey zu uns. Zu den Federn der Hüthe nimmt man die Strausfedern aus den Flügeln und dem Schwanz, da im Gegengentheil die kürzern Federn auf dem Rükken nur zu Muffen brauchbar sind. Diese Federn sind entweder weißgrau oder schwarz, und diese Farbe muß durch eine Vorbereitung erhöhet werden, so wie bey allen übrigen weißen und schwarzen Federn. Die weißen Federn müssen dieserhalb in ein mäßig warmes Seifwasser geleget werden, und je weißgrauer die Federn von Natur sind, und je weißer sie werden sollen, desto stärker muß das Seifwasser seyn, und desto länger müssen die Federn in demselben verbleiben. Nachher schwefelt man sie auf Rahmen in einer Schwefelkammer, wie ich bey dem Färber gezeigt habe, läßt sie trocknen, und kämmet die Haare mit einem Kamm. Die schwarze Farbe der schwarzen Federn wird vermuthlich erhöhet, da man sie in eine Beitze von Kupferwasser und zerstoßenen Galläpfeln, in warmen Wasser aufgelöset bringt, sie hernach trocknet und kämmet. Allein die Fabrik bedarf nicht nur der weißen und schwarzen Federn, sondern Federn von allen Farben und ihren Schattirungen. Dieserhalb müssen in derselben weiße Federn nach allen benöthigten Farben gefärbt werden. Es ist bekannt genug, daß die Materialien des Thierreichs sich am leichtesten färben lassen; daher stehet zu vermuthen, daß die Federn mit eben den Farben und Handgriffen gefärbet werden, womit man die Wolle färbt, ohnerachtet die Fabrik hieraus ein Geheimniß macht. Wahrscheinlich laßen sich aber die Federn nicht in einer warmen oder kochenden Farbenbrühe färben, weil sie hierin sich gänzlich aufkräuseln würden, und der Fabrikant macht daher die kalte Farbenbrühe vermuthlich stärker, als bey der Wolle. Sowohl die vorhergedachten weissen und schwarzen, als auch die gefärbten Federn müssen nach der Vorbereitung und der Farbe getrocknet, gekämmt, und zuletzt in einer gewöhnlichen starken Presse ausgebreitet gepreßt werden, wodurch man sie gleich und grade macht.

1) Sehr häufig verfertigen die Frauenzimmer in dieser Fabrik blos Federbüsche, z. B. zum Kopfputz der Damen die Reiherfedern, ferner die Federbüsche an den Hüten der Cavalleristen. Die sogenannten Reiherfedern behalten ihre natürliche Farbe, und mehrere werden nur schicklich zu einem Strauß oder Busch zusammen gebunden. Doch werden auch zu diesem Kopfputz der Damen Federbüsche gemacht aus gefärbten Federn, da man Federn von einer oder gemischten Farben dergestalt zu einem Busch geschickt vereinigt, daß die mittelsten Federn länger und höher sind, als die äussern, und diesen Busch auch wol mit reichen Fäden verziert. Der Federbusch der Officiers der Cavallerie wird von Federn unter dem Bauch des Strauß, der Gemeinen aber von den Federn der Kapaunen und Gänse gemacht. Man kräuselt die Haare der Federn und biegt das Ganze mit der Schere, und bindet sie in erforderlicher Proportion lagenweise an einen kleinen Stab mit Seide oder Zwirn

an,

an, so daß diese Verbindung nicht merklich in die Augen fällt.

Ausser diesen Federbüschen sucht diese Fabrik auch das Blumenreich der Natur nachzuahmen. Doch lassen sich die Federn nicht so formen und biegen, wie eine Coconhaut, und man kann sich daher der Natur nur bestmöglichst nähern. Die Frauenzimmer suchen zu den Blättern der Blumen solche kleine und feine Federn aus, die nur einen feinen Kiel und Ribbe haben, damit sie die Haare der Feder mit der Schere kräuseln, und die Ribbe mit der Schere nach der Natur jedes Blumenblatts biegen können. Dieses Kräuseln und Biegen geschiehet erst, wenn die Feder nach der Natur eines Blumenblatts z. B. einer Nelke zugeschnitten ist, und es verstehet sich an sich selbst, daß die Feder nach der Natur der jedesmaligen Blume gefärbt seyn muß. Die zugeschnittenen Blätter nimt wieder eine andre Frauensperson, und setzt sie zu einer Blume zusammen. Zu dem Stiel wählt sie gleichfalls einen geglüeten und zugeschnittenen Drath, an dessen obern Oese sie ein paar Federhaare statt der Staubträger nach der Natur jeder Blume mit Seide anbindet. Neben diesen Staubhaltern bindet sie nun die erste Reihe der kleinsten Blätter von Federn mit Seide an, ohne sich des Gummis zu bedienen, und giebt diesen Blättern nach der Natur der Blume die erforderliche Biegung und Lage. So wird nun eine Lage nach der andern angebunden, und

die

die Blätter nehmen stets an Grösse zu, so wie auch ihre Schattirungen nach der Natur abgeändert werden. Der Kelch wird auf eben die Art von zugeschnittenen grünen Federn angesetzt. Hiernächst umwickelt man den Stengel von Drath mit grüner Seide, und befestiget bey dieser Gelegenheit die Blätter des Stengels, wie bey der vorigen Fabrik. Diese Blätter sind insgemein gleichfalls von grün gefärbten und nach der Natur zugeschnittenen Federn. Auch halb aufgeblühete oder noch ganz unaufgeblühte Knospen werden angebracht, da man denn die Federn so mit der Schere krümmet, daß die Knospe die erforderliche Gestalt erhält.

2) Die **Federn der Mannshüthe** oder die sogenannten **Plümagen** werden von allen Farben verfertiget, insbesondre weiß und schwarz. Man macht sie nur aus Straußfedern, worunter der Fabrikant zuweilen seines Nutzens wegen Reiherfedern mischt. Die Federn aus dem Schweif und den Flügeln werden ihrer Länge wegen hiezu vorzüglich genutzet, aber nicht sowohl die Spitze, als der unterste Theil nach dem Kiel zu. Denn die Haare der Spitze sind am dichtesten und krausesten, und werden daher gegenwärtig von den Frauenzimmern auf dem frisirten Kopfputz getragen. Doch muß der Fabrikant an jedem Ende der Plümage eine solche Spitze anbringen. Er nimt also diese Spitze, schärft ihre Ribbe an dem untern Ende ab, desgleichen die Spitze der Ribbe eines Untertheils

der

der Straußfeder. Die abgeschärften Spitzen beyder Straußfedernstücke legt er übereinander, umwickelt diese Verbindung mit Seide, sticht auch mit einer Nähnadel durch die vereinigten Ribben ein paar Mal durch, nähet sie zusammen, und sucht die Zusammenfügung so gut wie möglich zu verbergen. An das angesetzte Unterstück der Straußfeder setzt er abermals ein Unterstück auf die vorige Art an, füget auf diese Art mehrere solche Stücke zusammen, und diese Stücke dürfen allenfalls nur kurz seyn. Zum Beschluß wird wieder die Spitze einer Straußfeder angenähet, daß sich also eine solche Huthfeder mit einer Spitze anfängt und endiget, in der Mitte aber aus lauter zusammengenäheten Unterstücken bestehet. So entstehet eine einfache Huthfeder, die nun noch, wenn sie doppelt seyn soll, mit Federn von dem Bauch des Strausses belegt werden muß, damit sie kraus wird. Dieserhalb werden auf der Ribbe der einfachen Huthfeder die kleinern Bauchfedern aufgerichtet angenähet, so daß die Befestigung nicht in die Augen fällt, ausser wenn man die Federn zurück schlägt. Je dichter diese letztern Federn neben einander aufgeleget werden, desto krauser wird die Huthfeder. Zuletzt wird jede einfache und doppelte Huthfeder gekrümmt in eine Presse geleget und gepresset. Beynahe eben so, wie die Huthfedern, verfertigte man auch ehedem die Palatine der Frauenzimmer, da sie noch Mode waren. Man nahm hiezu Bauchfedern des Strausses, und nähete mehrere neben einander insgemein auf einem Band an, verbarg aber die Zusammenfügung so gut, wie möglich.

3) Häufiger, als die Palatine, werden nach der gegenwärtigen Mode noch die **Federmuffen** getragen. Sie sind insgemein schwarz, selten von einer andern Farbe. Die Fabrik nimt hiezu insgemein nur die Federn von Pfauen, Kapaunen und Hähnen, die zu diesem Behuf besonders sortiret werden. Nach dem Sortiren bindet man etwa 3 bis 4 Stück solcher Federn zusammen, und siehet dahin, daß sowohl die Federn eines jeden Bündels, als aller Bündel zusammen von gleicher Länge sind. Hiernächst wird nach der Grösse einer Muffe ein netzartiges Gewebe in einem Rahm ausgespannet, und jederzeit nach einem halben Zoll wird auf diesem Gewebe eine gerade Linie gezogen. Nach Anleitung dieser Linien werden die vorgedachten Federbündel angenähet, und man darf zwey benachbarte Reihen Bündel nicht näher aneinander bringen, weil sonst die Federn zu dicht liegen, sich sträuben und aufrichten. Auf der ersten gezogenen Linie wird also über dem netzartigen Gewebe ein Federbündel neben dem andern an seinem untern Theil angenähet, und wenn diese Linie bedeckt ist, eben so nach und nach auf allen übrigen Linien. Wenn nun auf diese Art das Netz bedeckt ist, so futtert man

es auf der linken Seite mit einer beliebigen Zeugart, und nähet es unmerklich rund zu einer Muffe zusammen. Die locker angenäheten Federn fallen nun über einander und bedecken das Netz.

Nachricht. Die Vorsteher und Besitzer beyder vorherbeschriebenen Fabriken lassen ihre mehresten Arbeiten durch junge hiezu unterrichtete Frauenzimmer verrichten, die denn auch nach ihrer Geschicklichkeit und Arbeit verschieden bezahlt werden. Daher arbeiten oft Töchter nicht ganz geringer und unbemittelter Personen in diesen Fabriken.

Sechster Abschnitt.

Der Wattenmacher.

Vor 16 bis 20 Jahren verlangte die Mode, daß die Schöße der Mannskleider stark und steif seyn musten, und hiezu bediente man sich der geleimten Haarsiebe vereinigt mit den hanfenen oder auch seidenen Watten. Damals verschafte die Mode dem Wattenmacher Nahrung und Brodt, aber seitdem die gedachte Mode in Abnahme gekommen ist, gehöret seine Profeßion zu den nahrlosesten. Denn die hanfenen und seidenen Watten werden beynahe gar nicht gebraucht, und nur noch der baumwollnen bedient man sich zuweilen zum Ausstopfen oder Futtern der Madratzen oder der ausgenäheten Röcke. Aus allen diesen Ursachen findet man nur noch hin und wieder in großen Städten einige wenige Personen, die sich mit der Verfertigung der Watten abgeben.

Hr. von Justi sagt in dem zweyten Theil seiner Abhandlung von den Manufacturen auf der 199 Seite, daß die Watten am vortheilhaftesten aus der Baumwolle oder Seide einiger indischen Staudengewächse verfertiget werden, und er führt 3 dieser Gewächse an. Es wächst nemlich erst-

lich

lich in Egypten eine Staude, so Schoten trägt, worin sich Baumwolle befindet, wie in den Nüssen der Baumwollstaude. Eben so trägt ein Ostindischer Baum, den man Capuck oder Capock nennt, Schoten und in diesen Baumwolle. Diese doppelte Art Baumwolle kann zu Watten verwendet werden, so wie auch die Seide eines Staudengewächses, so den Nahmen Seidenpflanze führet. Diese trägt Seide in einer Nuß, und die Seide kann zwar nicht gesponnen werden, weil sie zu kurz ist, aber zu Watten ist sie sehr brauchbar, weil sie weich und glänzend ist. Wenigstens in hiesiger Gegend machen aber die Wattenmacher ihre Watten blos aus Hanf, aus schlechter Florettseide oder dagegen aus den innern Coconhäuten, und anjetzt am gewöhnlichsten aus der gebräuchlichen feinen Baumwolle. Folglich giebt es den Materialien nach 3 Arten Watten, und von jeder Art will ich nunmehro kürzlich reden.

Die hanfene **Watte** ward zwar vordem in steifen Schößen der Mannskleider verbraucht, gegenwärtig dient sie aber nur zur Unterlage bey Verfertigung der seidenen und baumwollenen Watten. Der Wattenmacher nimmt hiezu Werg von Hanf, und da die Faden des Hanfwergs an sich verwirrt unter einander liegen, so muß er ihn vor dem fernern Gebrauch hecheln oder kartetschen. Denn ohnedem lassen sich die Faden nicht gleichmäßig ausbreiten und mit Leim tränken. Bey dem Kartetschen bedient er sich zweyer Kratzen oder

Kartetschen, wovon die eine auf einem Tisch befestiget ist, die andre aber mit beyden Händen geführet wird, gerade wie in der vorigen Sammlung bey dem Kartätschen der Florettseide gezeiget worden. In die festliegende Kartätsche schlägt er eine Hand voll Werg ein, und kämmet diesen mit der beweglichen Kartätsche dergestalt durch, daß er hiedurch nicht nur allen Schmutz, alle Scheben und Knoten wegschaft, sondern auch zugleich die sämtlichen Faden gerade und gleich hechelt. Diesen gehechelten Werg breitet er nunmehro in einem gewöhnlichen hölzernen Rahm aus, und der Rahm vertrit also hier die Stelle einer Form, und giebt der Watte die erforderliche viereckigte Gestalt. Eine Watte ist aber wenigstens 1½ Ellen ins Gevierte groß, und nach der Größe der Watte richtet sich auch jederzeit die Größe des Rahms. In diesem Rahm breitet nun der Wattenmacher den gehechelten Werg dergestalt mit den Fingern aus, daß die sämtlichen Faden nach ein und eben derselben Richtung zu liegen kommen, und die Watte durchgängig eine gleiche Dicke erhält, welche bey einer Watte, die zur Unterlage bey Verfertigung der seidenen und baumwollnen Watten dienen soll, nur 3 bis 4 Linien beträgt. Der Wattenmacher kartätschet daher seinen Werg vorläufig, damit er die Faden desselben gleich und durchgängig gleich dick ausbreiten kann, und damit sich der Leim auch gut auftragen lässet. Denn die Vereinigung dieser Faden untereinander wird durch ein Leimtränken bewerkstelliget. Da aber

die

die Watte, und vorzüglich die seidene und baumwollene, weich und geschmeidig seyn soll, so kann er sich hiezu nicht eines gewöhnlichen stark gekochten Hornleims bedienen, sondern nur eines Leimwassers. Diesen kocht er sich selbst von den Abschnitzeln oder dem Abgang der Weißgerber. Diese Abschnitzel schneidet er in kleine Stücke, weicht sie einige Zeit ein, und kocht hieraus mit Wasser einen dünnen Leim oder ein Leimwasser. Nach der Aussage der Wattenmacher wird unter dieses Leimwasser noch ein Gummi oder dergleichen gemischt, so der Watte Glanz geben soll. Der Wattenmacher verschweigt diese Beymischung geheimnißvoll, und der Hr. Verfasser des Schauplatzes der Zeugmanufacturen vermuthet in dem 4ten Theil S. 446, daß sein Geheimniß darin bestehe, daß er gar keines hat, wie auch oft in andern Fällen zu geschehen pfleget. So viel ist gewiß, daß das Leimwasser schon an und für sich selbst einigen Glanz ertheilet. Es sey nun eins oder das andre, so tränkt der Wattenmacher mit dem flüßigen Leimwasser den erforderlichen ausgebreiteten Werg auf der obern Seite, da er das Leimwasser durchgängig mit einem weichen Borstenpinsel aufstreicht. Der Leim dringt zwar in etwas in die Watte ein, vereiniget aber doch vorzüglich die oben liegenden Wergfaden, und die mittlern Faden bleiben weich und geschmeidig. Dieser Leimanstrich muß nunmehro trocknen, und wenn dieses geschehen ist, so kehrt der Profeßionist die Watte in der Form um, und tränkt sie auf der andern Seite auf die vorgedachte Art mit Leimwasser. So entstehet nun vermittelst des Leims aus dem Werg so zu sagen ein Filz, und dieser dient, wenn er völlig trocken ist, zum Modell und zugleich zur Unterlage bey der Verfertigung der seidenen und baumwollnen Watten.

Ich habe in der vorigen Sammlung bey der Zubereitung der Seide gesagt, daß die Coconhülsen, die bey dem Haspeln der Seide unbrauchbar in dem Kessel zurück bleiben, durch das Kartätschen nur in eine schmutzige Florettseide verwandelt werden können, zumal wenn diese Hülsen oder Häute nicht rein sind. In diesem letztern Fall können sie auch vorgedachtermaßen nicht in der Blumenfabrik verwendet werden, und daher kann man diese schmutzigen Häute nicht besser als zu seidenen Watten nutzen. Doch bedient sich der Wattenmacher auch zuweilen der schlechtesten Florettseide, die er auslieset, von allen Schmutz reiniget, eine halbe Stunde in Wasser kocht, mit Stöcken schlägt, und endlich mit den beyden oben gedachten Kartätschen kartätschet. Beynahe auf eben diese Art, doch etwas umständlicher werden die vorgedachten Coconhülsen vorbereitet. Diese Hülsen müssen nemlich eine Stunde in Wasser gekocht, hiernächst ausgespület, und endlich getrocknet werden. Alsdenn schlägt man sie mit einem Schlägel auf einem Kloß, und verwandelt hiedurch den Wurm in Staub, schlägt sie hierauf mit kleinen Stöcken, damit der gedachte Staub aus den Coconhäuten fällt, lockert diese mit den

Hän-

Händen auf, und kartätschet sie endlich mit den Kartätschen wie vorher die Florettseide. Man wirft nemlich eine Hand voll in die feste Kartätsche, und kartätschet diese mit der beweglichen Kartätsche, so lange, bis die Seide in gleiche, gerade und abgesonderte Faden verwandelt ist. Umständlicher hab ich von dieser Behandlung der Florettseide schon in voriger Sammlung und zwar Anhangsweise bey dem Haspeln der Seide geredet, und es findet hier weiter kein Unterschied statt, als daß der Wattenmacher die Florettseide zuweilen zu schwarzen Watten schwarz färbet, und zwar nach Art der Seidenfärber. Die auf die gedachte Art vorbereitete Florettseide wird nun folgendergestalt in eine Watte verwandelt. Der Wattenmacher sucht sich eins von den vorgedachten hanfenen Modellen aus, das gerade die Größe der künftigen seidenen Watte hat. Auf dieser hanfenen Watte breitet er die kartätschte Florettseide abermals dergestalt aus, daß die Faden nach einer Richtung liegen, und die Seide vorzüglich durchgängig gleich dick ist, damit nicht eine Stelle der Watte dicker werde, als die andere. Diese erste Lage der Seide, die nur die halbe Dicke der Watte giebt, wird nun eben so wie die hanfene anf der obern Seite mit dem vorgedachten Leimwasser getränkt, doch mit dem Unterschied, daß der Leim nicht so reichlich aufgetragen wird, sondern nur so, daß er die obern Seidenfäden zusammen klebt. Eine solche Watte muß nemlich biegsam, weich und geschmeidig seyn,

 weil

weil sie zum Auspolstern der Decken ꝛc. gebraucht wird. Ein Uebermaaß von Leim würde aber diese Watte unbiegsam, steif und hart machen. Damit nun diese Watte beym Trocknen nicht einläuft und kleiner wird, so klebt man sie an ihrem Umfange auf der hanfenen Unterlage an, und hierin bestehet wol der beträchtlichste Nutzen dieser Unterlage. Mit dieser Unterlage hängt man nun die Watte auf eine Stange auf, aber entweder in der Luft, oder in einer mäßigen Stubenhitze. Denn ist die Hitze zu stark, so trocknet der Leim zu schnell, und die Watte wird hiedurch steif und ungeschmeidig. Getrocknet nimmt man die Watte mit Behutsamkeit von der Unterlage ab, worauf sie vorgedachtermaaßen angeklebet wurde, und drehet sie auf dieser Unterlage um. Hiernächst wird diese erste Lage der seidenen Watte auf der andern Seite gleichfalls mit Leim auf vorige Art getränkt, und dieser Leimüberzug verbindet mit dieser ersten eine zweyte Lage. Der Wattenmacher breitet nemlich auf dieser ersten mit Leim überzogenen Lage abermals vorher beschriebenermaassen Florettseide aus, und diese giebt die zweyte Lage. Er tränkt diese zweyte Lage auf ihrer obern Fläche endlich auf die vorige Art mit Leimwasser, läßt die ganze Watte abermals auf einer Stange austrocknen, nimmt sie von der hanfnen Unterlage ab, und die seidene Watte ist vollendet.

Gegenwärtig werden endlich noch am häufigsten baumwollene Watten zum Madratzen der Decken verfertiget. Der Wattenmacher muß hiezu

hiezu die feinste und weichste Baumwolle nehmen, weil man von einer Madratze verlanget, daß sie weich und bequem gepolstert seyn muß. Er lieset die Unreinigkeiten aus der Baumwolle gut aus, schlägt sie mit Stöcken, macht sie hiedurch locker, und kartätschet sie endlich auf die vorher beschriebene Art. Aus dieser vorbereiteten Baumwolle verfertiget er nun die baumwollene eben so, wie die seidene Watte.

Zu den ausgesteiften Schößen der Mannskleider wurden vordem nicht nur Watten, sondern auch Haarsiebe genommen, und diese Verwandtschaft hat dem Wattenmacher vermuthlich die Veranlaßung gegeben, auch Haarsiebe zu verfertigen. Da er sie aber beynahe eben so webet und leimet, wie ich bey der Beschreibung des Siebmachers in einer der vorigen Sammlungen bereits gezeiget habe, so übergehe ich gegenwärtig die Verfertigung der Haarsiebe, um nicht in eine unnöthige Weitläuftigkeit zu verfallen.

Die Profeßion der Wattenmacher ist nicht zünftig, sondern jeder, der Watten zu machen verstehet, verfertiget dieselben. Gegenwärtig sind in Berlin nur 3 Personen, die sich mit dieser Arbeit abgeben.

Siebenter Abschnitt.

Der Knopfmacher.

Schon unter den Metallarbeitern hab ich eines Knopf- oder Knausmachers gedacht, den man mit dem gegenwärtigen nicht verwechseln muß. Jener gießt und formt metallene Knöpfe, da im Gegentheil derjenige, wovon gegenwärtig die Rede ist, die bekannten seidenen, kamelgarnen und gestickten oder reichen Knöpfe an den Kleidern der Mannspersonen, nebst verschiedenen andern zum Putz gehörigen Dingen verfertiget. Der Bortenwirker oder Posamentirer behauptet, daß in spätern Zeiten einige Bortenwirker sich dadurch von den übrigen abgesondert haben, daß sie blos Knöpfe, Kammelgarn und die sogenannte Galanteriearbeit der Posamentirer verfertigten; hieraus sey der Knopfmacher entstanden, der nunmehro eine abgesonderte Zunft hat. Nach dieser Vermuthung ist der Knopfmacher ein Abkömmling des Posamentirers, und die gedachte Aussage des Posamentirers läßt schon vermuthen, daß zwischen diesen beyden verwandten Professionen ein Brodneid obwaltet. So viel scheint wol gewiß zu seyn, daß geschickte und geübte

geübte Posamentirer alle Arbeiten der Knopfmacher entweder verfertigen oder doch verfertigen können. Im Gegentheil verstehet der Knopfmacher nicht die Kunst, Band, Tressen und alle gewebte Arbeiten der Posamentirer zu verfertigen, sondern seine Beschäftigung erstreckt sich blos über dasjenige, was aus freyer Hand und ohne Beyhülfe künstlicher Stühle und Werkzeuge gemacht werden kann. Doch ohne weitere Vorrede zur Sache selbst! Alle Arbeit des Knopfmachers schränkt sich überhaupt auf das Kammelgarn, die Knöpfe, die Kniegürtel und einige Galanteriearbeiten ein, und von jeden muß ich besonders reden.

1) Der Faden, womit nicht nur die Knopflöcher der Mannskleider verschürzet, sondern woraus auch die seidenen, halbseidenen und kammelgarnen Knöpfe verfertiget werden, heisset im gemeinen Leben überhaupt Kammelgarn, der Faden mag seiden, halbseiden oder von Kammelgarn seyn. Vermuthlich ist diese allgemeine Benennung daraus entstanden, weil dieser Faden vordem beständig und jetzt noch gewöhnlich aus Kammelhaaren verfertiget wird. Das schlechteste Kammelgarn wird aus Schafwolle zubereitet, so insgemein einschürig ist. Man zwirnt zwey oder mehrere einfache wollene Fäden vereinigt auf einer gewöhnlichen Zwirnmühle, wie ich im vorigen Abschnitte gezeiget habe, oder der Knopfmacher drehet sie auch auf einem Drehrade, wie ich sogleich zeigen werde. Besser und vorzüglich glänzender ist das Kamelgarn aus Kammelhaaren,

ren, so insgemein vierfach ist. Ich rede jetzt nicht von der Natur und Beschaffenheit der Kammelhaare, weil ich hievon hinlänglich in der vorigen Samlung bey Gelegenheit des Plüsches gesprochen habe. Das ganz seidene Kammelgarn entstehet gewöhnlich aus Organsinseide, da vier bis zwanzig einfache seidene Fäden, nachdem das Kammelgarn fein oder grob und stark seyn soll, auf dem Drehrade zusammengedrehet werden. Endlich giebt es auch halbseidenes Kammelgarn aus Seide und Kammelgarn vermischt verfertiget. Zu diesem Kammelgarn nimmt zwar der Knopfmacher den ungetheilten seidenen Faden, das Kammelhaar aber, so er schon doppelt einkauft, spaltet er folgendergestalt. Er hängt nemlich die kammelhaarne Strene auf eine Winde, spulet das Garn auf ein Spulrad, drehet aber das letztere dergestalt um, daß hiedurch der Doppelfaden aufgedrehet wird. Hiedurch erhält der Knopfmacher statt eines starken, zwey dünnere Fäden, und dieser feine Faden ist an Stärke der einfachen Seide gleich. Einen solchen gespaltenen Faden drehet er mit einem seidenen zusammen, vereiniget aber auf eben die Art wenigstens zwey solcher Doppelfaden, wodurch das halbseidene Kammelgarn entstehet.

Wie dieses Kammelgarn gedrehet oder gezwirnt wird, will ich an dem eigentlich sogenannten Kammelgarn zeigen, so aus Kammelhaaren entspringet. Werden diese Kammelhaare unvermischt verbraucht, wie ich anjetzt voraus setze, so

wird

wird es nicht, wie oben gedacht, gespalten, sondern der Knopfmacher verbraucht es so, wie er es einkauft. Allein der Faden ist an sich noch zu dem gegenwärtigen Gebrauch zu rauh, und das Rauhe und Faserigte benimmt ihm einen Theil seiner Schönheit. Daher müssen diese rauhen Fasern vorläufig abgerieben werden. Der Knopfmacher verrichtet dieses Abreiben auf einem sehr einfachen Werkzeuge, so den Nahmen Cravieleisen führet, und durch die IX Fig. Tab. IV abgebildet ist. Zwey senkrechte Bretter a b und c d sind parallellaufend durch zwey kleine Riegel a c und b d vereiniget, und stehen von einander etwa 8 Zoll ab. In diesen beyden Brettern stecken in gleicher Weite von einander drey eiserne Spillen e, f und g, die gut poliret sind. Jede läßt sich, gleich einer kleinen Welle, umdrehen. In einigen Werkstätten stehet dieses Instrument auf einem besondern Fußgestelle, und macht mit diesem ein Ganzes aus, in der IX Fig. ist es aber so vorgestellet, daß es beym Gebrauch etwa auf einen Tisch gestellet werden muß. Es sey nun das eine, oder das andre, so ziehet der Knopfmacher den eingekauften Kammelgarnen Faden unter die Spille e weg zu der Spille f, über welche der Faden weg unter die Spille g geleitet wird, wodurch also der eingeschlungene Faden die Gestalt einer Schlangenlinie erhält. Hierauf ergreift er den Faden z. B. in a c mit der rechten und in b d mit der linken Hand, und zieht ihn einige Mal wechselsweise nach der Richtung a b und wieder zurück

nach

nach b a. Auf diese Art reibet er die eingeschlungene Stelle des Fadens so lange, bis er bemerkt, daß sie glatt ist, da er denn die abgeriebene Stelle nach der Richtung ab gänzlich aus den Spillen herausziehet, und hiedurch die nächste Stelle einschlinget. Diese wird auf die vorgedachte Art abgerieben, und so setzt der Knopfmacher diese Arbeit fort, und reibet eine Stelle nach der andern ab. Der abgeriebene Faden wird nun mit den oft beschriebenen Handgriffen vermittelst eines gewöhnlichen Spulrades auf eine Spule gespulet. Insgemein sechs solcher Spulen mit Kammelgarn stellet der Knopfmacher jede auf eine Spille eines schmalen Bretts mit einem Handgriff Fig. X Tab. IV, das dieserhalb fünf senkrecht stehende Spillen hat. In a b wird man eine Spule auf ihrer Spille bemerken. Mit Beyhülfe dieses Bretts Fig. X spannet nun der Knopfmacher den einfachen Faden auf seinem Drehrade aus, und verdoppelt oder doubliret ihn zugleich. Ein ähnliches Drehrad Fig. XI Tab. IV hab ich bereits in dem Abschnitt des Seilers beschrieben. Der starke Fuß a b hat auf jeder Seite zwey Rollen, damit man dem Ganzen nach der Länge eines Zimmers oder eines Bodens leicht den bequemsten Standort geben kann, und das Drehrad vorzüglich beym Drehen nachgiebt. Ein Ständer c d von einer starken Latte trägt etwa 4 Fuß über a b eine halbe Scheibe, aus einer starken Bohle verfertiget e f g. Auf dieser Scheibe, oder vielmehr auf ihrer Stirn e f g ist eine Rinne, und in diese greifen etwa 6 kleine Rollen zur Hälfte hinein. Neben der XI Fig. zur Linken wird man eine solche Rolle nebst ihrer Spille in i h k besonders vorgestellt bemerken. In der Axe dieser kleinen hölzernen Rolle h selbst steckt nemlich eine horizontale eiserne Spille i k, oder ein Drath, der vorne in k gleich einem kleinen Hacken umgebogen ist. Sechs solche kleine Rollen mit ihren Spillen sind in gleicher Entfernung auf der Stirn e f g der halben Scheibe angebracht, und jede Spille liegt in einem kleinen mit Eisen ausgefutterten Zapfenlager. In l wird man einen Haken der vorspringenden Spille bemerken. Die Spillen nebst den Rollen sind weiter nicht auf der halben Scheibe befestiget, als daß auf den sämtlichen Rollen eine gemeinschaftliche Schnur g f m liegt, so die sämtlichen Rollen mit dem Schnurrade m n vereiniget. Wird also das letzte vermittelst seiner Kurbel o umgedrehet, so laufen zugleich die Rollen f l nebst ihren Spillen um. Dieses Drehrad steht beym Gebrauch einer Latte p q gegen über. Diese ist an einer Wand befestiget, und hat die vorgedachte halbe Scheibe 6 Rollen mit Spillen, so sind an dieser Latte gleichfalls 6 Haken r in gleichen Abstande befestiget. Zwischen dieser Latte und dem Drehrade werden die Fäden ausgespannet, und daher ist es dem Knopfmacher angenehm, wenn er Gelegenheit findet, das Drehrad auf einem langen Boden unter dem Dache zu stellen, wo er einen ziemlich langen Faden ausspannen und drehen kann. Fehlt ihm diese Bequemlichkeit, so befestiget er die Latte p q etwa in seiner Werkstätte, und das Drehrad setzt er gegen über in die Kammer, so daß er beym Drehen die Kammerthür öfnen, und durch diese den Faden zu dem Drehrad leiten kann. Ich habe bereits beyläufig gesagt, daß die Fäden doppelt zwischen den Haken r der Latte und den Haken l der Spille des Drehrades ausgespannet werden, und dieses geschiehet auf folgende Art. Der Knopfmacher stellt auf das Brett Fig. X oder vielmehr auf die Spillen desselben wenigstens zwey Spulen neben einander, knüpft beyde Faden vereiniget z. B. an den äußersten Haken g des Spulrades Fig. XI an, und gehet mit dem nur gedachten Brett und zugleich mit den beyden Spulen zu der Latte p q. Hier legt er den Doppelfaden nicht nur auf den Haken t, sondern auch hiernächst auf den benachbarten Haken u, so daß also ein kleiner Theil des Fadens zwischen diesen beyden Haken ausgespannet ist, welches man in Absicht der Folge wohl bemerken muß. Von dem Haken u leitet er beyde Fäden abermals vermittelst der Rollen auf dem Brett Fig. X wieder zurück zu dem Drehrad Fig. XI, und knüpfet ihn an den zweyten Haken vom Ende V an. Folglich ist vermittelst der Haken g t u v ein Doppelfaden ausgespannt, der ein Ganzes ausmacht, und dadurch um soviel länger wird, daß er hin und wieder zurück gehet. Auf eben die Art wird jederzeit zwischen zwey Paar gegenüberstehender Haken ein Faden ausgespannt,

gespannt, und wenn das Drehrad 6 Haken hat, so kann man 6 Spulen auf das Brett Fig. X stellen, und alle Faden zu gleicher Zeit auf dem Drehrade ausspannen. Der Knopfmacher spannt diese Faden zwar soviel möglich aus, da sie aber doch schlaf werden könnten, wenn das Drehrad etwas zu viel nachgiebt, so hängt er z. B. an den Theil des Doppelfadens, der zwischen den beyden Haken t und u ausgespannet ist, ein kleines mit einem Haken versehenes Gewicht an, so den Faden straf ausgespannt erhält. Ein solches Gewicht kann ein mit Sand angefüllter kleiner Beutel oder dagegen ein kleines Stück Bley Fig. XIV seyn. So wird jeder hin und her ausgespannter Faden gehörig straf erhalten. Hiebey ist nur noch zu bemerken, daß der Faden natürlicher Weise beym Drehen etwas kürzer wird. Dieserhalb muß das Drehrad in etwas nachgeben, und stehet auch aus dieser Ursache auf Rollen. Wenn nun die gedachten Fäden auf die beschriebene Art sämtlich ausgespannet sind, so setzt man das Drehrad Fig. XI vermittelst der Kurbel o rechts in Bewegung Nach dem Obigen laufen die Rollen mit ihren Spillen f l gleichfalls um, und die letztern drehen oder zwirnen durch ihren Umlauf den mit ihnen vereinigten Faden. Diese Arbeit wird so lange fortgesetzt, bis der Faden hinreichend gedrehet ist. Ein solcher gedreheter Doppelfaden heißt in der Werkstätte, Binse. Allein dieser Doppelfaden ist noch nicht stark genug, und daher werden abermals jederzeit zwey und zwey Binsen zusammengedrehet. Dieserhalb spannet man zwey und zwey Binsen auf die vorgedachte Art aus, da man nemlich beyde vereiniget z. B. auf den Haken g hängt, sie alsdenn vereinigt hinter die beyden Haken t und u wegziehet, und sie endlich wieder an dem Haken v befestiget. Zwischen den beyden Haken t und u wird abermals ein Gewicht an die beyden vereinigten Binsen gehangen. Ist nun das Drehrad wieder mit Binsen bezogen, so setzt man abermals die Kurbel Fig. XI o in Bewegung, aber links, wenn man nemlich das erste Mal rechts umgedrehet hat. Denn wollte der Knopfmacher die Kurbel auch jetzt rechts umdrehen, so würde er jede Binse wieder aufdrehen. So entstehet nun, wenn nemlich beyde vereinigte Binsen gehörig gedrehet werden, so entstehet nun, sag ich, ein gedreheter oder gezwirnter vierfacher Faden, den man im gemeinen Leben Kammelgarn nennt, der aber von dem Knopfmacher Kortel genennet wird. Der Schneider verbraucht diesen Faden zum Beschürzen der Knopflöcher, der Knopfmacher aber bey der Verfertigung der überspönnenen Knöpfe. Und von diesen letztern will ich nunmehro reden.

II. Gleich anfänglich hab ich bemerkt, daß auch von dem Posamentirer Knöpfe verfertiget werden können. Zwar kann er allenfalls auch Knöpfe durch das Flechten und Sticken, wie der Knopfmacher hervorbringen, allein noch eigentlicher

cher gehören zu seiner Profeßion die gewebten Knopfüberzüge. Im Grunde betrachtet wirkt der Posamentirer ein Band, woraus er Ueberzüge zu mehrern Knöpfen schneiden kann. In solches Band wird das figürliche Muster des Knopfs, nach Verhältniß und Größe der obern Fläche einer Knopfform, mehrere Male hintereinander eingewebt, gerade so, wie man eine Blume in ein Band wirkt. Um jedes gewebte Knopfmuster muß aber ein glatter Theil gehen, damit man die benachbarten Knopfüberzüge von einander schneiden, um die Knopfform schlagen und unter derselben zusammen nähen kann. Solche Knopfüberzüge könuen aus Seide, Kammelgarn, oder auch aus reichen Fäden gewirkt werden, und die letztern kann man durch eingeschlagene Cantillen u. d. gl. verzieren. Eben so kann der Aufzug und also auch der Grund z. B. weiß seyn, und in diesen Grund können Blumen nach dem Leben durch den Einschlag eingewirkt werden. Allein ich kann und werde mich gegenwärtig nicht weitläuftig in die Verfertigung dieser Knopfüberzüge einlassen, weil diese Arbeit auf einem Stuhl gewirkt wird, wovon ich anjetzt zwar nicht rede, den ich aber bereits in der dritten Sammlung beschrieben habe.

Ich bleibe daher jetzt blos bey der Verfertigung desjenigen Knopfs stehen, der von dem Knopfmacher mühsamer durch das Flechten und Sticken hervorgebracht wird, der aber auch, meines Erachtens, natürlicher, fester und dauerhafter ist. In Ansehung der Verschiedenheit des Fadens, womit die Knopfform bedecket wird, kann man die Knöpfe in zwey Arten abtheilen.

1) Insgemein wird die Knopfform blos mit kammelgarnen, seidenen oder halbseidenen Faden bekleidet, und diese Art der Knöpfe ist die wohlfeilste und gewöhnlichste. Zu diesen Knöpfen läßt sich der Knopfmacher jederzeit von dem Drechsler Knopfformen abdrehen, die nach der Mode und den verschiedenen Mustern oben bald rund, bald platt, bald hohl sind. Gewöhnlich werden diese Formen aus harten Eichenholz gedrehet, und der Drechsler färbet oder beitzet sie mit eben der Farbe, die der Knopfüberzug erhalten soll, damit die Knopfform nicht durch den Ueberzug durchschimmert. Zu mehrerer Befestigung dieser Bekleidung ist in dem Mittelpunkt der Knopfform ein Loch. Zuweilen, aber selten, bedient man sich in einigen einzelnen Fällen der Knopfformen von Knochen. Wenn nun der Knopfmacher die Knopfformen nach Beschaffenheit des Musters bey der Hand hat, so muß er auch zur Bekleidung dieser Formen einen Faden auswählen, der gerade die Farbe des Kleides hat, wozu die Knöpfe bestimmet sind. Das Muster, welches der Knopf erhalten soll, muß gleichfalls vorläufig festgesetzt seyn, und dieserhalb hat der Knopfmacher ein Papier, worauf Knöpfe von verschiedenen Mustern befestiget sind, unter welchen sich jeder eins nach Belieben auswählen kann. Den gewählten Musterknopf hat der Knopfmacher zum Leitfaden beständig

ständig bey der Arbeit vor Augen. Vorläufig muß nun die Knopfform mit einer Grundlage bekleidet werden, welche die Knopfform vorläufig bedeckt, und worauf das Muster selbst befestiget werden kann. Diese Grundlage gleicht insgemein einem glatten schlechten Knopf, doch so, daß dieser sorgfältiger geflochten ist. Der Knopfmacher wählt zu dieser Grundlage nur dünne zweyfach gedrehete Faden, und läßt mehrere vermittelst eines Spulrades auf einer Spule vereiniget doubliren. Diese Spule mit Faden setzt er auf seinem Werktisch vor sich auf eine Spille, gerade wie die Spule a b Fig. X auf ihrer Spille stehet. An das äußere Ende des vielfach zusammendoublirten Fadens knüpft er einen Zwirnfaden an, und fädelt diesen in eine Nähnadel ein. Den Knoten, der den vielfachen Faden, er sey nun Seide, halbseiden oder Kammelgarn, mit dem Zwirnfaden vereiniget, diesen Knoten, sag ich, legt er unterhalb der Knopfform auf das Loch im Mittelpunkt der letztern, und nunmehro windet er den vielfachen Faden z. B. nach der Richtung a b Fig. XII Tab. IV, um die ganze Knopfform mehrere Male herum, so daß nun in a b eine Lage von Faden einige Linien breit entstehet. Es verstehet sich, daß bey diesem Winden die Faden nicht über einander zu liegen kommen, sondern ein Faden liegt neben dem andern. So bald nun diese erste Lage die gehörige Breite hat, so verschürzt der Knopfmacher die sämtlichen Faden dieser Lage unterhalb der Knopfform gerade auf dem Loche derselben mit dem vorgedachten Zwirnfaden und der Nähnadel, und zwar übers Kreutz. Hiedurch giebt er der Lage mehrere Festigkeit und Haltbarkeit, und kommt zugleich aller Verwirrung zuvor, die ohnedem entstehen würde, wenn er eine neue Lage anfängt. Mit dem vorgedachten vielfachen Faden windet er nun eine neue Lage, so die erstern durchkreuzet, und verschürzet sie gleichfalls mit dem Zwirnfaden unter der Knopfform. So wird eine Lage nach der andern gewunden und verschürzt, bis die Knopfform mit Fäden bedeckt ist. Nach Beschaffenheit des Musters werden hiezu 6 bis 8 Lagen erfordert. Allein eine so einfache Grundlage findet auch nur bey einem sehr einfachen Muster statt, z. B. wenn die obere Fläche des Knopfs auf der Grundlage mit einem stärkern Faden netzförmig überkleidet wird. Zuweilen verlangt aber das Muster, daß schon in der Grundlage durch das bloße Winden oder Flechten auf eine gewisse Art eine Figur vorläufig angebracht wird. Von dieser Art ist die Grundlage Fig. XII, der die Hand des Profeßionisten blos durch das Winden auf der Oberfläche die Figur eines Sterns mit 6 Spitzen gegeben hat. Bey dieser Grundlage wird nun schon mehr Aufmerksamkeit und Uebung erfordert, und mehr läßt sich beynahe in einer Beschreibung von dieser Sache nicht sagen. Der Profeßionist muß dergestalt den Faden winden und die Lagen anzubringen wissen, daß dieser Stern zugleich mit der Grundlage entstehet. Insgemein bleibt der Knopfmacher

macher bey dieser figürlichen Grundlage noch nicht stehen, sondern die obere Fläche des Knopfs wird noch mehr verzieret. In der XVI Fig. wird man z. B. bemerken, daß der Raum zwischen zwey und zwey Spitzen des Sterns z. B. a b c mit einer netzförmigen Verzierung ausgefüllet ist. Hiezu nimmt nun der Knopfmacher einen stärkern Faden, als zur Grundlage, und insgemein den oben beschriebenen starken Kortel. Diesen Faden fädelt er in eine Nähnadel ein, und macht hiemit von a bis b am Rande eine Reihe Augen oder Kettenstiche. Diese erste Reihe dient ihm zur Grundlage, da er an diese eine neue Reihe Augen ansetzet, indem er an jedes Auge der ersten Reihe ein neues Auge schürzt, und jede Reihe Augen an den Sternspitzen in b c und a c befestiget. So wird nun der Raum b a c durch mehrere Reihen Augen ausgefüllet, und eben so in den übrigen ähnlichen Fällen. Zuweilen wird der Stern überdem noch mit einer Rose oder mit einer andern Figur belegt, so daß der Stern nur durchschimmert. In der XV Fig. ist nur nach jedem Winkel des Sterns aus dem Mittelpunkt eine Schnur ausgespannt. Es sey nun aber diese Figur eine Rose, oder eine jede beliebige andre Figur, so bedient man sich hiezu des sogenannten Gimpfs. Am einfachsten verfertiget der Knopfmacher diesen Gimpf aus freyer Hand folgendergestalt. Er spannt einen Zwirnfaden aus, und umwickelt diesen dergestalt mit Seide oder Kammelgarn u. d. gl. daß der Zwirnfaden ganz bedeckt ist. Allein diese Verfertigungsart ist mühsam, und die Sache geht leichter von statten, wenn man den Zwirnfaden auf einer Spinnmühle bespinnt, die der Knopfmacher dieserhalb besitzt. Ich habe diese Spinnmühle in der dritten Sammlung bey dem Goldspinner beschrieben, worauf ich mich beziehe. Mit Gimpf werden zuweilen die Knopflöcher besetzt, und er thut in vielen andern Fällen Dienste. Die oben gedachten geschlungenen Figuren z. B. einer sogenannten Rose, womit man die Knöpfe belegt, entstehen gleichfalls aus diesem Gimpf. Der Knopfmacher schneidet ein Stück Gimpf in erforderlicher Länge ab, bieget ihn vorläufig auf dem Knopf in Gestalt einer Rose u. d. gl., und nähet diese Figur mit Seide vermittelst einer Nähnadel an seinem Ort an. Aus diesem einzigen jetzt beschriebenen Muster wird sich der Leser einen Begriff machen können, wie ein besponnener Knopf entstehet, und auf seiner obern Fläche ein Muster erhält. Die Abänderung des Musters ändert freylich auch die Arbeit in etwas ab, aber theils bleibt doch größtentheils die vorher beschriebene Hauptsache; theils kann nur bey der Mannigfaltigkeit der Muster ein Beyspiel gegeben werden. Unterhalb fällt der Knopf am Kleide nicht in die Augen, und man achtet daher nicht darauf, wenn hier auch die Faden verworren liegen, wie aus der XIII Fig. erhellet, zumal da die Lagen und Faden hier verschürzt und befestiget werden müßen. Die Uebung und ein gutes Augenmaaß müssen den Knopfma-

cher

cher bey dieser Arbeit vorzüglich leiten, zumal da ein Knopf nach dem andern mit der grösten Schnelligkeit verfertiget wird.

2) Beynahe eben so, wie bey den vorigen Knöpfen mit kammelgarnen und seidenen Faden werden auch mit den gesponnenen Gold- und Silberfaden Knopfformen bekleidet, und hiedurch reiche Knöpfe verfertiget. Des geringen Unterschieds wegen übergehe ich diese Knöpfe, und bleibe nur noch bey den sogenannten **reichen gestickten Knöpfen** stehen. Dieses Sticken oder brodiren erfordert, daß der Knopfmacher öfters an allen Stellen durch die Knopfform durchstechen muß, um die verschiedenen Verzierungen zu befestigen. Dieserhalb kann die Knopfform nicht von Holz oder Knochen seyn. Man nimmt dagegen einen Ring von verzinnten Eisendrath, der die Größe des jedesmaligen Knopfmusters hat, und überziehet oder benähet diesen mit Leinwand, so daß der Raum innerhalb des Ringes gleichfalls mit doppelter Leinwand ausgefüllet ist. Auf einer Seite dieser Form wird nun die Stickerey angebracht. Auch hier giebt es mannigfaltige Muster, wovon ich nur ein einziges anführen will. Die Grundlage ist insgemein Folie, zuweilen auch reiche Gaze, und beydes ist bey goldenen Knöpfen vergoldet, bey silbernen aber von Silber. Ich will bey dem gewöhnlichsten stehen bleiben, daß nemlich diese Grundlage, so die obere Fläche der Knopfform unmittelbar bedeckt, Folie ist. Eine solche Folie ist nichts anders, als ein vergoldetes

tes oder ein Silberblech, welches so dünn und rauschend, als ein starkes Papier ist, und in den Goldfabriken mit einer besondern Presse verfertiget wird. Der Goldfolie giebt man oft eine Nebenfarbe, so daß die Vergoldung ins grünliche, blauliche u. s. w. schimmert. Aus einem solchen Folieblatt sticht nun der Knopfmacher mit einem Stecheisen so viel Scheiben nach der Größe der Knopfform aus, als er Knöpfe verfertigen will. Das Stecheisen ist nichts anders, als eine eiserne Röhre, so an einer Oefnung verstählt und scharf ist. Das Folieblatt legt der Knopfmacher auf ein vierkantiges Stück Bley, und sticht die Scheiben mit diesem Stecheisen aus, so nach dem jedesmaligen Muster die erforderliche Größe hat. Allein der Knopf ist selten ganz platt, wie die ausgestochene Scheibe, sondern er ist insgemein etwas erhaben oder hohl, oder in die Folie wird auch wohl die Figur eines Sterns, einer Rose u. d. gl. eingepräget. Eine oder die andere figürliche Gestalt giebt der Knopfmacher der Foliescheibe mit einer Presse Fig. XVIII, die man in den übrigen Werkstätten insgemein Stanze nennet. Dieser eiserne Cylinder muß also an seiner bildenden Grundfläche rund seyn, wenn die Foliescheibe hohl werden soll, im Gegentheil convex, wenn die Foliescheibe erhaben seyn soll. Eben so muß auf dieser Grundfläche ein Stern vertieft eingeschnitten oder gravirt seyn, wenn man mit einer solchen Presse der Foliescheibe die Figur eines Sterns einprägen will. Folglich wird zu jeden

den Knopfmuster insgemein eine besondre Presse erfordert. Beym Gebrauch legt der Knopfmacher die Foliescheibe gleichfalls auf ein plattes Stück Bley, setzt die Presse erforderlich auf diese Scheibe auf, schlägt mit dem Hammer auf diese Presse, und giebt hiedurch der Scheibe die erforderliche Form. Diese Folieplatte wird nun erforderlich mit Seide auf der Knopfform angenehet, und man sucht diese Befestigung in der Folge beym Sticken zu bedecken. In der XVII Fig. mag die innere Scheibe, so durch die netzförmige Verflechtung durchschimmert, die gedachte Folieplatte, das Netz mag von feinen Gold- oder Silberdrath, und der Rand, so die Folie mit dem Netze umgiebt, von Cantille seyn. Das Netz oder Gatter flechtet der Knopfmacher aus freyer Hand, und seine Uebung muß ihn leiten, daß er den Netzaugen sowohl, als dem Ganzen eine schickliche Größe und Gestalt giebt. Es wird völlig mit den Cantillen am Rande befestiget. Ich habe diese reiche Verzierung, so man Cantille nennt, in der vorigen Sammlung bey den reichen Stoffen beschrieben. Ich füge also anjetzt nur noch hinzu, daß der Knopfmacher die Cantillen zu einer schicklichen Gestalt, z. B. in dem gegenwärtigen Fall nach einer Schlangenlinie bieget, und mit Seide, oder mit einem gesponnenen Gold- oder Silberfaden anheftet. Oefters macht die Cantille größtentheils die Verzierung des gestickten Knopfs aus, da das Netz des gegenwärtigen Musters wegbleibt. Die Cantille wird nemlich

nach

nach der ganzen Größe der obern Fläche des Knopfs nach einem Stern, oder Rose oder jeder andern schicklichen Figur gebogen, und auf die vorgedachte Art auf der Folie oder der reichen Gaze angeheftet. Oefters verziert man den Knopf hin und wieder noch mit Flittern, die in der Mitte, oder an andern schicklichen Orten mit Gold- oder Silberdrath, oder mit besponnenen Gold- oder Silberfäden befestiget werden. Kurz, Geschmack, Uebung und vorzüglich die Mode müssen den Knopfmacher leiten, diese und noch verschiedene andere kleine Verzierungen anzubringen, und die Nadel nebst einem seidenen oder reichen Faden befestiget sie. So entstehen nun die gestickten Knöpfe, sowohl die silbernen, als die goldenen, und beyde stehen im hohen Preise, nicht nur weil die Zuthat kostbar, sondern auch weil die Arbeit mühsam ist.

III. Ich will nur noch einige weniger beträchtliche Arbeiten des Knopfmachers anführen. 1) Am bekanntesten unter diesen sind die **Kniegürtel**, welche nach Verlangen aus seidenen, halbseidenen und kammelgarnen Korteln, und auch wol aus gesponnenen Gold- oder Silberfaden geklöppelt werden. Ich sage geklöppelt, denn sie werden in der That auf einem Klöppelpult, wie die Kanten verfertiget. Die ganze Sache läuft kürzlich darauf hinaus, daß auf dem Klöppelpult eine erforderliche Anzahl Faden neben einander mit Nadeln befestiget wird, und überdem muß jeder Faden auf ein Klöppelholz aufgewickelt werden. Beym Klöppeln

peln schlingt der Knopfmacher den ersten Faden zur Rechten mit dem zweyten in einander, diesen letztern wieder mit dem dritten, und so in der Folge von der Rechten zur Linken, und auf eben die Art wieder zurück von der Linken zur Rechten, jedesmal wechselsweise. Zweyerley ist hiebey nur zu bemerken. Erstlich muß anfänglich ein schmalerer Theil geklöppelt werden, den man endlich durch das Klöppeln selbst zu einer Oese vereiniget, und in diese Oese wird die Gürtelschnalle eingehaket. Wenn zweytens der Gürtel seine erforderliche Länge hat, so werden die Fäden unter einander durch Kreuzknoten vereiniget, und hiedurch wird der Beschluß des Gürtels befestiget. Doch müssen unter dieser Verschlingung die sämtlichen Fäden noch etwa einen Zoll lang stehen bleiben, wodurch der sogenannte Püschel entstehet. 2) Bereits im Eingange zu diesem Abschnitt hab ich bemerkt, daß der Knopfmacher und Posamentirer gemeinschaftlich gewisse zum Putz gehörige Stücke verfertigen, die man überhaupt Galanteriearbeit nennt. Hiezu gehören erstlich die Kettenschnüre, die zur Verzierung mancher Galanteriearbeiten gebraucht werden. Man macht diese Schnüre aus dem oben gedachten Gimpf, indem erst ein Auge aus freyer Hand gebildet, durch dieses der Faden mit einem kleinen Häkchen durchgezogen, und hiedurch abermals ein Auge hervorgebracht wird. So fährt man fort, ein Auge in das andre zu schlingen, bis die Schnur fertig

fertig ist. Aus eben dem Gimpf werden auch die Schleifen verfertiget, womit der Schneider die Knopflöcher der Kleider besetzt. Sind diese Schleifen von Gold oder Silber, so wird ein seidener Faden auf der Spinnmühle mit Gold- oder Silberfaden besponnen, wodurch ein reicher Gimpf entstehet. In einem oder dem andern Fall verschlingt der Knopfmacher die Schleife nach Anleitung einer Zeichnung blos aus freyer Hand, mit Beyhülfe eines kleinen Haken. Sind diese Schleifen reich, so besetzt man sie oft mit Kreppin oder Flittern. Beynahe auf eben die Art entstehet aus Gimpf ein gewisser Besatz der Kleider, den man Cordon nennt. Die **Balletten** zur Verzierung der Knopflöcher werden zwar insgemein nur von dem Bortenwirker, zuweilen aber auch von dem Knopfmacher verfertiget. Der Profeßionist besitzt hiezu eine besondre kleine Mühle, die man deshalb nicht abgebildet hat, weil sie eigentlich zum Bortenwirker gehört. Auf dieser Mühle kann ein schmaler aber langer Streif Pergament umgedrehet werden, und indem das Pergament umläuft, wickelt sich ein seidener Faden um dasselbe, und bedeckt es gänzlich. Soll die Ballette reich werden, so bespinnt man sie noch über der Seide mit Gold- oder Silberlahn. Aus diesem besponnenen Pergament werden nun die Balletten zusammengesetzt, und an beyden Enden nach Befinden mit Seide oder reichen Fäden verschürzet. Endlich verfertiget der Knopfmacher auch wollene Schärpen für die Husaren, und reiche Schärpen für die Officier. Allein weil diese Arbeit mehrentheils nur von dem Posamentirer gemacht wird, wo ich sie auch bereits beschrieben habe, so übergehe ich sie anjetzt.

Nachricht. Erlegt ein Lehrbursche dieser zünftigen Profeßion ein Lehrgeld, so lernt er 5 Jahre, unentgeldlich aber 6 bis 7 Jahre. Als Gesellen reicht man ihnen auf ihrer Wanderschaft ein Geschenk. Das Meisterstück ist, ein Dutzend seidene und eben so viel reiche Knöpfe, aber nach einem schweren Muster, so von dem Altmeister aus der Lade gegeben wird. Ueberdem verfertigt ein angehender Meister noch zur Probe Kettenschnüre.

Achter Abschnitt.

Der Schneider.

Die mehresten Zeugarten, welche in den vorhergedachten Fabriken, insbesondre der vorigen Sammlung, fabriciret werden, kommen endlich in die Hände des Schneiders, der hieraus die nothdürftigen Kleidungsstücke oder auch Putz verfertiget. Daher weise ich dieser Profeßion den letzten Platz an. Wollt ich hier die Miene des Moralisten annehmen, so würd ich sagen, daß er auch deshalb diesen Platz verdienet, weil er der Schöpfer aller Verdienste manches aufgeblasenen Thoren ist. — In allen grossen Städten sondern sich die Schneider in Manns- und Frauenschneider ab, und dieser Unterscheid erhellet sogleich aus der Benennung. Selten versteht auch ein Mannsschneider die Kunst, Kleider insbesondre für das vornehme Frauenzimmer mit Geschick zu verfertigen, und umgekehrt. Ausserdem giebt es auch noch Zeltschneider, so die Zelter für die Armeen verfertigen, und die gröste Verwandtschaft mit dem Tapezierer haben. Allein von dem letztern hab ich schon hin und wieder gelegentlich geredet, insbesondre bey dem englischen Stuhlmacher und Täschner, und der Zeltschneider ist nur ein Nebenzweig der Schneiderprofeßion, wovon der eingeschränkte Raum zu reden verbietet. Ich bleibe also blos bey dem Manns- und Frauenschneider stehen.

I. Der Mannsschneider.

Die Ueberschrift zeigt schon an, daß dieser Schneider die mannigfaltigen Kleidungsstücke der Mannspersonen verfertiget, wovon ich nur ein Beyspiel geben kann. Ein Kleid, insbesondre von Tuch, ist ohne Zweifel das wichtigste Kleidungsstück der Mannspersonen, vorzüglich wenn es aus Rock, Weste und Beinkleidern bestehet. Daher wähl ich es jetzt zum Beyspiel.

Jedes Kleid muß nach dem Leibe des Besitzers gemacht werden, und daher ist es nothwendig, daß der Schneider vorläufig **Maaß** nimmt. Der Besitzer muß aber hiebey mit einem bereits getragenen Kleide bekleidet seyn, damit sich der Schneider nach diesem richten, und im erforderlichen Fall abnehmen oder zugeben kann. Sein Maaß bestehet bekanntermassen aus einigen doppelt zusammengelegten schmalen Papierstreifen, wovon er so viel zusammennähet, daß er hiemit die Länge eines Kleides ausmessen kann. Bey jeder Ausmessung macht er ein Zeichen am Rande des Maasses, so nach Befinden aus ein oder ein paar Einschnitten oder Kerben bestehet. Jeder Schneider hat aber seine ihm eigenthümlichen und allein bekannten Zeichen. Das äusserste Ende dieses Maasses legt er zuerst in der Nath, so beide Hintertheile des Kleides vereiniget, und zwar unmittelbar unter dem Kragen am Halse an, und mißt von da hinab bis zur sogenannten Taille. Am Beschluß dieser Länge macht er ein Zeichen an dem Papiermaaß, legt aber das Maaß sogleich wieder auf die vorgedachte Art an, und mißt von der Taille hinab bis zu Ende des Kleides oder des Schosses, wodurch er die ganze hintere Länge des Kleides erhält. Den Beschluß dieser Länge zeichnet er abermals. Zweytens mißt er hinten von einer Schulter bis zur andern, oder deutlicher geredet, von einer hintern Nath des Ermels bis zur audern, mitten auf den Schultern. Die gefundene ganze Länge des papiernen Masses schlägt er zusammen, so daß zwey gleiche Theile entstehen, und macht gerade in der Mitte oder in dem entstandenen Bruch ein Zeichen. Jede von den gedachten Hälften dieser Ausmessung giebt ihm die Weite eines Hintertheils zwischen den Schultern, wobey der künftige Besitzer des Kleides den Arm gebogen halten muß. Hiernächst mißt er drittens den Ermel aus. Er legt nemlich das papierne Maaß hinterwärts an die oberste Nath des Ermels neben den Schultern an, und fährt mit dem Maaß hinab bis zum Ellenbogen, wo er auf dem Maaß ein Zeichen oder eine Marke macht.

macht. Er legt das Maaß sogleich wieder auf die nur beschriebene Art an, und mißt von dem Ellenbogen bis zum Beschluß des Aufschlages kurz vor der Hand, und machet auch an diesem Ort wieder ein Zeichen auf dem papiernen Maaß. Hiernächst nimmt er um den ganzen Arm Maaß, da wo er am dicksten ist, schlägt die gefundene Dicke oder die gefundene Länge des papiernen Maasses zu zwey gleichen Hälften zusammen, und macht in der Mitte oder in dem Bruch ein Zeichen. Jede Hälfte giebt ihm die Weite eines Ermeltheils. Geschickte Schneider messen den Arm weiter nicht aus, sondern wissen nach dieser einzigen Ausmessung das Verhältniß des Ganzen zu bestimmen. Nunmehro hat der Schneider hinterwärts Maaß genommen, und er verrichtet eben dieses auch vorne. Er legt nemlich viertens ein Ende des Maasses auf den Schultern an, da wo das Vordertheil mit dem Hintertheil durch eine Nath vereiniget ist, geht mit dem Maaß über die Brust hinab bis zur Taille, und macht hier auf dem papiernen Maaß ein Zeichen. Wenn er wieder das Maaß, wie jetzt gedacht, angeleget hat, mißt er hinab bis zu Ende des Kleides, und macht hier abermals auf dem papiernen Maaß ein Zeichen. Hiedurch erhält er die ganze Länge des Vordertheils. Fünftens mißt er den ganzen Umfang des Leibes unter den Armen aus, legt die mit dem Papiermaaß gefundene Weite zu zwey gleichen Theilen zusammen, und macht in der Mitte oder in dem Bruch ein Zeichen. Eben so mißt er den Umfang des Körpers in dem Bauch und über den Hüften oder in dem Beschluß der Taille aus. Endlich nimmt er die Weite des Vordertheils auf der Brust von einem Ermelloch oder vielmehr von der vordern Nath desselben bis zur andern. Diese mit dem Papiermaaß gefundene Weite schlägt er doppelt zusammen, macht in dem Bruch ein Zeichen, und jede Hälfte giebt ihm die Weite eines Vordertheils auf der Brust. Einige Schneider nehmen dieses Maaß auf der Brust, sogleich wenn sie die Länge des Vordertheils ausgemessen haben: so wird das Maaß zum Rocke genommen, und auf gleiche Weise auch zur Weste. Es fehlt also nichts weiter, als wie das Maaß zu den Beinkleidern genommen wird. Gewöhnlich an dem rechten Bein legt der Schneider das Maaß unter dem Bund oder auf der Hüfte an, und mißt hinab bis zum Beschluß des Gürtels unter der Kniescheibe. Hier macht er ein Zeichen, und findet hiedurch die Länge der Beinkleider. Ferner mißt er die Stärke der Lende nach ihrem ganzen Umfang an drey Orten aus, nemlich auf dem Kniegürtel, in der Mitte, und da, wo die Lende am stärksten ist. Bey jeder dieser Ausmessungen schlägt er die gefundene Länge des Papiermasses zusammen, macht in der Mitte oder in dem Bruch ein Zeichen, und findet hiedurch die Weite eines Beinkleidertheils an drey verschiedenen Orten. Endlich mißt er den Umfang des Leibes in dem

Beinkleiderbund oder in den Hüften aus, schlägt das gefundene Maaß wie bey den vorigen drey Ausmessungen zusammen, macht in der Mitte ein Zeichen, und bestimmt hiedurch die Weite des halben Bundes.

Ehe der Schneider das Kleid aus dem eingekauften Tuch nach diesem Maasse zuschneiden kann, muß er dieses erst zu dem Tuchbereiter schicken, und in warmen Wasser **krumpfen** lassen. Das Tuch läuft im Regen ein und bekommt Flecke, wenn diese vorläufige Vorsicht versäumet wird. Doch giebt es einige Tücher, wie die schwarzen und Königstücher, welche krumpffrey sind, wie man zu sagen pflegt. Die Ursach habe ich in der Beschreibung der Zeugmanufactur in der vorigen Sammlung angezeigt. Nunmehro kann der Schneider das Kleid nach Anleitung des Maasses zuschneiden, wobey sich ungeübte Schneider auch wol eines papiernen Musters bedienen, und nach Erforderniß abnehmen oder zugeben. Ueberhaupt erfordert das Zuschneiden die gröste Geschicklichkeit des Schneiders, und der Meister übernimt es daher selbst, oder in sehr grossen Werkstätten überläßt er es auch einem bejahrten und verständigen Gesellen, oder einem verarmten Meister. Der **Rock** mag zuerst **zugeschnitten** werden. Doppelt und zu zwey gleichen Hälften zusammengeschlagen legt der Schneider das Tuch auf einen langen Tisch und schneidet zuerst die beyden **Hintertheile** zugleich zu. Zu Anfang des

Tuchs zieht er nach Anleitung des Lineals oder der Elle mit Kreide eine Linie nach der Breite des Tuchs, wo sich das Hintertheil Fig. VIII, Tab. V in a b anfängt. Er legt hierauf das Maaß der Länge eines Hintertheils in a an, fährt mit demselben bis zur Taille g hinab, macht hier ein Zeichen mit Kreide, und geht alsdenn mit eben dem Maaß hinab bis e, wo sich die ganze Länge des Hintertheils endiget. Bey dem Beschluß dieser Länge hält er an das papierne Maaß ein Stück Kreide, und beschreibt mit der letztern vermittelst des Maasses den Bogen e f. Hiedurch bestimmt er zum Theil das Tuch zu den Falten, und wenn das Tuch nicht breit genug ist, die Falten zu erhalten, so beschreibt er den Bogen erforderlich auf dem Tische aus, und setzt in der Folge das Fehlende an. Er beschreibt hierauf in g eine kurze horizontale Linie zu einem sogenannten Haken, und ziehet nach diesem die senkrechte Linie a g und e g. Nunmehro kann er das Maaß der halben Weite zwischen den Schultern in h anlegen, und nach dem gedachten Maaß die Weite h i bestimmen, so wie auch nach einem getreuen Augenmaaß die Linie b i. Nach eben diesem Augenmaaß zeichnet seine geübte Hand auch das halbe Ermelloch i k aus, und blos das Augenmaaß leitet ihn auch, wenn er die zurückgezogene Linie k c beschreibet. Denn die Breite g c ist willkührlich, und der Schneider muß nur dahin sehen, daß sie gegen die Breite h i ein schickliches Verhält-

niß

niß hat. Denn ist diese Breite g c auch etwas zu schmal, so wird der Mangel durch das Vordertheil ersetzt. Endlich punktirt sich der Schneider eine Linie von i bis f, bestimmt hiedurch die wahre Grösse des Tuchs zu den Falten in f, und findet zugleich mit Hülfe seines getreuen Augenmaasses die Linie f c, und nach dieser und der Linie k c bestimmt er den Haken in c. Nunmehro ist das Hintertheil vorgezeichnet, und da das Tuch doppelt lieget, so können beyde Hintertheile zugleich nach den gezogenen Linien mit der **Schneiderschere** Fig. III Tab. V zugeschnitten werden. Daß diese Schere groß, stark und gut verstählet seyn müsse, ist bekannt genug. Der Schneider geht nunmehro zu den **Vordertheilen** Fig. IX über, und legt daher das Tuch zu denselben in erforderlicher Länge doppelt auf den Tisch. Die Linie m l, so den Anfang des Ganzen macht, bestimmt er abermals zuerst, und legt alsdenn das Hintertheil auf das Tuch zum Vordertheil, so daß die Linie a b Fig. VIII auf die Linie l m Fig. IX fällt. Er setzt den Punkt m Fig. IX nach Beschaffenheit der Breite des Tuchs fest, nimt das Maaß der Länge des Vordertheils, legt dessen Anfang in m an, geht mit dem Maaß zur Brust n, von da zur Taille o, und endlich mit dem Beschluß des Maasses nach p. In n, o und p macht er mit Kreide ein Zeichen. Nunmehro bestimmt er erst die wahre Länge der Linie l m, welche halb so lang ist, als das auf der Brust genommene Maaß. Die

Weite n q findet er nach dem Maaß, so er um den ganzen Leib unter den Schultern genommen hat, aber mit Beyhülfe der Hintertheile. Er ziehet nemlich von dem gedachten Maasse die größte Weite h i der Hintertheile Fig. VIII ab, und zwar doppelt, weil 2 Hintertheile vorhanden sind, und den Ueberrest des gedachten Maasses theilt er in 2 gleiche Hälften. Eine dieser Hälften bestimmt die Weite n q Fig. IX, weshalb der Schneider nach dieser Ausmessung von n bis q ein Zeichen mit Kreide in q macht. Auf gleiche Weise bestimmt der Schneider auch die Weite s r nach dem Maaß um den Leib in den Bauch, und die Weite r o nach dem Maaß um den Leib in der Taille, beydes mit Beyhülfe der Hintertheile, wie vorher gezeiget ist. Nach diesen Punkten l, q, s und r kann er nun die Linie l r ziehen, und zugleich das Armloch u q Fig. IX, mit Zuziehung der Grösse des halben Armlochs i k Fig. VIII, abzeichnen. Ferner zeichnet er nach den Punkten m n Fig. IX den Ausschnitt oder die Rundung der Brust, nach den Punkten n r den Ausschnitt des Bauchs, und von t bis p die übrige Länge des Vordertheils auf eine schickliche Art aus freyer Hand ab. Zuletzt legt er den Anfang des Längenmaasses zum Vordertheil in m an, und beschreibt mit diesem Maasse vermittelst angehaltener Kreide in p s einen Bogen. Hiedurch bestimmt er zugleich das Tuch in s r zu den Falten, zieht den Bogen auf dem Tische aus, wenn die Breite des Tuchs hiezu nicht

nicht hinreicht, und setzt den fehlenden Theil in s in der Folge an. Die Mode muß ihn leiten, wie viel Tuch zu den Falten erfordert wird, und hiernach zieht er die Linie s v nebst dem Haken v r. Das Vordertheil ist nun gleichfalls vorgezeichnet, und der Schneider kann nunmehro mit der Schneiderschere beyde Vordertheile zugleich ausschneiden, da das Tuch gedoppelt lieget. Auf das Vordertheil folgen die **Ermel** Fig. X, wobey das Tuch abermals doppelt liegt. Mit der Beschreibung der geraden Linie w y macht der Schneider gleichfalls den Anfang, und die Länge dieser Linie findet er, wenn er das Maaß, so er um den ganzen Arm genommen hat, wie oben gedacht, theilet. Die Hälfte giebt die Länge w y. Hierauf zeichnet er die Rundung w x y zwar nach dem Augenmaaß, aber doch nach Verhältniß des Armlochs u q Fig. IX ab. Er macht aber die Rundung w x y lieber etwas grösser, weil er beym Einsetzen des Ermels nach Befinden zwar abnehmen aber nicht ansetzen kann. Er mißt hiernächst mit dem Längenmaaß des Ermels von w bis z, macht hier ein Zeichen mit Kreide, und geht mit dem Maaß nach r z, wodurch die ganze Länge des Ermels bestimmt wird. Die Linie y A B zeichnet er nach dem Augenmaaß ab, und siehet nur dahin, daß jede Weite ein schickliches Verhältniß gegen die Weite w y habe. Nach dieser Vorzeichnung wird nun der Ober- und Unterermel zugleich zugeschnitten, doch mit dem Unterschied, daß bey dem Unter-

ermel

ermel der bogigte Theil wxy wegfällt, wogegen unterhalb der Linie wy Fig. X etwas Tuch nach dem punktirten Bogen wy ausgeschnitten wird. Die Grösse dieses Bogens richtet sich nach dem Armloch ik Fig. VIII. Die **Patten** der Tasche und den **Aufschlag** schneidet der Schneider nach einem papiernen Muster oder auch aus freyer Hand zu, und die Mode muß ihn hiebey leiten. Bey dem Zuschneiden der **Weste** werd ich mich nicht verweilen, weil sie mit einem geringen Unterschied eben so zugeschnitten wird, wie der Rock. Es bleiben also nur noch die Beinkleider übrig. Auch hiebey muß das Tuch doppelt liegen, und die beyden Vordertheile werden zugleich zugeschnitten, so wie auch die beyden Hintertheile. Des Raums wegen sind auf der V Kupfertafel Fig. XI beyde Theile vereinigt abgebildet, oder so wie sie zusammengenähet werden müssen, und eabcd ist ein Vordertheil, eafcd aber ein Hintertheil. Zu dem **Vordertheil** zieht der Schneider erst die gerade Linie ab nach der Breite des Tuchs, und setzt nach dem Augenmaaß zugleich die Linie ae an. Hierauf nimt er den vierten Theil des im Bunde genommenen Maasses, bestimmt die wahre Länge der Linie ab, die aber an sich etwas weniger, als den vorgedachten vierten Theil beträgt, wie die Folge lehren wird. Von a mißt er alsdenn hinab nach e und zwar mit dem Längenmaaß der Beinkleider, wodurch er ihre Länge findet. Nach seinem getreuen Augenmaaß zieht er hierauf

auf auf b die schräge Linie bc, und unter dieser Linie mißt er in cg die zweyte Weite dieses Vordertheils ab. Er theilt nemlich das Maaß, so er in der grösten Dicke der Lende genommen hat, und nach der gefundenen Hälfte bestimmt er die Weite cg. Eben so findet er nach dem hiezu genommenen Maaß die Weite ih und ed. Nach den Punkten f, h und d kann er nun die Linie cd auszeichnen, und nach der vorherbeschriebenen ganzen Vorzeichnung beyde Vordertheile zugleich zuschneiden. Das Hintertheil Fig. XI eafcd hat bis abc mit dem Vordertheil einerley Grösse, es muß aber der Theil afc zugegeben werden, woraus das Gesäß entstehet. Dieserhalb legt der Schneider ein Maaß in a an bis nach c, nimt in c zugleich Kreide in die Hand, und beschreibt den Bogen af, der bis etwas über die Hälfte der Linie abc gehet. Aus dem Punkt f und a ergiebt sich die Linie fa. Endlich muß bey diesem Hintertheil ein Stück Tuch nach dem punktirten Bogen ed ausgeschnitten werden, und dieser Ausschnitt fällt in die sogenannte Kniekele. Hieraus erhellet, daß, wenn die Hintertheile zugeschnitten werden, die Vordertheile der Beinkleider auf dem Tuch zu den Hintertheilen liegen müssen. Nach diesen und der Vorzeichnung afc werden nun beyde Hintertheile zugleich zugeschnitten. Aus dem Punkt k des Vordertheils eacd schneidet der Schneider endlich in dieses ein, und hieraus entstehet vermittelst einiger kleinen Leisten die Patte oder Klappe der Tasche.

Es giebt eine mathematische Beschreibung der Schneiderprofeßion, in welcher das Zuschneiden nach mathematischen Grundsätzen beschrieben ist, aber nur zum Vergnügen, oder vielmehr um den Mißbrauch der mathematischen Lehrart lächerlich zu machen. Der Schneider weiß freilich von allen mathematischen Gründen und Aufgaben nicht das mindeste, und wenn er Geschick hat, so verfertiget er demohnerachtet ein passendes Kleid, und welches in der grossen Welt noch mehr sagen will, ein Kleid nach der Mode. Aus dem Obigen erhellet, daß er zwar das Maaß beym Zuschneiden zu Hülfe nimt, daß ihn aber auch oft das Augenmaaß, die Uebung, und insbesondre die Mode leiten muß. Ein Wohlthäter wird er für die Zeugfabrikanten, wenn er das Geschicke besitzt, neue Moden zu erfinden und beliebt zu machen.

Nach Anleitung aller dieser zugeschnittenen Theile des Ueberzugs zum Kleide wird nun das Unterfutter von feinen Rasch oder Futtertaffent leicht zugeschnitten. Bey einem Tuchenen Kleide muß das Unterfutter etwas größer seyn, als der Ueberzug, weil jenes umgelegt angenähet wird. Das zugeschnittene Kleid übergiebt nun der Meister insgemein den Gesellen, die es zusammen nähen, und von dem letztern muß ich noch kürzlich reden. Der Raum erlaubet aber nicht, mich in alle Kleinigkeiten einzulassen, sondern ich werde nur die Hauptsache zeigen. Der Rock mag zuerst zusammen genähet werden.

Den

Den Anfang macht der Schneider damit, daß er an diejenigen Theile, die wegen der mangelnden Breite des Tuchs nicht aus dem Ganzen geschnitten werden konnten, das fehlende Stück ansetzt. Z. B. in den Falten wird in s. Fig. IX zuweilen eine Spitze angesetzt, wie ich schon oben gesagt habe. Diese Stücke werden mit Vorderstichen oder mit einer überwendlichen Nath angesetzt, oder wie der Schneider sagt angestoßen, wenn nemlich die Nath nicht in die Augen fällt. Ist dieses aber, so bedient man sich der Stoßnath. Wenn zwey Theile durch **Vorderstiche** zusammen gesetzt werden, so legt der Schneider diese beyden Theile dergestalt zusammen, daß Schnitt genau auf Schnitt fällt, und alsdenn nähet er Stich neben Stich, so daß er die Nadel jederzeit nach seinem Leibe zu ziehet. Diese Nath ist im gemeinen Leben die gewöhnlichste. Bey der vorbeschriebenen Nath liegt ein zu vereinigender Theil horizontal auf den andern, aber nicht bey der **überwendlichen Nath** Bey dieser fällt gleichfalls Schnitt auf Schnitt, aber der Schneider hält die zu vereinigenden Theile senkrecht vor sich, und sticht unter dem Schnitt die Nadel beständig von sich abgekehrt durch. Der Faden kommt bey jeden Stich auf dem Schnitt zu liegen, und bey mehrern Stichen neben einander gleicht der Faden einer bey jeden Stich abgebrochenen Schlangenlinie. Allein der Schneider bedient sich selten dieser Nath, weil der Faden auf der rechten Seite des Tuchs etwas in die Augen fällt. Beym

Anstoß-

Anstoßen ist die Stoßnath die gewöhnlichste und festeste. Bey dieser Nath stoßen die Schnitte beyder zu vereinigenden Theile an einander, und diese beyden Theile liegen beynahe in gerader Linie hinter einander. Die Nadel wird gleichfalls mit der Spitze von dem Leibe abgekehrt durchgestochen, aber nur durch die halbe Dicke des Tuchs, damit der Faden nicht auf der rechten Seite des Tuchs in die Augen fällt. Der Faden kommt gleichfalls auf dem Schnitt zu liegen, und wenn der Schneider diese Nath einmal durchgenähet hat, so nähet er der Haltbarkeit wegen nochmals wieder zurück. Diese Nath braucht nicht ausgebiegelt zu werden, aber wohl die beyden vorhergehenden. Als bekannt kann ich bey dem Nähen mit Recht voraussetzen, daß der Schneider mit einer gewöhnlichen Nähnadel Fig. VII nähet; daß er sich beym Nähen derjenigen Näthe, die nach dem Futter zu fallen, eines gefärbten und mit Wachs bestrichenen Zwirns, bey den sichtbaren z. B. staffierten Näthen der Nähseide bedient, so daß die letzte eine gleiche Farbe mit dem Kleide hat; daß ferner alle mit Zwirn genäheten Näthe auf der linken Seite genähet werden; und daß endlich auf dem Mittelfinger seiner rechten Hand ein Nähring Fig. II steckt, damit er beym durchstecken die Finger nicht an der Nadel verletzet. Wenn die gedachten Stücke angestoßen sind, alsdenn schlägt er an denjenigen Stellen, wo es erforderlich ist, steife Leinwand unter, z. B. da wo Knopflöcher und Knöpfe angebracht werden,

indem

indem er diese steife Leinwand mit Vorderstichen anheftet. Hiernächst zeichnet er sich die Stellen der Knöpfe und Knopflöcher ab, wobey er sich eines Maaßes von Papier bedient, damit Knöpfe sowohl, als Knopflöcher unter einander einen gleichen Abstand erhalten. Die Knopflöcher schneidet er an der Kante eines Tisches oder auf einem kantigen Holze mit einem Messer aus, und benähet sie mit dem in voriger Sammlung beschriebenen Kammelgarn auf folgende Art. Der Schneider verschnüret erst den ganzen Umfang des Knopfloches, da er an jeder Seite des aufgeschnittenen Knopflochs einen oder ein paar kammelgarne Faden von C nach D Fig. IX ausspannt. Diese ausgespannten Faden müssen das Verschlingen des Knopflochs erheben. Denn dieses wird nun auf folgende Art nach seinem ganzen Umfang verschlungen. Bey jeden Stich steckt nemlich der Schneider die Nadel durch die Schlinge des Fadens durch, welche Schlinge entstehet, wenn er die Nadel in das Tuch eingestochen und durchgezogen hat. Der Augenschein allein kann diese Sache deutlicher machen. Auf diese Art können die Knopflöcher doppelt gemacht werden. Entweder der Schneider sticht mit der Nadel aus dem Innern der aufgeschnittenen Knopflöcher nach dem Aeussern hinter dem ausgespannten Faden weg, und schürzet wie gedacht: oder er sticht umgekehrt ausserhalb des ausgespannten Fadens mit der Nadel ein, leitet diese nach dem Innern des Knopflochs oder nach dem Schnitt, und schürzt alsdenn. Diese letztern sogenannten umgekehrten Knopflöcher sind erhabener, und die Stiche fallen nicht so merklich in die Augen. So werden die aufgeschnittenen und unaufgeschnittenen oder blinden Knopflöcher geschürzet. Aber die Verschürzung des Knopflochs liegt noch platt nieder, und jedes muß daher aufgebiegelt werden. Dieserhalb spannt der Schneider jedes Knopfloch entweder in ein Knopflochholz oder dagegen in eine Knopflochschraube. Das Knopflochholz Fig. VI ist in der Mitte der Dicke nach seiner Länge von b bis a durch eine Säge aufgeschnitten, doch so, daß der Schnitt nicht ganz durchgehet, sondern beyde hiedurch entstandene Theile noch in a zusammen hängen. In diese Spalte steckt der Schneider in a einen Pfriem hinein, öfnet sie hiedurch, legt die Verschlingung des Knopflochs oben in die Spalte, und zieht den Pfriem wieder aus. Alsdann biegelt er das Knopfloch auf der linken Seite mit dem erwärmten Biegeleisen, wovon ich unten reden werde. Statt dieses Knopflochholzes bedient er sich bequemer der Knopflochschraube Fig. IV. Bey dieser sind zwey Hölzer mit einer Schraube über einander vereiniget, in die Oefnung zwischen beyden Hölzern legt man die Verschlingung des Knopflochs ein, zieht die Schraube an, und biegelt das Knopfloch wie vorher. Ehe aber die Knopflochsverschlingung in ein oder das andere Instrument geleget wird, beißet sie der Schneider schon vorläufig mit den Zähnen auf. Das linke Vor-

der-

derthell erhält die Knopflöcher, und an dem rechten werden nunmehro die Knöpfe angenähet. Hat der Rock sogenannte blinde Knopflöcher, daß er also nicht zugeknöpft werden soll, so werden die Knöpfe dergestalt angenähet, daß sie dicht und platt auf dem Tuch aufliegen. Soll der Rock aber zugeknöpft werden, so müssen die Knöpfe etwas von dem Tuch abstehen, und daher mit einem Henkel angenähet werden. Dieser entstehet, wenn der Schneider die Stiche, womit der Knopf bereits angenähet ist, mit Zwirn umwindet. Hiernächst schneidet der Schneider für die Patte in der Gegend der Taille r o des Vordertheils Fig. IX ein Loch ein, schlägt das überflüßige Tuch an dem Umfang dieses Lochs nach der linken Seite des Vordertheils zurück, und heftet es hier an. Die Patte selbst setzt er in diese Oefnung an ihren Ort mit einer Stricknath ein. Die beyden zu vereinigenden Theile hält der Schneider senkrecht und dergestalt vereiniget vor sich, daß Schnitt auf Schnitt fällt. Kurz unter dem Schnitt sticht er mit der Nadel, die er stets horizontal hält, auf der ihm zugekehrten Seite durch das Tuch durch, und auf der abgekehrten Seite hiernächst zu der zugekehrten Seite wieder zurück. Auf dieser letzten Seite des Tuchs sticht er gerade in der Mitte zwischen den bereits mit der Nadel gestochenen Löchern wieder in das Tuch, zieht die Nadel auf der abgekehrten Seite durch, und sticht hier etwas hinter dem zweyten gestochenen Loche wieder ein. In dieser Ordnung nähet er beständig fort, und auf der abgekehrten Seite fallen die Stiche in einander. Diese Nath ist die haltbarste, weil der Schneider den Faden am festesten anziehen kann, und überdem sind die Stiche auf der rechten Seite des Tuchs selten sichtbar. Stehet aber ein Schnitt vor den andern, so hindert der vorstehende Theil die Nadel auf der abgekehrten Seite bequem durchzuziehen. Daher werden alsdenn die Hinterstiche gebraucht, wovon sogleich die Rede seyn wird. Nach den Patten setzt man zugleich die bereits vorläufig zusammen genähete Tasche ein, da man sie um den ganzen Umfang der Taschenöfnung auf der linken Seite mit Vorderstichen annähet. Nach dieser Vorbereitung beyder Vordertheile, wendet sich der Schneider zu den Hintertheilen, und setzt beyde in a g Fig. VIII mit einer Stricknath zusammen. Zugleich zerschneidet er das Tuch von g bis E Fig. VIII nach einer graden Linie, leget etwa in E eine halbe Falte, die er Zwickel nennt, und wodurch der vorspringende Hacken g wegfällt, nähet den Schnitt zusammen, und bedeckt ihn mit einem Knopfloch. Ich bemerke hier ein für allemal, daß der Schneider die vorhergehenden und folgenden Näthe ausbügeln muß, damit sie sich platt niederlegen. Insgemein legt er die Nath auf die Kante eines vierkantigen Holzes, benetzt die Nath mit Speichel, und bügelt oder plättet sie mit dem erwärmten Bügeleisen Fig. I Tab. V von maßiven Eisen. Alsdenn muß das Futter untergeschlagen werden, und zwar zu-

erst

erst unter die Hintertheile. Man nähet nemlich die beyden Hintertheile des Futters mit einer Stricknath oder mit Vorder- oder auch mit Hinterstichen in a g Fig. VIII zusammen. Bey den Hinterstichen liegen die beyde zu vereinigenden Theile horizontal auf einander, aber Schnitt fällt nicht auf Schnitt, sondern ein Schnitt stehe vor dem andern vor. Uebrigens wird wie bey der Stricknath gestochen, außer daß der Schneider bey jeden Stich durch das Tuch zugleich hin und zurück sticht. Der Augenschein allein kann alle Stiche begreiflicher machen. Diese Nath wird alsdenn gebraucht, wenn ein Streif des Zeuges in einer Nath eingeleget werden soll, und daher bey den beyden zusammen gefügten Theilen nicht Schnitt auf Schnitt fallen kann. Z. B. in q r Fig. IX wird insgemein ein Streif des Tuchs eingelegt, damit man das Kleid weiter machen kann, aber nicht in k c Fig. VIII. Folglich kann in diesem Fall nicht Schnitt auf Schnitt fallen. Die Hinterstiche sind nicht so haltbar, als die Stricknath, aber haltbarer als die Vorderstiche. Daher vertreten sie die Stelle der Stricknath, wenn diese in dem angeführten Fall nicht angebracht werden kann. Ich kehre zu dem Futter der Hintertheile zurück. Wenn beyde Theile dieses Futters zusammen genähet sind, so heftet man es mit Fadenschlägen auf den tuchenen Hintertheilen an. Diese Fadenschläge sind sehr lange verlorne Stiche, wodurch zwey zusammen gehörige Theile blos vorläufig vereiniget werden.

den. Sie werden wieder ausgezogen, wenn alle Theile gehörig vereiniget sind. Gleichfalls mit Fadenschlägen wird das Futter jedes Vordertheils Fig. IX untergeschlagen, und von m bis p sauber auf dem Tuche staffieret, und zwar mit Vorderstichen oder mit verborgenen Stichen. Das Futter wird nemlich in etwas umgelegt, so daß der Schnitt des Tuches etwa eine Linie vorstößt oder vorspringt, und alsdenn mit Seide staffieret. Sollen die Stiche verborgen seyn, so sticht der Schneider die Vorderstiche nur durch die halbe Dicke des Tuchs durch, damit die Stiche nicht auf der rechten Seite in die Augen fallen. Vorder- und Hintertheile sind nun so weit vorbereitet, daß jedes Vordertheil in l r Fig. IX mit einem Hintertheil in b c Fig. VIII vereiniget werden kann. Aus obgedachten Ursachen geschiehet die Vereinigung des Tuchs an diesem Ort durch Hinterstiche. Im Gegentheil legt der Schneider das Futter des Hintertheils auf dem Futter des Vordertheils etwas um, und nähet oder staffieret es mit Vorderstichen. So wird jedes Vordertheil mit seinem zubehörigen Hintertheil vereiniget. Die Haupttheile des Rocks sind nunmehro zusammen gesetzet, und der Schneider gehet nunmehro zu den Falten des Schoßes über, so aus dem Faltentheil s v r des Vordertheils Fig. IX, und dem ähnlichen Theil c d f des benachbarten Hintertheils Fig. VIII bey jedem Schoße entstehen. Vorläufig muß aber der Schneider das Kleid am untern Umfange abrunden oder vergleichen, da er

nemlich

nemlich jedes Vordertheil in sp Fig. IX, und jedes Hintertheil in fe Fig. VIII im Zusammenhange gerundet gerade schneidet, um die Falten gehörig gerade zu schneiden, denn ein Theil steht zuweilen vor dem andern etwas vor. Gleichfalls vorläufig muß er das Kleid in psv Fig. IX und in cfe Fig. VIII gehörig nach dem obigen staffieren. Alsdenn kann er erst die Falten legen, wobey ihn die Uebung leiten muß, und überdem auch die Mode, wie er diese Falten, und wieviel er legen muß. Insgemein ist eine Falte $\frac{1}{4}$ Elle zusammen geleget breit, und ein Rock erhält $3\frac{1}{2}$ Falte. Hiernach muß sich der Schneider beym Zuschneiden richten. Die gelegten Falten heftet er insgemein an ein paar Orten zusammen, jederzeit aber in dem Hacken vr Fig. IX. Diese letztere Zusammenfügung bedeckt er mit einem Knopf, damit sie nicht in die Augen fällt. Es fehlt nur noch, daß die Ermel eingeworfen, oder eingesetzt werden. Vorläufig muß der Ober- und Unterermel vereiniget werden, und zwar in yAB Fig. X mit einer Stricknath, in wztz aber jederzeit mit Hinterstichen, weil hier abermals eingeleget wird. Hiernächst muß noch vorläufig der Aufschlag aufgesetzet werden, worauf man vorher, wenn es die Mode verlangt, Knöpfe und blinde Knopflöcher angebracht hat. Er wird selbst mit einer Stricknath zusammen genähet, und auch mit dieser Nath vorne an den Ermel angenähet. Ueber den Knöpfen befestiget man ihn aber auf dem Ermel mit Vorderstichen. Hiernächst wird der Ermel umgekehrt, und das Futter des Ermels, so schon vorläufig auf der linken Seite mit Vorderstichen zusammen genähet ist, auf den Tuchermel gelegt, und mit Fadenschlägen angeheftet. Alsdenn kehrt der Schneider den Tuchermel um, so daß das Futter inwendig zu liegen kommt. Nunmehro kann der Ermel in sein Armloch mit der Stricknath eingesetzt werden, und sein Futter wird umgeschlagen und auf dem benachbarten Futter mit Vorderstichen zusammen genähet oder staffieret. Zuletzt wird der Kragen angesetzt, wenn er nemlich vorhanden ist. Insgemein nähet der Schneider aber nur am Halse einen ganz schmalen Tuchstreif mit einer Stricknath an, damit der Rock an dem gedachten Ort einen guten Schluß erhält, und staffieret endlich an diesem Ort das Unterfutter.

Von der Weste sag ich abermals nichts, weil sie in den allermehresten Fällen mit dem Rock auf gleiche Weise genähet wird. Ich will also nur noch kürzlich zeigen, wie die Beinkleider zusammen gehängt werden. Vorläufig werden zuerst an die Vordertheile eacd Fig. XI die zugeschnittenen Latzstücken nebst ihrer Leiste mit einer Stricknath angenähet, oder dagegen nur eine Leiste oder ein Latz in bc, so wie auch die doppelten Leisten an der Taschenpatte in k. Hiernächst wird die steife Leinwand unter den Knopflöchern und Knöpfen untergeschlagen, da denn unmittelbar hernach die Knopflöcher verfertiget und die Knöpfe angenähet werden. Von dieser Arbeit wendet

sich

sich der Schneider zu den Hintertheilen, und nähet beyde im Gesäß oder in fc Fig. XI mit einer Stricknath zusammen. Mit eben der Nath wird auch jeder Vordertheil mit seinem Hintertheil in cd vereiniget, in ae nähet man aber beyde mit Hinterstichen zusammen, weil hier eingeleget werden muß. Hiedurch werden zugleich beyde Füße der Beinkleider vereiniget, da die Hintertheile schon vorher in fc zusammen genähet sind. Es kann daher nunmehro der obere Gurt oder Bund angesetzt werden. Dieser Bund, der etwa eine Hand breit ist, bestehet aus zwey Hälften, die hinten über dem Gesäß insgemein mit einem Gurt und einer Schnalle vereiniget werden. Jede Hälfte des Bundes ist also dem halben Maaße gleich, so der Schneider an den Hüften genommen hat. Nach diesem halben Maaß schneidet der Schneider zwey viereckige Tuchstreifen zu, und zwar in der gedachten Breite. An jeden Fuß der Beinkleider wird die Hälfte des Bundes angesetzt, und zwar an den rechten Fuß Fig. XI in baf. Der obere Rand af des Hintertheils muß aber vorläufig gefaltet werden, wodurch die völlige Rundung des Sitzes entstehet. Alsdenn wird der Bund in baf mit einer Stricknath angesetzt. Eben so verhält es sich mit dem Bund beym zweyten Bein der Beinkleider. Der tuchene Ueberzug ist nun völlig zusammen gesetzt, und daher kann das Unterfutter untergeschlagen werden. Das zugeschnittene Unterfutter, gewöhnlich von Parchent, nähet der Schneider auf der linken Seite eben so zusammen,

 wie

wie den Ueberzug, und zwar insgemein mit einer Stricknath. Hiernächst legt er das Unterfutter dergestalt, daß die Hintertheile oben liegen, breitet die tuchenen Beinkleider auf ihrem Unterfutter aus, so daß die Hintertheile das Futter berühren, heftet beydes am Umfange mit Fadenschlägen zusammen, und kehrt den Ueberzug um, so daß nun die rechte Seite auswendig, und das Futter inwendig fällt. Alsdenn staffiert er das Futter an dem Bund, den Latzen, unten neben den Knöpfen und Knopflöchern, und in e d Fig. XI. Zuletzt nähet er die Gürtel mit Vorderstichen an. Die übrigen Kleinigkeiten übergehe ich.

Das ganze Kleid ist nunmehro verfertiget, und es fehlt weiter nichts, als daß der Schneider die Fadenschläge ausziehet, und das Kleid mit dem erwärmten Bügeleisen Fig. I durchgängig gut ausbügelt, und insbesondere in den Näthen. Gewöhnlich liegt das Kleid hiebey platt auf dem Tisch, ausgenommen bey den Ermeln und Beinen der Beinkleider. Die Natur der Sache lehrt, daß der Schneider die Näthe dieser Theile nicht anders ausbügeln kann, als wenn er ein ganz oder halb gerundetes Holz hinein steckt, und dieses Holz nennt er Ermelholz Fig. V. Der Kürze wegen bin ich im vorhergehenden alle Nebendinge übergangen, z. B. daß ein Kleid Tressen, Balletten u. d. gl. erhalten kann, so wie ich auch aus eben der Ursache nichts von den übrigen unbeträchtlichern Kleidungsstücken der Mannspersonen sagen kann.

Nach-

Nachricht. Der Mannsschneider läßt sich von seinen Lehrburschen ein Lehrgeld erlegen, wenn sie nur 3 bis 4 Jahre lernen wollen, da sie ohnedem bis 6 Jahre lernen müssen. Jetzt verfertiget ein angehender Meister in Berlin blos ein vollständiges Mannskleid. Vordem muste er noch einen jetzt aus der Mode gekommenen Mantel zur Probe machen, da er aber in jetzigen Zeiten dieses theure Kleidungsstück von feinen Tuch nicht wieder verkaufen kann, so verlangt das Gewerk doch wenigstens eine Vorzeichnung von dem Zuschnitt dieser Mäntel. So groß ist die Anhänglichkeit an alten verjährten Gebräuchen, selbst noch in großen Städten!

II. Der Frauenschneider.

1) Die Grundlage der Bekleidung eines geputzten vornehmen Frauenzimmers ist nach gegenwärtiger Mode ohne Zweifel die **Schnürbrust**, wovon ich also zuerst reden muß. Nicht einmal alle Frauenschneider verstehen die Kunst, eine geschickte Schnürbrust zu verfertigen. Daher sind in großen Städten Schneider, die blos Schnürbrüste verfertigen. Es giebt aber eine dreyfache Art Schnürbrüste, nemlich die gewöhnliche Schnürbrust, die englische Schnürbrust, und der Corselet. Von allen diesen Arten will ich kürzlich reden.

Die **gewöhnliche Schnürbrust** hat vorne ein ungetheiltes steifes und gerundetes Bruststück,

stück, und wird hinten zugeschnüret. Zu jeder Schnürbrust wird das Maaß folgendergestalt genommen. Zuerst mißt der Schneider mit seinem papiernen Maaß hinten von dem Halse hinab, bis zu der Taille, und hiernächst mißt er die hintere Breite zwischen beyden Schultern. Er wendet sich nunmehro zu dem Vorderleib, und mißt hier zuerst von den Schultern hinab bis zur Taille. Alsdenn mißt er die Brustbreite, und endlich den ganzen Umfang des Leibes, sowohl in der Brust, als in der Mitte, und zuletzt auch in der Taille. Die nähern Umstände beym Maaßnehmen hab ich bereits bey dem Mannsschneider angezeiget. Jede Schnürbrust wird aus 12, gewöhnlich aber nur aus 10 besondern Theilen zusammen gesetzet. Daher muß der Schneider die Kunst verstehen, das dreyfache nach dem Umfang des Leibes genommene Maaß dergestalt abzutheilen, daß jeder Theil allenthalben die erforderliche Weite erhält, so, daß die fertige Schnürbrust passet. Doch bedient er sich hiebey und beym ganzen Zuschneiden insgemein gewisser papierner Muster oder Modelle, und nach Anleitung des Maaßes nimmt er ab, oder giebt zu. Die Vorderbrust oder das Bruststück Tab. V Fig. XII bestehet schon aus 4 einzelnen Theilen. Die beyden äußern Theile a b c und e c f sind einander gleich, so wie auch die etwas größere beyden Mittelstücken b c d und d c e. Jeder Theil wird vorläufig bloß aus einfacher Leinwand zugeschnitten, und dies gilt auch von

den

den Theilen, die ich ferner nennen werde. Unter jedem Arm ist ein Seitenstück Fig. XIII, und daher sind 2 Seitenstücke vorhanden. Jedes bestehet wieder aus 2 Theilen a b c d und c d f e. An jedes Seitenstück wird endlich ein einzelnes Hinterstück Fig. XIV angesetzt, und also giebt es 2 Hinterstücke.

Ich habe vorher gesagt, daß der Schneider jeden Theil vorläufig aus einfacher Leinwand zuschneidet, allein nach diesem Zuschnitt müssen nun mehrere Stücke Leinwand geschnitten werden. Insgemein ist eine Schnürbrust von einfacher Leinwand zusammengesetzt. Der Ueberzug bestehet nemlich aus doppelter Leinwand, so wie auch das Unterfutter, so, daß also das Fischbein oben und unten mit doppelter Leinwand bedeckt ist. Doch nimmt man zum Futter des Brustſtücks zuweilen nur einfache Leinwand, und schlägt dagegen steife Leinwand unter, um hiedurch dem Bruststück mehrere Steife zu geben. Zuerst wird der doppelte Ueberzug auf dem doppelten Unterfutter jedes Theils besonders an der Kante gewöhnlich zusammen genähet. Doch muß bey jedem Theil die obere Kante z. B. Fig. XIII a f offen bleiben, weil hier in der Folge das Fischbein eingesteckt wird. Es ist nemlich bekannt genug, daß jede Schnürbrust mit Fischbein steif gemacht wird, und dieses steckt zwischen dem Ueberzug und Unterfutter nach der Länge der Schnürbrust hinab. Dieserhalb zeichnet sich der Schneider die Lage des Fischbeins auf jedem

Theil

Theil vermittelst des Linials und der Kreide durch Parallellinien ab. Man hat diese Parallellinien in der XII Fig. durch einige punktirte Linien angedeutet. Je breiter und dicker das Fischbein ist, desto mehr müßen diese Parallellinien von einander abstehen, damit der Schneider in der Folge jedes Stück Fischbein bequem einstecken kann. Auf jeder Parallellinie wird nemlich mit einer Stöppnath vermittelst der oben beschriebenen Hinterstiche durchgestöppt, so daß also für jede Fischbeinstange so zu sagen eine Scheide oder Hülse entstehet, damit sie sich nicht verschieben kann. In jede dieser Scheiden steckt der Schneider nunmehro eine Fischbeinstange oben z. B. in a f Fig. XII hinein. Das Bruststück erhält das stärkste Fischbein, und in der Mitte in d c ist vorzüglich eine starke Stange. Wenn die Theile dieses Bruststücks zusammengefüget sind, so wird das Ganze entweder durch eine gekrümmte eiserne Stange, oder durch einige krummgebogene Fischbeinstangen unter b e Fig. XII nach einem Bogen gerundet. Bey den Seitenstücken Fig. XIII gehet jede Fischbeinstange zwar nach der ganzen Länge z. B. c d hinab, allein diese Stangen sind anfänglich bey den eingeschlitzten Zwickelstücken g Fig. XIII noch nicht bedeckt. Man setzt nemlich unter jedes Zwickelstück g noch ein besonderes Zwickelstück unter, und stöppt in diesem das Fischbein. An dem Hinterstück Fig. XIV muß in a b gleichfalls eine starke Stange Fischbein angebracht werden, vorzüglich

züglich damit die Schnürlöcher nicht ausreissen. Diese werden mit einem starken Pfriem oder Ohrt durchgestochen, und wie ein Knopfloch benähet. Bis jetzt hat der Schneider jeden Theil nur einzeln behandelt, nunmehro setzt er aber die sämtlichen Theile mit der oben beschriebenen überwendlichen Nath zusammen. Es wird nemlich an jede Seite f c oder a c des Bruststücks Fig. XII ein Seitenstück Fig. XIII und zwar in b a angesetzt, und an jedes Seitenstück in e f wieder ein Hinterstück Fig. XIV in c d. Dieser Hintertheil ist in c d rund ausgeschnitten, und beym Zusammennähen ziehet der Schneider die Seite e f Fig. XIII nach und nach ein, damit der Schluß der Taille entstehet. Es verstehet sich, daß vor dieser Zusammensetzung der Haupttheile die kleinen Theile dieser Haupttheile gleichfalls vorläufig auf eben die Art zusammengenähet werden. Hiernächst schneidet der Schneider das Schulterstück Fig. XV zu, welches in a b etwas schmaler seyn muß, als c e Fig. XIII und c f Fig. XIV zusammengenommen. Denn c e und c f wird in gerader Linie hintereinander zusammengesetzt, wenn die Seiten- Fig. XIII und Hintertheile Fig. XIV zusammengenähet werden. Was c e und c f zusammengenommen breiter ist, als a b Fig. XV, das ziehet der Schneider ein, wenn er das Schulterstück an dem gedachten Ort in c e und c f ansetzt. Durch dieses Einziehen oder Einfalten ent-

entstehet die Schulterrundung. Die Spitze c des Schulterstücks Fig. XV wird entweder in e f Fig. XII angenähet, oder auch nur an eben dem Ort mit einem Band in Schnürlöchern befestiget, und das letzte ist das gewöhnlichste. Hierauf wird der ganze Umfang der Schnürbrust mit einem Band eingefasset, und die Näthe werden gewöhnlich an der äussern Seite der Schnürbrust mit einem seidenen Band besetzt, damit sie nicht in die Augen fallen. Zuletzt wird gewöhnlich ein Unterfutter von feiner Leinewand untergeschlagen und staffieret. Zuweilen wird die Schnürbrust neben dem Fischbein auch wol mit Seide statt Zwirn gestöppt, oder äusserlich ganz mit einem seidenen Zeuge überzogen.

Von dieser gewöhnlichen unterscheidet sich die **englische Schnürbrust** insbesondre dadurch, daß sie sowohl hinten, als vorne zugeschnüret wird. Daher bestehet das Bruststück aus zwey abgesonderten Theilen, und jeder Theil gleicht beynahe der XIV Fig. Jeder dieser Theile erhält also auch Schnürlöcher, und diese werden vorne von starken Fischbeinstangen beschützet. Diese Schnürbrust wird also zwar gleichfalls vorne zugeschnürt und zwar mit einem seidenen Band, allein beide Brusttheile schliessen nicht an einander, sondern stehen von einander ab. Daher wird unter dem nur gedachten seidenen

denen Bande ein Latz von seidenen Zeuge angelegt.

Bey dem Corselet sind beyde Hintertheile zusammengenähet, und er wird daher blos vorne zugeschnüret. Daher bestehet das Bruststück zwar gleichfalls aus zwey abgesonderten Theilen, wie vorher bey der englischen Schnürbrust, allein beyde Theile müssen etwas breiter seyn. Denn wenn der Corselet zugeschnüret ist, so stossen beyde Theile dicht an einander. Ueberdem müssen beyde Theile zusammengeschnüret eben solch rundes und gewölbtes Bruststück bilden, als bey der gewöhnlichen Schnürbrust. Dieserhalb wird eine eiserne Stange oder auch nur ein eiserner Drath, der so lang, als das ganze Bruststück oben weit ist, und der überdem nach einem Bogen wie das Bruststück gebogen ist, dieser Drath, sag ich, wird nach seiner halben Länge auf dem Unterfutter der einen Hälfte des Bruststücks mit Leinwand überzogen angenähet. Fig. XIV c a sey die eine Hälfte dieses Draths, und in a steht die andre Hälfte vor dem halben Bruststück vor. Auf dem Futter der andern Hälfte des Bruststücks wird eine Scheide von Leinwand gerade wie c a Fig. XIV angenähet. Ehe nun der Corselet zugeschnüret wird, steckt man die gedachte vorstehende Hälfte des Draths in diese Scheide, und der Drath erhält die Wölbung der Brust. Die beyden

Brustſtücke des Corselets werden zwar gewöhnlich mit Fischbein ausgesteifet, in den Seiten- und Hintertheilen wird aber nur hin und wieder eine Stange Fischbein angebracht. Uebrigens wird die englische Schnürbrust und der Corselet eben so verfertiget, als die gewöhnliche Schnürbrust, und die Theile weichen nur in etwas von einander ab.

2) Eine oder die andre Art dieser Schnürbrüste nebst einem Kleide muß das Frauenzimmer anziehen, wenn der Schneider Maaß zu einem Kleide nehmen soll. Es würde eine unbelohnte Arbeit seyn, wenn ich alle Kleidungsstücke oder auch nur alle sogenannte lange Kleider der Frauenzimmer nennen wollte. Die Mode führt beynahe in jedem Jahre neue Kleider ein, und schafft die vorigen ab. Unter den sogenannten langen Kleidern ist anjetzt die Roberonde und im Hause auch zuweilen die **Pekesche** Mode, da im Gegentheil die **Volante** und der **Schlomper** zu dem Putz der vorigen Zeiten gehöreten. Das **Kamisol** und die **Kontusche** gehört ferner zu der leichten und geringern Bekleidung. Ein einziges Beyspiel mag die Verfertigung eines Frauenzimmerkleides begreiflich machen, weil sie sich alle in der Hauptsache größtentheils gleich bleiben.

Zu

Zu einer Roberonde verlangt der Schneider von der künftigen Besitzerin 20 Ellen seidenen Zeug, wenn dieser nemlich Dreyviertel Elle breit ist, und überdem noch 12 bis 14 Ellen zu einem Rock von eben dem Zeuge. Denn die Roberonde ist vorne offen, und es muß daher unter derselben ein Rock, und zwar nach der gegenwärtigen Mode von eben dem Zeuge getragen werden. Ehe er aber das Kleid aus diesem Zeuge zuschneidet, muß er folgendergestalt mit einem oben beschriebenen papiernen Maasse Maaß nehmen. Erst mißt er hinten vom Halse hinab bis zur Taille, und von da bis unten zum eigentlichen Beschluß des Kleides. Die Schleppe wird beym Zuschneiden nach dem Verlangen der Besitzerin lang oder kurz zugegeben. Hierauf mißt er die Schulterbreite, und wendet sich alsdenn zum Vorderleibe. Hier mißt er von der Schulter hinab bis zur Taille, und von da hinab nach der ganzen Länge des Kleides. Ferner mißt er die Brustbreite, desgleichen den Umfang des ganzen Leibes unter den Armen und in der Taille. Zuletzt mißt er die Länge des Arms von der Schulter bis zum Ellenbogen, so wie auch den ganzen Umfang des Arms sowohl neben der Schulter als neben dem Ellenbogen. Daß sich der Schneider beym Maaßnehmen gewisse Zeichen macht, und das Maaß um den Leib doppelt zusammen leget, dieses habe ich bereits bey dem Mannsschneider hinreichend gezeiget.

Gewöhnlich schneidet der Schneider erst die sogenannte Anprobe zu, oder das Unterfutter, so stets von Leinwand ist, und blos den Oberleib umgiebet. Das Vorderblatt des Unterfutters Fig. XVI schneidet er zuerst zu. Mit dem von der Brust bis zur Taille genommenen Maaß mißt er auf der Leinwand die Länge a b ab, und bezeichnet mit Kreide den Bogen a c nach dem Augenmaaß, und ziehet ferner die Linie c b. Hierauf nimmt er die Hälfte des Maasses in der Brust, und mißt die Weite c d ab, wornach er zugleich das halbe Ermelloch nach dem Augenmaaß abzeichnen kann. Endlich mißt er nach dem vierten Theil des Maasses in der Taille die Weite e f ab. Nach allen diesen Ausmessungen kann er nun das Vorderblatt mit Kreide vorzeichnen, und da die Leinwand doppelt lieget, so schneidet er beyde Vorderblätter zugleich zu. Bey dem Hintertheil des Futters bestimmt er zuerst die Länge bis zur Taille Fig. XVII a b, mißt a c nach der halben Schulterweite, d e nach dem vierten Theil der Weite unter den Armen, und f g nach dem vierten Theil der Weite in der Taille ab. Hiernach kann er diesen Theil vorzeichnen, und beyde Hintertheile aus der doppeltliegenden Leinwand zugleich zuschneiden. Der Ermel eines Frauenzimmerkleides erhält nur eine Nath, und muß daher aus dem Ganzen zugeschnitten werden. Erst mißt der Schneider die Länge a b Fig. XVIII ab, und hiernächst

die

die Weite oben in c d und unten in e f, alles dieses nach den hiezu genommenen Maassen. Die obere Schweifung in c a d, und die drey schrägen Linien in c b f zeichnet er nach seinem getreuen Augenmaaß oder nach Mustern vor, und schneidet hierauf das Futter zu beyden Ermeln gleichfalls zugleich zu. Der Zuschnitt des Unterfutters erleichtert nun das Zuschneiden des Oberzeuges, aber blos im Leibe. Folglich kann der Schneider nur den Umfang sowohl des Vordertheils Fig. XIX, als des Hintertheils Fig. XX in a b c d e nach dem Futter zuschneiden. Ich sage mit Bedacht, den Umfang. Denn sowohl der Vorder- als der Hintertheil erhält bey einer Roberonde Falten, und hierauf muß der Schneider Rücksicht nehmen, und den Oberzeug weiter, als das Unterfutter zuschneiden. Jeder Vordertheil ist im Leibe a b c d e Fig. XIX zwar nur ein Blatt weit, aber in c f g h wird ein Keil angesetzt, der in h g gleichfalls ein Blatt breit ist. Bey dem ganzen Kleide setz ich aber zum voraus, daß der Oberzeug dreyviertel Elle breit ist. Jeder Hintertheil Fig. XX ist durchgängig 2 Blatt weit, denn er erhält im Leibe mehrere und breitere Falten. Die Schleppe entstehet durch die schräge Linie f g. Ueberhaupt läßt sich der Zuschnitt des Kleides um den Unterleib nicht genau bestimmen. Denn es hängt lediglich davon ab, ob das Kleid nach der gegenwärtigen Mode auf **Poschen** (Poches) oder auf einem weiten Reif-

 rock,

rock, so man **Consideration** nennt, oder auf einer kleinerern **Baleine** getragen werden soll. Durch Keile, die an den Hintertheil in c g Fig. XX angesetzt werden, kann man im erforderlichen Fall den Untertheil des Kleides erweitern. Daher kann dieser Untertheil ganz unten 6 bis 8 Ellen weit seyn.

Alle diese Blätter und Keile werden untereinander durch Hinter- oder Nebenstiche vereiniget. Die Hinterstiche hab ich schon bey dem Mannsschneider erklärt. Bey den **Nebenstichen** rückt der Schneider jederzeit um zwey Faden des Oberzeuges sowohl seitwärts, als vorwärts von dem vorigen Stich vor. Wenn nun die Blätter und Keile jedes Vorder- und Hintertheils auf die gedachte Art zusammengenähet sind, so setzt der Schneider die beyden Hintertheile in a f Fig. XX und das zubehörige Futter in a b Fig. XVII mit den nur gedachten Stichen zusammen. Beydes wird hierauf ausgebügelt, und zugleich legt der Schneider die beyden Hintertheile in Falten, die nach der Länge des Kleides gehen. Mode, Uebung und Augenmaaß und zugleich das Ausmessen mit der **Elle** Fig. XXI muß den Schneider hiebey leiten. Doch muß die Breite der Hintertheile nach dem Futter eingerichtet werden, und auf diesem wird nun der Oberzeug mit langen verlornen Stichen **angereihet**. Eben so muß auch jeder Vordertheil

theil Fig. XIX gleichfalls in kleinere Falten geleget, und diese müssen niedergenähet werden. Er wird gleichfalls auf seinem Futter angereihet. Die einzelnen Theile sind nun zur Verbindung des Ganzen vorbereitet, und an jeden Hintertheil Fig. XX wird nun ein Vordertheil Fig. XIX in e d c g angesetzt. Der Oberzeug des Hintertheils wird nemlich auf dem Oberzeug des Vordertheils in etwas umgeschlagen, und mit den oben beschriebenen Vorderstichen niedergenähet, wie der Schneider sich auszudrucken pflegt. Eben so wird auch das Unterfutter beyder Theile vereiniget. Der Oberzeug des Ermels muß nach seinem Futter zugeschnitten werden, und d f wird mit c e Fig. XVIII durch Nebenstiche zusammengenähet. Doch muß Futter und Oberzeug jedes besonders zusammengenähet, und beydes hiernächst zusammengeschoben werden. Folglich erhält der Ermel nur eine Nath, die unter den Arm fällt, wenn der Ermel in e a d eingesetzt ist. Er wird aber unter dem Arm in das Armloch des Kleides mit Hinterstichen eingenähet, weil diese Nath nicht in die Augen fällt. Auf den Schultern legt aber der Schneider den Oberzeug des Armlochs im Kleide auf dem Oberzeug des Ermels in etwas um, und staffieret jenen auf diesem. Die Theile sind nun vereiniget, und der Schneider muß nun dem untern Umfang des Kleides einen erforderlichen Schnitt geben, so daß er allenthalben gerade und gleich ist. Dieser Umfang wird unten entweder blos gesäumet, oder man nähet unterhalb einen schmalen Streif Leinwand, so man Stoßkante nennet, um das ganze Kleid an, und staffieret hierauf den Oberzeug. Vorne in a b Fig. XIX staffieret der Schneider den Oberzeug auf dem Unterfutter, oder er leget jenen um dieses um, und nähet den Oberzeug auf. An eben diesem Ort wird insgemein eine Fischbeinstange mit einem besondern Streif Leinwand auf dem Unterfutter angenähet, doch so, daß es von dem Oberzeug bedecket wird. Hinter dem Fischbein werden durch die Leinwand Schnürlöcher durchgestochen und benähet. Zuweilen werden auch in das Futter durch das ganze Leib hin und wieder Fischbeinstangen eingenähet. An dem Untertheil des Ermels in e b f Fig. XVIII wird noch eine Frisur angesetzt, so man gleichfalls Ermel nennet. Vordem war der Ermel mit einer Manschette gewöhnlich, und diese Manschette ist unten spitzer und weiter, als oben. Diese Zeugmanschette wird in sogenannte Pfeifenstielfalten gelegt, und an den eigentlichen Ermel angenähet. Gewöhnlicher ist anjetzt der sogenannte **Bauerermel**, der vor dem eigentlichen Ermel nicht vorspringt, sondern ihn um Zweydrittel seiner Länge, oder auch etwas weniger bedeckt. Dieser Ermel wird gepufft oder aufgepufft, wie ich sogleich zeigen werde. Solche Ermel werden oft mit einem

nem Cordon besetzt, so wie auch die ganze Frisur des Kleides.

Und von dieser **Frisur** muß ich zuletzt noch mit ein paar Worten reden. Insgemein erhält ein Kleid am Halse und vorne herunter eine solche Frisur. Die Mode hat aber mannigfaltige Arten der Frisur erfunden, wovon ich nur einige der gewöhnlichsten anzeigen werde. Die **Pfeifenstielfrisur** bestehet aus schmalen und runden Falten oder Tollen, nach der Breite des Frisurstreifes. Die **Spitzkäse**- oder **Schifffrisur** hat ihren Namen von ihrer Gestalt erhalten. Denn die Falten werden in Gestalt eines Spitzkäses oder eines kleinen Kahns gelegt. Die **Carreauxfrisur** erhält Falten gleich einer Raute, und wenn diese Rauten verschoben sind, so nennt man es **Waffenfrisur**. Fallen diese Falten etwas ins runde, so entstehet die **gepuffte Frisur**, und diese ist beynahe eine Viertel Elle breit. Die 4 letzten Frisuren werden mit Schaf- oder Baumwolle ausgestopft, damit sich die Frisur desto besser erhebet. Alle diese Frisuren müssen vorläufig in Falten geleget werden, und alsdann werden sie erst auf das Kleid aufgenähet. Eben solche Frisur erhält auch der zur Roberonde gehörige Rock an seinem untern Umfange, und man nennt diese Frisur **Falbala**. Doch muß die Frisur des Rocks und der Roberonde

jeder-

jederzeit mit einander übereinstimmen. Von der Verfertigung dieses Rocks sag ich nichts, weil er von jedem geschickten Frauenzimmer verfertiget werden kann. Der Kürze wegen übergehe ich auch die übrigen Kleidungsstücke des Frauenzimmers, zumal da nur auf eine abgeänderte Art zugeschnitten werden muß, die Verfertigung sich aber gröstentheils gleich bleibet.

Register

über die zum Thierreich gehörigen Profeßionen in der 13ten, 14ten und 15ten Sammlung.

A.

Aasseite des Leders, XIIIte Sammlung, 26te Seite.
Abbeeperücke XIII. 307.
Abbinden der Weber XIV. 469.
Abdoppeln, Schuhe XIII. 248.
Abdunkeln, Farben XV. 245.
Abhobeln, Leder XIII. 107.
Abketteln, Maschen XV. 149.
Abnehmen, Maschen, gewöhnlich XV. 145. auf englische Art 167. beym Stricken 199.
Abpressen, Maschen, XV. 145. 154.
Abrechte des Tuchs XIV. 297.
Abrechten, Tuch XIV. 330.
Abrunden, ein Kleid, XV. 358.
Absatz des Schuhs XIII. 226. 240. 252.
Absatzkuchen XIII. 226.
Absatzohrt XIII 222. 240.
Absatzwecke XIII. 240.
Abschlachten, die Haut eines Thiers XIII. 8.
Abstecher XIV. 256.
Abstoßbaum XIII. 75.
Abstoßeisen XIII. 95.
Abstossen, Leder XIII. 95.
Abstoßmesser XIII. 75.
Abziehen, Tuch XIV. 271.
Adern, d. i. Sehnen der Pferde XIII. 172.
Aedern, eine Bürste XIII. 367.
Aescher der Seifensieder XIII. 376. s. Kaltäscher.
Afterlauge zu Leder XIII. 104.

Ahle

Ahle der Sattler XIII. 159.
Alaunbrühe bey Leder, XIII. 90.
Alaunen, Wolle XV. 237. Seide 274.
Alaunleder XIII. 59. 152.
Alkermes, s. Kermes.
Altarlichter XIII. 424.
Andrehen, Kettenfaden XIV. 432.
Anil XV. 216.
Annadeln XIII. 223. 235.
Anreihen XV. 374.
Anschlagen, Tuch an den Rahm, XIV. 311.
Ansod der Wolle XV. 237.
Anstellen, die Küpe XV. 221
Anstossen, Tuch beym Kleide XV. 351.
Apfelgrün XV. 280.
Appretur der wollenen XIV. 207. ganz seidenen 621. und halbseidenen Zeuge 653. der seidenen Strümpfe XV. 182.
Atlaß XIV. 451. 626. facionirter 527. halbseidener 650.
Aufbäumen, die Weberkette XIV. 50. 263. 421.
Aufbiegeln, Knopflöcher, XV. 354. ein Kleid 356.
Aufbindestock XIV. 533.
Aufgepufft, s. gepufft.
Aufhalter XIII. 201.
Aufhaltring XIII. 198.
Aufhänge XIV. 283.
Appreturmaschine XIV. 624.
Ariaden ib. 501.
Armholz XIII. 46.
Assembliren beym Strumpfwirken XV. 134.
Aufklatschen, eine Form XV. 15.
Auflegen, einen Strumpf XV. 193.
Aufschieren, die Weberkette XIV. 435.
Aufschlagen, Leder XIII. 39. 81.
Aufsetzen, ein Kalb XIII. 12. Maschen XV. 153.
Aufzugstruppe XIII 200.
Aufzwicken, Schuhe XIII. 236.
Auge der Schäfte XIV. 54 der Savonnerietapeten, XV. 72.
Aurorfarbe XV. 251. 279.
Ausbrecheisen XIII. 92.
Ausbrechen, Leder XIII. 93
Aus dem zweyten Wasser ein Tuch rauhen XIV. 303. aus dem dritten Wasser 308. 309. aus dem vierten Wasser 309. 313.
Ausdrucken, Horn XIII. 291.
Aushauen, Fleisch im Scharn XIII 20.
Ausheften, Tuch XIV. 321.
Auskämmekam XIII. 279.
Austreibeknochen XIII. 225
Ausrichten, gewalkte Strümpfe XV. 207.
Ausspanneisen XIII. 125.

Ausspanner XIV. 50.
Ausstossen, Leder XIII. 11.
Auswinden, Leder XIII. 88.
Auszeichner XIII. 154.
Avignon XIV. 443.

B.

Bad zur Wolle XIV. 229.
Backen, Haare XIII. 323.
Baleine XV. 374.
Ball XIII. 274.
Balletten XV. 336.
Bande der Tapeten XIII. 210. XV. 5.
Bändern, Wachs XIII. 404.
Bandige Zeugarten XIV. 651.
Bandkreuz ib. 401.
Banqueroute bey Tuch ib. 315.
Bardurstock ib. 636.
Bärenhaarfarbe XV. 254
Basquille des Weberstuhls XIV. 413. des Strumpfwirkerstuhls XV. 105.
Basselissestuhl ib. 45.
Basselissetapeten ib. 37. 40.
Batavia, wollener XIV. 170. ganz seidener 576. 628. halbseidener 650.
Bauchgurtriem XIII. 198
Bauerermel XV. 376.
Baumruthe XIV. 260.
Baumstelle ib. 51.
Baumwollene Strümpfe XV. 163.
Bauzner Leder XIII. 66.
Beädern, einen Sattel XIII. 172. eine Kutsche 186.
Bedientenpolster XIII. 195.
Behäuten, s. beädern.
Beinfutter am Sattel XIII. 176.
Beinkleider, lederne XIII. 270. tuchene XV. 342. 348. 360
Beißzange XIII 224.
Beitze zu Horn ib. 289.
Bekleiden, eine Bürste ib. 364.
Beladung der Tuchbereiterschere XIV. 298.
Beschauer ib. 273.
Beschneidemesser XIII. 96
Bestechen - der Schuster ib. 234.
Bestechholz ib. 219.
Bestechohrt ib. 222. 234.
Bestossen, den Kamm auf dem Bestoßnagel und mit der Bestoßfeile ib. 292.
Bettsack ib. 205.
Beutel ib. 12.
Beutelparucke, s. Haarbeutelparucke.
Beutler, s. Handschuhmacher.
Biegeisen XIV. 238.
Biegel XIII. 16.
Biegeleisen der Paruckenmacher XIII. 318. 345. der Schneider XV. 356.

Bie-

Biesten, Scharlachtuch, XIV. 267.
Bilge, ib. 300.
Bimsen, Pergament XIII. 127. wollene Zeuge XIV. 92.
Bindeahl XIII. 175.
Binse zu Kammelgarn, XV. 323.
Birkene Rinde zur Gerberey XIII. 30.
Blänke XIV. 300.
Blättergelb XV. 254.
Blankstoßbock XIII. 52.
Blankstoßkugel ib. 50.
Blatt, s. Riedtblatt.
Blattsetzer XIV. 60.
Blaue Farbe bey Wolle XV. 214. 229. Leinen 233. Baumwolle 234. Seide 274.
Blauen, Strümpfe XV. 185.
Blauholz XV. 236.
Blauküpe von Waidt XV. 219. von Indig 226. kalte 228. zur Seide 274.
Blaulichweiß Seide, ib. 271.
Blechig beym Leder XIII. 75. 100.
Blechschere ib. 172.
Bleichblau XV. 276.
Bleichen, Haare XIII. 313 Wachs 409.
Bley der Zugstühle XIV. 503.
Bleyletze ib. 130. 503.
Blinde Knopflöcher XV 354.
Blocken, Stiefeln XIII. 244.
Blösse, d. i. Leder ib. 80.
Blume in Strümpfen, gewirkte XV. 172. gestrickte 200.
— italiänische ib. 289. von Federn 300.
Blumenfabrik ib. 288.
Blutwurst XIII. 16.
Bobine, d. i. Spule XIV. 37. 43.
Bog des Rinds XIII. 5.
Böhmische Wolle ib. 315.
Bohrstock ib. 359.
Böckelfleisch ib. 17.
Bocklamm ib. 13.
Bockpolster und Decke der Kutsche ib. 192.
Bockschaben, den Kamm auf dem Bock mit dem Bockmesser ib. 291.
Bockshorn XV. 247.
Bolzenpresse ib. 12.
Borsten XIII. 350.
Borstenpündel, s. Pündel.
Borstwisch XIII. 369.
Boy XIV. 330.
Brabanter Tapeten XV. 37.
Brandsohle XIII. 236.
Brandsohlleder ib. 44. 214.
Branschen XIV. 131. 476.
Branschenbrett ib. 146.
Branschenschnüre ibid. 137.

Brant-

Brantgartschaise XIII. 185.
Brasilienholz XV. 244.
Bratwurst XIII. 16.
Braune Farbe, zu Leder XIII. 260. Wolle 251. Seide 285.
Braune lohgare Leder XIII. 49. Schafleder 55. Alaunleder 63.
Braunrothe Farbe XV. 259.
Braut beym semischen Leder XIII. 102.
Brechen, Leder ib. 45.
Brechhaare ib. 340.
Bregenwurst ib. 17.
Breitbaum XIV, 312.
Breiten, Kalk der Küpe XV. 159.
Breite Nath XV. 159.
Breite Waare bey Tüchern XIV. 322.
Brenneisen der Sattler XIII. 163.
Brieftasche ib. 207.
Brillant XIV. 568.
Brillanttaft ib. 455.
Broschirte Zeuge von Wolle ib. 170. von Seide 559. s. Stoff. Samt 577. 620.
Brunnen, Pergament in dem Brunnenäscher. XIII. 123.
Brustbaum XIV. 55. 415.
Brustblatt des Pferdegeschirrs XIII. 197.
Brustring ib. 198.
Bruststruppe ib. 199.
Buchbinder I. 15.
Bügeleisen, s. Biegeleisen.
Bürste XIII. 357.
Bürstenbinder ib. 350. 352.
Bürstenholz ib. 357.
Bürstenmacher ib. 350.
Büsten s. biesten.
Butte, Karden XIV. 292.
Zug, englisch Sohlleder XIII. 213.

C.

Caffa XIV 297.
Calander s. Kalander.
Cameelgarn s. Kammelgarn.
Campeschenholz XV. 236.
Canale XIV 467
Canter XIV. 567. 590.
Capeschiren XV. 234.
Capok zu Watten XV. 309.
Capriolett XIII. 185.
Carelles XIV. 216.
Cariole XIII 185.
Carmes. s. Carmois.
Carreaux der Patrone XIV. 483 eine Frisur XV. 377.
Carret XIV. 417.
Carrey s. Karrey.
Cartetsche s. Kartetsche.
Caßine XIV. 126. 473.
Castanienfarbe bey Wolle XV. 254. und Seide 285.

Castorwaren und Castorstrümpfe s. in K.
Carasine u Carasiniere XIV. 533.
Chaise XIII. 184.
Chalons XIV. 87.
Charte bey Sammt XIV. 387.
Chenille XIV. 568. 578.
Chignonkamm XIII. 279.
Chinesisch Weiß der Seide XV. 270.
Chinett XV. 179.
Christitt od. Chrisott XV. 179.
Cimbel XIV. 157. s. Zampel.
Cimbelchorde XIV. 157.
Cimbelknippel XIV. 157.
Clavierblanke und Claviere des Tuchscherer-rahms XIV. 311.
Cochenille XV. 239.
Cocon XIV. 364.
Coconhäute zu Florettseide XIV. 371. zu Blumen XV. 289. zu Watten 312.
Codeline XIV. 435.
Coffebraune Farbe XV. 259.
Coffre XIII. 203.
Collebrett XIV 475. 501.
Compagnage XIV. 570. 572.
Consideration XV. 374.
Contrechorden XIV. 477.
Contremarsch XIV. 56. 420.
Cordelett XIV. 652.
Cordouan XIII. 67. 70. 217.
Corselett XV. 369.
Couleurte Handschuh XIII. 265.
Couliren beym Strumpfwirken XV. 131.
Cramoisifarbe der Wolle XV. 239. und Seide 281.
Cravieleisen XV. 319.
Crispinensattel XIII. 169.
Croschiren bey dem Strumpfwirken XV. 139.
Croschirhaken XV. 116.
Cylindermaschine XIV. 626. s. Kalander.

D.

Dacht s. Dacht.
Damast, wollener XIV. 153. seidener 551. 627. von Flor 645.
Damensattel XIII. 169.
Dames, Zeug XIV. 76. 220.
Dänische Haare XIV. 266.
Dänisches Leder XIII. 112.
Daumdrucker oder Daumlacker XV. 107.
Daumwelle XIV. 278.
Decher bey Leder XIII. 75.
Dechsel XIII. 171.
Degengehäng oder Kuppel XIII. 272.
Decke der Peruke XIII. 340.
Decke von Leder XIII. 208.

Dene, ein Gewicht XIV. 354.
Deutscher Sattel XIII. 180. Zaum 180. Kutsche 184. Pferdegeschirr 197.
Dikwalken XIV. 283.
Docht zu Talglichtern XIII. 386. 389. zu Wachslichtern 416. und Wachsstöcken 425.
Dochtbanke XIII. 389. 416.
Dochtmesser XIII. 389.
Dochtstange XIII. 389.
Dokke XIV. 200.
Doppeln s. abdoppeln.
Doppelohrt XIII. 222.
Doppelschlägige Tücher XIV. 322.
Doppelschluß bey Tuch XIV. 272.
Doppelter Stich XIII. 159.
Doubliren oder doppeliren s. dubliren.
Douzainen der Patronen XIV 484.
Drahm s. Drohm.
Drap de Dames XIV. 323.
Dregett XIV. 184. 585.
Drehrad der Knopfmacher XV. 320.
Dreßiren s. treßiren.
Dreydräthige Strümpfe XV. 123.
Dreymahl genähete Sohle XIII. 238.
Droguett, wollener XIV. 103. 124. gewalkter XIV. 339. seidener 505. Lisere 512. halbseidener 653.
Droguettsammt XIV. 596.
Drohm XIV. 66. 431.
Druck der Papiertapeten XV. 8. der Wachstuchtapeten 31. der ledernen Tapeten 85.
Druckfirniß XV. 29.
Dubliren wollenes Garn XIV. 33. Seide 375.
Dublirrad XV. 125.
Dunk von Wolle XIV. 11.
Durchbrechen, Maschen XV. 174.
Durchnähen, die Sohle XIII. 241.
Durchschlag XIII. 172.
Durchschlagen, das Wasser bey der Lauge XIII. 377.
Durchziehen, Strümpfe XV. 182.

E.

Efter des Sattels XIII. 166.
Eichhornhaare XIII. 370.
Eindreuen, Leder XIII. 81.
Eingepündelte oder
Eingesetzte Bürsten XIII. 361.
Eingezogene Bürsten XIII. 362.
Einländische Tücher XIV. 327.

Einlaßen, Leder XIII. 81.
Einlegen, Maschen XV. 151.
Einlesen, eine Patrone bey wollenen Zeugen XIV. 104. beym Kegelstuhl 135 und Zampelstuhl 158 Bey seidenen Zeugen zum Kegelstuhl 487. zum Zampelstuhl auf französische 543. und englische Art 546.
Einmänniger Tuchmacherstuhl XIV. 255.
Einpapieren, Tuch zur Tasche XIV. 316, und umpapieren 320.
Einsalzen, Fleisch XIII. 17.
Einschaukeln, Tuch in der Walke XIV. 285.
Einschlag der Zeuge XIV. 71.
Einschmalzen, die Wolle XIV. 23. 238.
Einschnittige oder Einschürige Wolle XIV. 7.
Einsenker XV. 220.
Einsetzen, Leder in die Lohgrube XIII. 34. 43. den Kropf zu Stiefeln 233.
Einsetzer XIII. 186.
Einstechen d. i. nähen XIII. 155. 237.
Einstechohrt XIII. 222.
Eisenschwärze XIII. 53. 245.
Elephantenzahn und Elfenbein XIII. 302.
Elfenbeinene Kämme XIII. 281. 302.
Englischer Sattel XIII. 167. 175. Zaum 180. Kutsche 183. Pferdegeschirr 197. Sohlleder 65. 213 und Kalbleder 65. 214. Zugstiefeln 229. genähete Sohle 242. Randschuhe 249. Zwickel XV. 153. Nath 159. Schnürbrust 368.
Entengrün XV. 280.
Erdfarbe zum Leder XIII. 41.
Erlanger Leder XIII. 110.
Erlenrinde XV. 253.
Ermelholz XV. 362.
Etagen der Peruken XIII. 328. 343.
Ettamin XIV. 74. 220. gewalkter 338.

F.

Fach der Weberkette XIV. 67.
Facionirte Zeugarten, von Wolle und zu Fußarbeit XIV. 101. gezogene 123. 222. Von Seide und zu glatte od. Fußarbeit 453. gezogene 471. Sammt 588. Filet und Flor 663.
Fadeneisen XV.
Fadenkreuz XIV. 401. 403.
Fadenschläge XV. 72.
Fadenschneide XV. 357.

Fahl=

Fahlleder XIII. 44. 216. 252.
Fahne beym Tuchscheren XIV. 293.
Fahren mit der Tuchbereiterpresse XIV. 319.
Fahrtrense XIII. 202.
Falbala XV. 377.
Fallbaare XV. 103.
Falscher Zampel XIV. 547.
Falten des Kleides XV.
Falzbock und
Falzeisen XIII. 45.
Falzen, Leder XIII. 45.
Falzzange XIII. 224.
Fängt, das Leder XIII. 97.
Färben, Leder XIII. 31. 41. 52. 102. Wolle XIV. 41. Wolle und Seide. s. rothe und grüne Farbe u. s. w.
Farben zu Papier XV. 7. und Waschtapeten 27.
Farbentücher XIV. 314.
Färber XV. 210.
Färberbaum XV. 247.
Färberröthe XV. 236. s. Krapp.
Feder auf den Hüten XV. 304.
Federblumenfabrik XV. 300.
Federbusch XV. 302
Federmuffen XV. 306.
Federstock des Strumpfwirkerstuhls XV. 104.
Feld der Kämme XIII. 279.
Feldbette XIII. 208.
Feldstuhl XIII. 209.
Feheisen XIII. 205.
Fernanbuckholz XV 244.
Feinnoppen des Tuchs XIV. 274
Fettwolle XIV. 21. 22.
Figurkette XIV. 505.
Filage XIV. 385.
Filet XIV. 640. 643.
Filzen der Wolle XIV. 275.
Filzholz XIII. 300.
Firniß zum Druck der Tapeten XV. 22. 29. Goldfirniß XV. 83.
Fischkorb der Gerber XIII. 33.
Fitzruthe XIV. 422.
Flammigte Tücher XIV. 324.
Flanell, gestreifter XIV. 70. gewöhnlicher 330.
Fleischhauer s. Schlächter
Fleischseite des Leders XIII. 26.
Fliede von Wolle XIV. 28 240.
Fliete, sonst Spule XV. 41.
Flöhsaamen XIV. 625.
Flor bey geschnittenen Zeugen XIV. 179. 579. 585. ein netzartiger Zeug 640. 643.
Florence XIV. 443.
Flocke von Wolle XIV. 240.
Flockseide s. Florettseide.
Florett XIV. 144.
Florettseide XIV. 371. zu Strümpfen XV. 165.

Florfabrik s. Gagefabrik.
Flöte s. Flöde.
Flüchtige Zeugarten XIV. 82.
Folie von Gold und Silber XV.
Form zur Seife XIII. 382. zu Talglichtern 39. 397. zu Papier XV. 8. zu Wachstuch 31. und Ledernen Tapeten 85.
Formbrett XV. 161.
Französisches Leder XIII. 1 0. Kutschen 184. Pferdegeschirr 197. Handschuhmacher 276.
Frauenschneider XV. 363.
Frey abnehmen, Maschen XV. 155. 168.
Frieß XIV. 337.
Frisée XIV. 568.
Frisiren, Peruken XIII. 345. Tücher XIV 340.
Frisirkamm XIII. 279.
Frisirmühle XIV. 341.
Frisur der Frauenkleider XV. 377.
Fronte der Peruken XIII. 336. 339. 344.
Froschsattel XIII. 168.
Füllerde XIV. 288.
Fußarbeit bey wollenen XIV. 101. seidenen Zeugen 453 und Sammt 588.
Fußdroguet XIV. 103.
Fußkreutz XIV. 403.
Fußschemmel XIV. 58.
Fußel s. Färberbaum.
Futtertaft XIV. 443. 623.
Futterung XIV. 573.

G.

Gabasin XIV. 533.
Galläpfel und Gallus XV. 255.
Gänge der Weberkette XIV. 44. 399. XV. 43.
Gangkreutz XIV. 303.
Ganznarbiges Pergament XIII. 130.
Gardeplatinen des Strumpfstrickerstuhls. XV. 113.
Garnbaum XIV. 55.
Gaude s. Wiede.
Gausche XIII. 75. 114.
Gazefabrik XIV. 632.
Gazetritt XIV. 635.
Gedrucktes Leder XIII. 1 3. Leinwand XV. 261.
Gefärbtes Pergament XIII. 140.
Gekämmte Wolle XIV. 243.
Gekieperte Zeuge von Wolle XIV. 177. und Seide 449.
Gekrauste Packete von Haaren XIII. 322.
Gekröse XIII. 11.
Gelaschter Stich XIII. 60. 263.
Gelassen und genommen beym Einlesen der Patrone XIV. 138.
Gelbe Farbe bey Leder XIII. 260. Wolle XV. 247.

247. Leinen 284. Seide 276.
Gelbelohgare Leder XIII. 49. 52.
Gelbholz XV. 247.
Geldkatze XIII. 272.
Gelenkstück XIII. 248.
Gelese der Patrone XIV. 103. 104. der Weberkette 401.
Gepichte Pinsel XIII 371.
Gepreßtes Leder XIII. 50.
Gepuffte Ermel XV. 377.
Gequetschte Wachslichter XIII. 424.
Geräucherte Würste XIII. 17.
Gerbebaum XIII. 25.
Gerberey mit Alaun und Salz XIII. 59. 90 108.
Geribbter Gros de Tours XIV. 447.
Gerstenkornmuster XIV. 467.
Geschirr zu Pferden XIII. 196. der Weber XIV. 56. 419.
Geschlinge XIII. 10.
Geschloßene Kette XIV. 269.
Geschnittene Zeugarten von Wolle XIV. 177. von Seide 579.
Geståubte Tapeten XV. 16. 33.
Gestickte Knöpfe XV. 331.
Gewichste Stiefeln XIII. 244.
Gewicht s. Basquille.
Gewirkte Tapeten XV. 36.
Gezogener Gros de Tours XIV. 478. und Taft XIV. 517. s. Zug.
Gießen, Talg- XIII. 396. und Wachslichter 419.
Gießtiegel XIII. 419.
Gimpf XV. 329.
Glänze XIV. 654.
Glanzleinwand XV. 262.
Glaßer XIV. 568.
Glatte wollene XIV. 69. und seidene Zeugarten 442.
Glätte oder Glätttisch XV. 262.
Glättestein XIII. 40.
Glatt facionirte seidene Zeugarten XIV. 453.
Glättscheide XIII. 225.
Gleichrichten, Tuch in der Walke XIV. 282.
Goldfirniß XV. 83.
Goldgelbefarbe XV. 251. 279.
Graines der Seidenwürmer XIV. 358. 364.
Graingrund XIV. 69.
Graue Farbe XV. 258.
Griechisches Heu XV. 247
Griffe der Schlächter XIII. 5.
Grille Fix ꝛc. XV. 108.
Grisett s. Chrisett.
Grogrin XIV. 79.
Gros de Tours XIV. 446. facionirter 478. halbseidener 652.

Gründen, die Zähne des Kamms XIII. 297.
Grundgurt XIII. 173
Grundhaare der Häute XIII. 30.
Grundirmesser XV. 22.
Grundkette XIV. 506.
Grundsitz des Sattels XIII. 173.
Grüne Farbe bey Wolle XV. 249. und Seide 279.
Grüne Häute XIII. 21.
Grünen der blauen Farbe XV 231
Gülden XIII 131. XV. 251.
Gummilack XV. 243.
Gummitisch XIV. 628.
Gurt der Sattel XIII. 176.
Gutgefallene Preße XIV. 320.
Gutstreichen beym Anstreichen XIII. 196.

H.

Haarbeutelperucke XIII. 307. 336 344.
Haarbeesen XIII. 369.
Haare zu Parucken XIII. 307. färben 310. bleichen 313. einkaufen 315. vorbereiten 316.
Haarkamm XIII. 279.
Haarmann beym Tuch rauhen XIV. 293. und schweren 297.
Haarschlage XIII. 188.
Haarseite der Haut XIII. 26.
Haartreße XIII. 335.
Haken am Kleide XV. 344.
Hackmesser XIII. 17.
Halbnarbig Pergament XIII 130.
Halbseidene Zeugarten XIV. 647.
Halfter XIII. 181.
Halsleze XIV. 155.
Hammel XIII. 12.
Hammeltalg zu Lichtern XIII. 385.
Handfeile XIII. 299.
Handmesser XIII. 96. 300.
Handscheibe XIV. 340.
Handschuh XIII. 265
Handschuhmacher XIII. 258
Hängeriem der Kutsche XIII. 191.
Hängeriemfutter XIII. 193
Hängestock XIII 8
Hänselbanke XIII. 368.
Härene Häute XIII. 122.
Harke XIII. 409.
Harnisch des Weberstuhls XIV. 126. 131.
Harnischbrett XIV. 128. 502.
Harnischleze ib. 128. 502.
Harter Tritt des Florstuhls ib. 635.
Hartmeißel XIII. 172.
Haspel zur Seidenprobe XIV. 354. zur Seide 367. der Färber XV. 232.
Haspeln wollenes Garn XIV. 284. Seide 367.
Haublock XIII. 20. 362.
Haueisen ib. 164.

Haue=

Hauemesser ib. 291. 362.
Hauptoransche XIV. 475.
Hauptplatine XV. 113.
Hautelißestuhl ib 59.
Hautelißetapeten ib. 37. 59.
Hauten der Seidenwürmer XIV. 361.
Hebdaume ib. 278.
Henkel der Lichter XIII. 391. der Knöpfe XV 355
Hesse der Thiere XIII. 8.
Hetsäule XIV. 311.
Himmelblau XV 276.
Himmelhaut der Kutschen XIII. 190
Hinterbaum des Weberstuhls XIV. 413.
Hintergeschirr XIII. 197.
Hinterhaare der Perucke ib 339. 344.
Hinterrangen der Perucke ib. 330. 341.
Hinterrangenmaaß ib. 331.
Hinterraufwolle XIV. 28.
Hinterstiche XV 357.
Hinterzeug am Sattel XIII. 178.
Hin und her Arbeit XIV. 114.
Hobel ib. 63.
Hohlung des Elephantenzahns XIII. 302.
Holländisches Leder ib. 51. 152.
Hölzer zu Schuhen ib. 252.
Hölzerrand ib. 252.
Horde XIV. 22.
Horn zu Kämmen XIII. 281 fleckig beitzen 289.
Hornkamm ib. 278. 281.
Hornleim ib. 114.
Hornspäne ib. 301.
Hornzange ib. 286.
Husarensattel ib. 169.

J.

Jagdsattel, englischer ib. 168.
Jägertasche ib. 207.
Ilen, Horn ib. 287.
Iler ib. 287.
Ilerstock ib 287.
Im Rohr, Faden der Weberkette XIV. 141.
Im Rücken schlagen, Tuch ib. 316
Incarnatfarbe XV. 283.
Indianisches Holz ib. 236
Indianisches Weiß der Seide ib. 270.
Indigo ib. 216. 226.
Isabellenfarbe ib. 279.
Italiänische Blumen ib. 289.
Juchten XIII. 66. 216.

K.

Kalander XIV. 213.
Kalb, schlachten XIII. 10.
Kälberhaare ib. 187.
Kalbleder, lohgares XIII. 52. englisches 65. semisches 73. 82. 94. Gebrauch 214. 215.
Kaldaune XIII 10.
Kalkäscher XIII. 39. 80. 122.
Kalken XIII. 39.

Kalmang XIV. 96. 222. geblümter 103. s. wollenen Damast.
Kamelott XIV. 79. 207. 222.
Kamm der Leder XIII. 102. am Leisten 223.
Kamm zum kämmen, Arten XIII. 278. von Horn 281. von Schildkrötenschalen 301. von Elfenbein 302.
Kamm der Bürstenmacher XIII. 354. der Wollkämmer XIV 24. der Weber 56. 418. beym Tapetenwirken XV. 53.
Kammacher XIII. 278.
Kammdeckel XIII. 199.
Kammelgarn XIV. 200. XV. 317.
Kammelgarner Velpe XIV. 202.
Kämmeln, Wolle XIV. 329.
Kämmelkamm XIV. 329.
Kämmen, Wolle XIV. 27.
Kammfutter XIII. 208.
Kämmling XIV. 28.
Kammpott ib. 23.
Kammrichter ib 25.
Kammschraube ib. 24.
Kammspäne s. Hornspäne.
Kante s. Leiste.
Kappe bey Leder. XIII. 45.
Karde XIV. 290. XV. 207.
Kardenausstecher XIV. 291.
Kardensetzer ib. 291.
Karrey ib. 210.
Kartetsche XIII. 317. 364.
Kartetschen, Haare XIII. 317. Florettseide XIV. 372. Hanf XV. 310.
Kastorschwarz XV. 256.
Kastorstrümpfe XV. 123.
Katroll XIV. 292.
Katze s. Geldkatze.
Kegelbrett XIV. 476.
Kegelstuhl XIV. 125. 471. 499.
Kehrbesen XIV. 316.
Kermes XV. 242.
Kessel der Kammacher XIII. 285. der Seifensieder XIII. 379. zum Wachsschmelzen. 404.
Kette zu Zeugen XIV. 21. 43. 394. scheren 43. 394. wollene leimen 47. 254. aufbäumen 50. 263. 421. seidene paßiren 426. andrehen 432. putzen 436.
Kettelmasche XV. 153 174
Ketteln s. abketteln.
Kettelnadel XV. 149.
Kettelnath XV.
Kettenbaum XIV. 55. 413.
Kettenschnüre XV. 335.
Kettenstock XIV. 405.
Kieper XIV. 43
Kiepersammt XIV 587.
Kirschbraun XV. 283.
Kirsey, feiner XIV. 325. grober 335.

Klatsch-

Klatschform XV. 9.
Kleiderbürste XIII 375.
Kleidersammt XIV. 620.
Kleine Theile der Strümpfe XV. 146.
Kleister s. Pappe.
Klenke der Bürsten XIII. 366.
Kleybeitze des Leders XIII. 86. 97.
Klinke d. i. Sperrkegel XIV. 275.
Klopfstein XIII. 224.
Kloppe XIII. 293.
Klopper XIII. 264.
Klötze von Elfenbein XIII. 303.
Kluppe s. Kloppe.
Knecht des Broschirerstuhls XIV. 563.
Kneiseeisen XIII. 122.
Kneisen, Pergament XIII. 123.
Knief XIII. 218.
Kniegürtel XV. 334.
Kniestreiche XIV. 237.
Knopf von Seide oder Kammelgarn XV. 324 gestickter 331. annähen.
Knopfform XV. 326.
Knopflocheisen XIII. 265.
Knopflöcher XV. 353.
Knopflochholz und Schraube. XV 354.
Knopfmacher XV. 316.
Knoppern zur Gerberey XIII. 64. zur Färberey XV. 255.
Knotenparuke XIII. 307.
Knüpfellängsel XIV 437.
Knuppen von Seide XIV. 352.
Knüppern s. Knoppern.
Kochen, Haare XIII. 322. Seide XV. 273.
Ködernath XIII 262.
Königsblau XV. 276.
Konrey s. Karrey.
Köpel XIV 56.
Köpeln XIV. 186.
Köpelstuhl der Strumpfwirker XV. 109.
Köper s. Kieper.
Kopf von Haaren XIII. 316.
Kopf des Haars ib. 317. der Borsten. 355.
Kopfbürste ib. 366.
Körnen, Wachs XIII. 404.
Kortel zu Kammelgarn XV. 324.
Kranz des Weberstuhls XIV. 257.
Krapp und Krapproth XV. 236.
Krätzchen XIV. 238.
Kratzen, beym Rauhen der Strümpfe XV. 207.
Krausblankes Leder XIII. 52.
Krause der Haare ib. 316.
Krauseholz ib. 321.
Krausen, Haare ib 320.
Krepp der Perucke ib. 346. eine Zeugart ib. 71. 220.
Kreppflor XIV. 646.

Kreutz

Kreuz der Weberkette ib. 401.
Kreuzgurt XIII. 177.
Kreuzhölster ib. 181.
Kreuzruthe XIV. 435.
Kreuzzügel XIII. 203.
Krispelholz ib. 46.
Krispeln, Leder ib. 46.
Krizen beym Rauhen der Strümpf. XV. 207.
Krone der Weber XIV. 33. 43. XV. 125.
Kronserge XIV 358.
Kropf der Stiefeln XIII. 233.
Krumpfen, Tuch XV. 343
Krumpffrey ib.
Kuhleder XIII. 214.
Kühlfaß ib. 380.
Küpenblau XV. 221.
Kupferlade des Strumpfwirkerstuhls XV 98.
Kupferwasser XV. 355.
Kürschner. II. 78.
Kutsche, deren Sattlerarbeit XIII. 182. 186.

L.

Lade des Weberstuhls XIV. 24. 59. 416
Lahn XIV. 568.
Lake des Bökelfleisches XIII. 18
Lakeyenriem der Kutsche XII. 195.
Lamm, schlachten XIII. 13.
Landauer Wagen ib. 184.
Ländseide XIV. 349. 355. deren Bau 357.
Landtuch s. einländ. Tuch.
Lange Bransche XIV. 147.
Lange Masche XV. 142.
Laschen s. gelaschte Stiche.
Laterne der Zwirnmühle XIV. 35.
Latten, kurze und lange des Weberstuhls XIV. 419.
Laze XIV. 159. 161 531.
Latzen XIV 160. 532.
Laudiren, Tuch XIV. 321.
Läufer, der Tuchbereitersschere, XIV. 297.
Laufmasche XV. 177.
Leberwurst XIII. 16.
Leder XIII. 8. 29 s. Sohlleder, Kalbleder ꝛc.
Lederbock ib 26.
Lederne Tapeten XV. 75.
Lederthauer XIII. 58.
Leier XIV. 300.
Leim s. Hornleim.
Leimen, die Weberkette ib 47. 254.
Leimleder XIII. 114.
Leimtränken, Pergament ib. 130.
Leine ib 202.
Leinenschraube ib. 199.
Leiste der seidenen Zeuge XIV. 434.
Leisten der Schuster. XIII. 223. 230.

Leztes Ende eines Stük Tuchs. XIV. 296.
Lichter s. Talg und Wachslichter.
Lichtform XIII. 392. 397.
Lichtspieß ib. 391.
Lichttisch ib. 398.
Lichtzieher ib. 384.
Lieger der Tuchbereiterschere XIV. 297.
Liesen des Schweins XIII. 14.
Ligage XIV. 568. 572.
Lilafarbe XV. 284.
Linirte Tücher XIV. 325. 334.
Lisere ib. 562.
Liseren ib. 418.
Locheisen XIII. 176.
Löffelbohrer XIII. 359.
Lohe, birkene XIII. 30. eichene 34.
Lohgare Kalbleder ib. 52. Schafleder 55.
Lohgare Leder s. Sohl- und Schmalleder.
Lohgerber XIII. 21.
Lohgrube ib. 34. 43.
Lohkuchen ib 59.
Locken der Wolle XIV. 18. 240.
Lüften, die Küpe XV. 222.
Luftstruppe XIII. 199.
Lüstrin XIV. 152. halbseidener 653.
Lyker Sohlleder XIII. 213.

M.

Maaß zu den Haaren XIII. 319.
Maaßnehmen, zu Schuhen XIII. 229. zu Peruken 325. zu Manns- XV. 339. und Frauenkleidern XV. 371.
Machiniren, Wolle XIV. 239.
Madratzen XIII. 187. 209.
Mahlerpergament XIII. 134
Maillon XIV. 503.
Mange s Rolle.
Manneschneider XV. 339.
Manschettenfriser XV.
Mantel oder Mantelende des Tuchs XIV 270.
Marle, eine Florart ibid. 632. halbseidener 647.
Marmorirte Tücher ib. 325. Packleinwand XV. 24.
Marocker Tuch XIV 325.
Maronenfarbe XV. 259.
Marsch des Strumpfwirkerstuhls ib. 15.
Masche, wie sie entstehet beym Wirken ib 129. und Stricken 195.
Maschine zum Zug des Zampels XIV 6.8.
Mastricher Sohlleder XIII. 213 Kalbleder 15.
Matto von Seide XIV. 152.
Maulbeerbaum ib. 357.

Meer-

Meergrün XV. 280.
Meergrünstube XIII. 143.
Melirte Tücher XIV. 323. 334.
Menschenhaare XIII. 309.
Meßerfeile ib. 304.
Meßergurt der Schlächter ib. 7.
Metzger s. Schlächter.
Mieker des Rinds ib. 10.
Milchweiß der Seide XV. 271.
Milde Preße XIV. 320.
Mindern, Maschen XV. 153.
Mindernadel ib. 145.
Mittelblau ib. 276.
Mittelgeschirr XIII. 201.
Mittelhaar ib. 340.
Moir XIV. 556.
Moiriren, wollene ib. 223. und seidene Zeuge 629. seidene Strümpfe XV. 185.
Moll XIV. 335.
Molton ib. 326. 335.
Montiren, eine Perucke XIII. 325.
Montirungsband ib. 325
Montirungskopf ib 325.
Montirungsstifte ib 326.
Moredorefarbe bey Wolle XV. 245. und Seide 279.
Muffe von Federn ib. 306.
Mühle zum Kreidemahlen XIII 125.
Muntiren s. Montiren.
Mutterlauge ib. 382.

N.

Nachhaaren, ein Schwein XIII. 15.
Nachtlichter s. Wachslampen.
Nachtwächterhorn ib. 280.
Nadeln des Strumpfwirkerstuhls XV 94
Nadeln d. i. nähen XIII. 262.
Nähebrett ib. 204.
Nähehaken ib. 261.
Näheklobeu ib. 155.
Näheseide XIV. 386.
Narbenhäute, Pergament XIII. 122.
Narbenseite der Haut ib. 26.
Nebenstiche XV. 374.
Nelkengrün ib 280.
Nerven des Tuchs XIV. 282.
Nester bey Tuch ib. 272.
Netz bey Perucken XIII. 326.
Netzen d. i. färben XV. 229.
Netzfaß XIV 304.
Neu blau und grün XV. 250.
Niedernähen ib. 375.
Niederstechen, Falten ib.
Niep bey Tuch XIV. 272.
Nierenspeiler XIII. 12.
Noppen mit dem Noppeisen XIV. 73. 273. Tuch 283. 313.
Norwegische Haare XIV. 266.

Nußbraun XV. 285.
Nußschale zum Färben ib. 252. Wurzel 252.

O.

Oberblatt des Geschirrs XIII. 198.
Oberblattstössel ib. 198.
Oberbley des Strumpfwirkerstuhls XV. 111.
Oberfach der Weberkette XIV. 68. 434.
Obergurt XIII. 177.
Oberkappen XIV. 256.
Oberleder der Schuhe XIII. 214.
Oberlitze XIV. 502.
Ober sich krispeln Leder XIII. 52.
Ochsengalle XIV. 625.
Oefnen, die Küpe XV. 225.
Oefner XIV. 262. 423.
Oefnerkreutz ib. 403.
Oelshäute, Pergament XIII. 134.
Oertern Horn mit der Oertersäge ib. 290.
Ofenpresse XIV. 218.
Offene Kette ib. 269.
Officiersattel XIII. 167.
Ohle s Ahle.
Ohne Rabatt, Tritt beym Broschiren XIV. 562.
Ohrt XIII. 222. 262.
Olivenfarbe XV. 254. 280
Orangenfarbe ib. 251. 279.
Ordinäre glatte Strümpfe ib. 122.
Organsinseide XIV. 351. 384.
Orlet der Strümpfe XV. 142.
Orseille ib. 260. 284.
Ortscheidenriem XIII. 192

P.

Packet von Haaren XIII. 320.
Packleinwand XV. 23.
Packsattel XIII. 167.
Palatin von Federn XV.
Paneaux XIII 186.
Pantoffel XIII. 254.
Pantoffelmacher ib. 212, 254.
Pantoffeln, Leder ib. 47.
Papelin XIV. 649.
Papiertapeten, gewönliche XV. 14. gestäubte 16. vergoldete 19.
Pappe, s. Kleister XIII. 173. 227.
Part der Seidenwirker XIV. 450.
Parucke, Arten XIII. 307. Theile 336. s. Stutz- u. Haarbeutelparucke.
Paruckenmacher, XIII. 306.
Paruckenstock, ib 345.
Paßée von Haaren, ibid. 335
Paßette, XIV. 427.
Paßieren, Kettenfaden ib 72. 426
Paßierhaken XIV. 69.
Pastete zu Haaren XIII. 323.

Patrone

Patrone zu faconirten wollenen XIV. 104. u. seidenen Zeugen 483. einlesen 487. 543. s. einlesen.
Patron npapier XIV. 105.
Patronentasche XIII. 206.
Paukenfelle ib 145.
Pechdärme, ib. 226.
Pechdrath ib. 157. 219.
Pekesche XV. 370.
Pelzfelle XIII. 108.
Pendant XV. 110.
Pequintapeten ib. 34.
Pergament von Kalbfellen XIII. 121. von Schaffellen 136. gefärbtes 140.
Pergamentmacher ibid. 121.
Perkan XIV. 76 207 222.
Perlkopf ib. 634.
Perpetuel, ib. 326. 334.
Perrúque s. Parucke.
Perrutsche XIII. 184.
Perüviene XIV. 4-8.
Petit Coup der Strumpfwirkerstühle XV. 134.
Pfeife am Sattel XIII. 174
Pfeifenstielfrisur XV. 377
Pferdegeschirr s. Geschirr.
Pferdehaare XIII. 187. 314. 356.
Pferdequaste ib. 371.
Pflaster gros de Tours XIV. 470.
Pflöcke der Stiefeln XIII. 241.
Pflöckohrt XIII. 222. 241.
Pfluckeisen XIV. 436.
Pfluckmaschine ib 623.
Pfriemenkraut XV. 247.
Pfundleder, XIII. 23.
Phaeton XIII. 185.
Pikinirter Kalmang XIV. 103.
Pinsel XIII. 370.
Pinthacken XIV. 301.
Pisto enholfter XIII. 177.
Pittikau der Strumpfwirkerstühle XV. 117.
Placke der Perücken XIII. 336. 342. 344.
Placken, Wolle XIV. 239.
Plackschrobel XIV. 237.
Plane XIII. 103 410.
Platinen des Strumfwirkerstuhls, fallende XV 100. und stehende 112.
Platinenbaare XV. 113.
Platinenschachtel s. Schachtel.
Plattblankes holländisches Leder XIII. 52.
Platte bey Tuch XIV. 271.
Platten von Horn XIII. 289. und Elfenbein 303.
Plätten eichene Rinde (Borke) ib 34.
Plattstoßkugel ib 49.
Platt walken XIV. 285.

Plöne bey Tüchern XIV. 321.
Plümage XV. 304.
Plüsch XIV. 199. Arten 202. 222. gedruckter 204.
Plüsen, Wolle XIV. 235.
Poil s. Pole.
Pökelfleisch s. Bökelfleisch
Pole der geschnittenen Zeuge XIV. 118. 180. bey Sammt 387. 579. 581.
Polin XV. 166.
Poliren, die Kämme, XIII. 300.
Pomade XIII. 345. 346.
PonceaurothXV 276. 282.
Porcelanblau XV. 276.
Portée s. Gang.
Portefeuille s. Brieftasche
Posche XV. 373.
Postwagen XIII. 186.
Präpariren zum Treßiren, Haare XIII. 324.
Preßboy XIV. 330.
Preße der Sattler XIII. 173. der Schuster 226. der Kammacher 287. der Staminwäscher XIV. 212. der Tuchbereiter XVI. 317. und ihre kalte oder Stichpreße 321. zum Druck der Papier- XV. 12. und ledernen Tapeten 85. am Strumpfwirkerstuhl 119. der Knopfmacher 332. Presse des Tuchs und der Zeuge, warme XIV. 317. gut gefallene und milde 320 kalte 321. zu Landtüchern 332.
Preßen, Zeug ib. 217. Tuch 317.
Preßspan ib. 316.
Prime der spanischen Wolle XIII. 4.
Prisciin XIV. 120.
Prise ib. 161.
Pritsche, englische XIII. 168.
Prüßienne XIV. 478.
Puderkasten und
Puderquast XIII. 346.
Pulverhorn ib. 280.
Pumpkeule ib. 85.
Pündel von Borsten ib. 352. 361.
Pündeln ib. 361.
Puppe des Kegelstuhls XIV. 476.
Purpur XV. 284.
Putzen, Leder XIII 30. die Kette seidener Zeuge XIV. 436.
Putzhölzer XIII. 224.
Putzmesser ib. 30. 96.

Q.

Quadrillentaft XIV. 446.
Quarreperucke XIII. 307.
Quarres zur Wachsbleiche ib. 409.
Quer genähete Sohle ib. 242.
Quersattel s. Damensattel.
Querschemmel XIV. 57.

Querzwickel der gewirkten XV 150.168. u. gestrikten Strümpfe 203.
Quetscheisen XIII. 348.

R.

Rahm zu Pergament XIII. 124. der Tuchbereiter XIV. 310. des Weberstuhls 473.
Rahmichorden ib. 126. 473
Rahmstock ib. 474.
Ramaßirschnur ib. 163.
Rampen des Horns XIII. 286.
Randschuhe ib. 247.
Rangees der Perucke ib. 328. 343. der Maschen d. gewirkten Strumpfs XV. 130.
Rangenmaaß XIII. 327.
Rasch XIV. 84. 220.
Raschmacher ib. 224.
Raspel XIII. 171. 225.
Räuchern, Fleisch ib 18.
Rauharbeit der Bürstenmacher ib. 369.
Rauhback XIV. 293.
Rauhbaum ib. 292.
Rauhborsten XIII. 352.
Rauhen, Borsten ib. 354. 360.
Rauhen, Tuch XIV. 290. aus den Haaren 293. aus dem zweyten 303 und dritten Wasser 308 einländisches 332.
Rauhen, Strümpfe XV. 207.
Rauhhaare s. Rauhborsten.
Rauhkopf XIII. 369.
Rauhleder ib. 216.
Rauhschwarzes Leder ib. 106. 216.
Rechenhäute s. Oelshäute
Reduction beym Einlesen der Patrone XIV. 492.
Reibholz ib. 91.
Reibkessel XV. 223.
Reifeleisen und Reifelholz XIII. 162.
Reiherfedern XV. 300.
Reinigen, Leder XIII. 85.
Reisehalfter ib. 181.
Reißeisen ib. 189.
Reittasche ib. 207.
Reckbanke ib 61.
Relevé s. Futterung.
Remiße XIV. 419.
Richten s. Gleichrichten.
Riedtblatt ib. 59 416.
Riedthaken ib 69.
Riedpaßette ib 429.
Riemer XIII. 150.
Riemernadel ib 169. 223.
Rind, schlachten ib. 5.
Rinderleder s. Sohlleder, Schmalleder ꝛc.
Rindertalg ib 384.
Rinken der Tuchbereiterschere XIV. 298.
Roberonde XV 371.
Rocco oder Rocou ib. 260. 278.
Rohe Seide XIV. 386. XV 273.

Röhrchen

Röhrchen der Strumpfstricker XV. 191.
Rock, hiezu Maaß nehmen ib 339 ihn zuschneiden 343. 350.
Rolle der Färber ib. 262.
Rolleisen ib 141.
Rollholz XIII. 422.
Roquetin XIV. 606.
Roß der Riemer XIII. 156. der Wollstreicher 214. des Strumpfwirkerstuhls XV. 101.
Roßleder XIII. 214.
Rothe Farbe bey Leder ib. 259. Wolle XV. 236. Seide 281.
Rothgerber s. Lohgerber.
Rouleaux ib. 34.
Royal XIV. 46.
Rucken, Tuch ib. 321.
Rückenriem XIII. 201.
Rumpeln, den Kamm mit dem Rumpel ib. 295.
Rundfarbe der Leder ib. 52.
Rußwagen ib. 186.
Ruthe zu geschnittenen Zeugen XIV. 183. 584.
Rüttelholz XIII. 264.

S.

Saalleiste XIV. 264.
Sächsischblau s. Neublau
Saffian XIII. 67. 217.
Safflor und
Saffran XV. 282.
Sack des Rinds XIII. 6.
Sammt, broschirter 577. glatter 579 eingeschnittener 587. facionirter 588. gezogener 595. vielfärbiger 602. auf englische 605 und französische Art 611. reicher 620. Apretur 628.
Sandelholz XV. 253.
Satinade XIV. 650. 652.
Sattel und Sattelzeug XIII. 165.
Sattelbaum ib. 166. 170.
Sattler ib. 150.
Satz von Leder ib. 35.
Savonnerietapeten XV. 4. 66.
Schabe XIII. 15.
Schabebaum ib. 25.
Schabeeisen ib. 26. 129.
Schaben den Kamm ib. 300.
Schachtel des Strumpfwirkerstuhls XV. 113.
Schachtelgut, Borsten XIII. 353
Schafleder, lohgares ib. 55. weißgares 73. 84. fenisches 94. 153. 217.
Schaft XIV. 56. XV. 47. s. das vorige Register.
Schaftnadel ib. 143. 145.
Schafwolle von gegerbeten Fellen XIII. 80 spanische XIV. 4. einländische 6. Einkauf 10. sortiren 17. kämmen 20. waschen 29. 40 spinnen 31. dubliren und zwirnen 33. Stretch- und gekämmte 243. zu einländi-

ländischen Tüchern XIV 327. s. spanische Wolle.
Schäler, eine Hornart XIII. 284.
Scharlachcomposition XV. 240.
Scharlachfarbe ib. 240.
Scharte ib. 247.
Schattirte Arbeit der Strumpfstricker ib. 189
Schattirung der Streife eines Zeuges XIV. 407.
Schätzen, Vieh XIII. 10.
Schauanstalten XIV. 273
Schere der Tuchbereiter ib. 297. der Strumpfstricker XV. 208. der Schneider 345.
Scheren, die Kette der Weber XIV. 43. 394. XV. 42. Tuch, u. z. den Haarmann XIV. 297. aus dem zweyten 307. dritten 309. und vierten Wasser 313. einländisches Tuch 332. Strümpfe XV. 208.
Scherflocken oder Scherhaare XIV. 302. XV. 17
Scherlatte XIV. 395.
Schermeßer ib. 586.
Schermühle oder Scherrahm XIV. 397.
Schertisch ib. 300.
Scheuleder XIII. 202.
Schichtel der Handschuh ib. 269.
Schiebselzwickel XV. 150
Schiefern des Horns XIII. 282.
Schielhaare der Wolle XIV. 225.
Schießspule ib. 216.
Schifffrisur XV. 377.
Schild des Rinds XIII. 6. des Leders 127.
Schildern, Tapeten XV. 32.
Schildkrötenschale Kämme hievon XIII. 281. 301.
Schinken ib. 14.
Schippe ib. 412.
Schippscheren, Tuch XIV 314.
Schlachten, Rinder XIII. 6. Kalb 10. Hammel 12. Lamm ib. Schwein 14.
Schlächter ib. 3.
Schlächterarbeit ib. 6.
Schlag beym Tuchscheren XIV. 293 des Tuchscherrahms ib 310.
Schlange ib. 163. 533.
Schlangenschnur ib 163. 533.
Schlauch zu Spritzen XIII. 255. des Horns 282.
Schleifen zu Kleider XV. 336.
Schleim des Rinds XIII. 6.
Schlichten, Leder ib. 48.
Schlichtmond ib. 48. 106. 265.
Schlichtrahm ib. 47. 57.

Schlicht-

Schlichtzange XIII. 48.
Schlosen d. i. Zwirnen XIV. 38.
Schmalleder XIII. 38.
Schmack zur Gerberey ib. 68. zur Färberey XV. 253.
Schmackschwarz ib. 256.
Schmale Waare bey Tüchern XIV. 325.
Schmalzen s. einschmalzen.
Schmaragdgrün XV. 280.
Schmeer s. Liesen.
Schmelzen, den Thran beym semischen Leder XIII. 105.
Schmitze, bey Tuch XIV. 249. 315.
Schnallenbürste XIII. 365
Schneideeisen ib. 295.
Schneidenadel ib. 262.
Schneider s. Manns- und Frauensschneider.
Schneidung XV. 568.
Schnitzer XIII. 155. 286.
Schnürbrust XV. 363.
Schnüreisen XIII. 124.
Schnürlocheisen ib. 265.
Schnürung beym Weben XIV. 85.
Schönfärber XV. 214.
Schöpfkelle XIII. 392.
Schöpflöffel der Färber XV 227.
Schöps s. Hammel.
Schraubenzwinge XIII. 321.
Schraubestock XIII. 291.
Schreibepergament ib. 132.
Schreibetafelpergament ib. 139.
Schrippen des Tuchs XIV. 287.
Schrobel ib. 237.
Schrobeln oder Schrubbeln, Wolle ib. 235.
Schrote des Horns XIII. 283.
Schrotsäge ib. 284.
Schrubber XIV. 369.
Schuh XIII. 246.
Schupen ib. 378.
Schuppen des Horns ib. 282.
Schuster ib. 212.
Schütze XIV. 65. 240.
Schwanz der Borsten XIII. 354.
Schwanzbrett XIV. 127
Schwanzchorden ib. 126.
Schwanzknippel ib. 127.
Schwanzmetze und Schwanzriem XIII. 200.
Schwarze Farbe bey Leder ib. 259. Haaren 310. Wolle XV. 254. Leinen und Baumwolle 258. Seide 285.
Schwärze, der Schuh und Stiefeln XIII 243.
Schwarzer Pechdrath ib. 157. 220.
Schwarzfärber XV. 214.
Schwarzwisch XIII. 54.

Schwefeln, Wolle XIV. 98. Seide XV. 271.
Schweifrahm ib. 42.
Schwein, schlachten XIII. 14.
Schweineborsten s. Borsten.
Schweineleder ib. 212
Schweißen, Wolle XIV. 328.
Schweißtuch XV. 25.
Schweitzerrad XIV. 243.
Schweitzerzwickel XV. 152.
Schwellerbänder XIII. 193.
Schwellerkranz ib. 193.
Schwengelpreße XV. 12.
Schwerdt der Samtmacher XIV. 616.
Schwingen ib. 278. XV. 99.
Schwitze der Leder XIII. 27. 55.
Schwöden, Leder ib. 55. 77.
Schwödenwedel ib. 55.
Schwungriem ib. 194.
Seconde spanische Wolle XIV. 5.
Seide ib. 348. Arten 349. bauen 357. haspeln 367. zwirnen 348. kochen u. weißen XV. 268. alaunen und färben 274 wickeln XIV. 387. zu Tapeten XV. 41. zu Strümpfen XIV. 386. XV. 163.
Seidene Zeuge, ganz seidene glatte XIV. 442. gekieperte 449. glatt façionirte 453. gezogene auf dem Kegel 471. u. Zampelstuhl 528. broschirte 559. Sammt 568. halbseidene 647.
Seidenfärber XV 267.
Seidenpflanze ib.
Seidenwirkerstuhl, einfacher XIV. 412, Kegelstuhl 471. Zampelstuhl 528, zu Sammt 579, zu Gaze 633.
Seidenwurm ib. 359.
Seife XIII. 374. wohlriechende 383, schwarze 400.
Seifenkessel ib. 379.
Seifensieder ib. 374.
Seitenfutter der Stiefeln ib. 235.
Seitenhaare oder
Seitenrangen der Perüken ib. 336. 337 344.
Seladongrün XV. 280.
Sele der Spießspule XIV. 262.
Semischgares Leder XIII. 73. 82. 94 153. 259.
Semple s. Zampel.
Serge, wollener XIV. 338. seidener 449.
Serge de Berry ib. 92. 216. 221.
Serge de Rome ib. 87. 103. 221.
Setzen, Tücher ib. 321.

Silber=

Silberbürste XIII. 365.
Silberweiß der Seide XV. 271.
Sitz des Sattels XIII. 174.
Sod der Seife ib. 381, der Zeuge vor dem Färben XV. 237.
Sohle XIII. 237.
Sohlleder, deutsches, ib. 23, ungarisches 64, englisches 65, Gebrauch 212.
Sorpel XIV. 568.
Sortiren, Haare XIII. 318. Borsten 353. Wolle XIV. 17. 226. 328.
Soy XIV. 87.
Spalten, Leder XIII. 45. Kammelgarn XV.
Spaltmesser XIII. 358.
Spanferkel ib. 18.
Spanische Perücke ibid. 307.
Spanische Weber XIV. 259.
Spanische Wolle ibid. 4. 226, waschen 227, machiniren 234, plüsen 236, schrubbeln 235, spinnen 243.
Spanneisen XIV. 415.
Spannriem XIII. 219.
Spannspan ib. 335.
Speiler ib. 12.
Spiegeltaft XIV. 463.
Spielen, Haare XIII. 324.
Spillohrt ib. 222. 241.
Spinnen, Wolle XIV. 31. 243. Floretseide 373.
Spinnhütte der Seidenwürmer ib. 363.
Spitzermel XV. 377.
Spitzfeile XIII 297.
Spitzzwickel XV. 176.
Spornleder oder
Sporntråger XIII. 235.
Spoulin XIV. 536.
Sprung beym Tuchweben ib. 81. von oben, und von unten ib. 264.
Spulbock ib. 260.
Spule ib. 439.
Spulen ib. 42. 374.
Spulrad ib. 33 XV. 125.
Staatsperuke XIII. 207.
Staffieren, ein Kleid XV.
Stahl zum Streichen XIII. 218. der Küpe XV. 224.
Stamin s. Ettamin.
Staminmacher XIV. 224
Staminwäscher ib. 208.
Stanzen der Blumenfabrik XV. 291.
Stapel der Wolle XIV. 7. 305.
Ståuben, Tapeten XV. 16.
Staubkamm XIII. 279.
Stecheisen der Knopfmacher XV. 332.
Stehhaus XIII. 75.
Steigbiegelriem ib. 176.
Stellkloz und
Stellnagel XIV. 312.
Stempel und Stempelform. XV. 10.
Stenzel XIV. 299.

Stern der Peruke XIII. 326.
Stiche der Sattler ibid. 159. und Schuster 223.
Stichpresse XIV. 321.
Stiefel von narbigten Leder XIII. 228. gewichste 244.
Stiefelblock ib. 225. 244.
Stiftbaum XIV. 579.
Stickerpergament XIII. 131.
Stoff, XIV. 559. 561. reicher 567.
Stockfackel XIII. 432.
Stolle ib. 92. 265.
Stollen, Leder ib. 92.
Stopfen, Tuch XIV. 313.
Stöppen XIII. 160.
Stöppnath XV.
Störze der Wolle XIV. 241.
Stoßeisen XIII. 164.
Stoßkeule ib. 85.
Stoßnath XV. 352.
Stränge XIII. 199.
Stranghaken ib. 202.
Strangriem ib. 200.
Strangschleifen ib. 201.
Straußenblumen XIV. 573.
Straußfedern XV. 300.
Streichbaum XIII. 25. 75.
Streiche ib 93.
Streicheisen ib. 26.
Streichen, Leder ib. 75. Wolle XIV. 236.
Streichhader ib. 221.
Streichschragen ib. 93.
Streichwolle XIV. 243.
Streifen des Zeuges XIV. 407.
Strecken, Leder XIII. 57.
Streckrahm ib. 57.
Strene XIV. 32.
Strich, dem Tuch geben ibid. 313.
Strichkant XV. 277.
Strichserge XIV. 339.
Stricken, Strümpfe XV. 193.
Strickholz s. Röhrchen.
Stricknadel XV. 192.
Stricknath ib. 119. 355.
Struck XIV. 119.
Strümpfe, wollene XV. 122, baumwollene und seidene 163, gestrickte 191.
Strumpfstricker ib. 188.
Strumpfwircker XV. 90.
Strumpfwirckerstuhl ib. 92.
Struppen, d. i. Rieme XIII. 175. 234.
Stuhl, s. Weber- und Strumpfwirkerstuhl.
Stuhlauffsetzer XV. 92.
Stühle mit Leder bezogen XIII 208.
Stuhlschlösser XV. 92.
Stück Garn XIV. 32.
Stückige Wolle XIV. 32.
Stulphandschuh XIII. 270.
Sturz ib. 379.
Stürtzen beym Scheren der Weberkette XIV. 46.

Stutz-

Stutzpreucke XIII. 307. 336. 344.
Sud s. Sod.
Sumach s. Schmack.
Sumpf der Seifensieder XIII. 377.
Suite krauser Haare ib. 322.

T.

Tabellie XIII. 195.
Taburett XIV. 151.
Tafelbrett ib. 473.
Taft oder Taffet ib. 443. facionirter 455. gezogener 517.
Talg zur Seife XIII. 375. zu Lichtern 384. 387.
Talgbock ib. 388.
Talglichter ib. 384. gezogene 391, gegossene 396.
Talgtopf ib. 392.
Tapeten, gemahlte und gedruckte XV. 2, papierne, 2. 5. v. Wachstuch 2, 26. Pequin 3. 34, gewirkte 4. 36, lederne 75.
Tapetenfabrik XV. 1.
Tapezieren, Zimmer XIII. 210.
Tasche des Sattels ibid. 166.
Täschner ib. 150. 203.
Temple s. Tömpel.
Tercenelle XIV. 447.
Theile der Patrone ibid. 128. 455.
Tierce, spanische Wolle XIII. 5.
Tindutritt XIV. 635.
Tischbreite des Tuchs XIV. 30.
Tobacksfarbe XV. 254.
Todte Haare XIII. 308.
Tömpel XIV. 65. 262. 420 439.
Tordre ib. 385.
Toupet XIII. 336.
Toupeteisen ib. 348.
Tour ib. 336.
Tourenmaaß ib. 327.
Tracht des Sattels XIII. 170. beym Tuchscheren XIV. 293.
Trameseide ib. 351. 385.
Traubenperuke XIII. 307.
Trauerflor s. Kreppflor.
Treiben, Leder XIII. 81.
Treibfarbe der Led. ib. 30.
Trense ib. 181. 202.
Tresse s. Haartresse.
Treßiren, Haare XIII. 333.
Treßirrahm ib. ib.
Tripeliren beym Weben XIV. 72.
Trittsgabel XV. 207.
Trödeln, Wachslichter XIII. 420.
Trog zum Bändern des Wachses XIII. 408.
Trocknen, Tuch XIV. 306.
Trockengebundene Pinsel XIII. 371.
Trommel der Chaisen ib. 184. zum Wachsstock-Ziehen 425. der Zwirnmühle XIV. 34.

zum Aufbäumen der Weberkette 421
Trommelfelle XIII. 145.
Tuch, spanisches XIV. 226. Vorbereitung dessen Wolle 226. s. spanische Wolle. Weben 250. walken 274. rauhen 290. scheren 297. trocknen 306. in den Rahm schlagen 310. pressen 315. Arten 322. einländische 327. frisiren 340.
Tuchbereiter XIV. 289.
Tuchmacher ib. 250. 330.
Tuchmacherstuhl ib. 255.
Tuchmanufactur ib 225.
Tuchscherer ib. 326. 332.
Tümmler ib 56. 418.
Tunk s. Dunk.
Türcenelle ib 651.
Türkischblau XV. 276.

U.

Ueberschlag bey Tuch XIV. 315.
Uebersetzen, Tuch ib. 302.
Ueberwendliche Nath XIII. 235. 263. XV. 159. 351.
Ueberwerfen, Maschen ib. 136.
Umgang des Pferdegeschirrs XIII. 201.
Umgewendete Schuh ib. 249.
Umkippen, Leder ib. 225.
Umtäfeln Tuch XIV. 271.
Umtragen, Tuch ib. 304.
Unden s. Schwingen.
Undenpreße XV. 105.
Undensteg ib. 103.
Ungarischer Sattel XIII. 167. Halfter 182.
Unngarisches Leder s. Alaunleder.
Ungarisches Sohlleder ib. 64.
Unschlitt s. Talg.
Unterbaum XIV. 55.
Unterbley des Strumpfwirkerstuhls XV. 94.
Unter die Schere bringen, Strümpfe ib. 208.
Unterfach der Weberkette XIV. 68. 434.
Unterfutter der Kleider XV. 350
Untergurt XIII. 177.
Unterhaar ib. 341.
Unterhalter ib. 298.
Unterkäuferruthe XIV. 260.
Unterlitze ib. 503.
Unterschlagen, steife Leinwand XV. 352.
Unter sich krispeln, Leder XIII. 54.
Unterstemmfutter ib. 235.
Untertrense ib. 202.
Urin zum Waschen der Wolle XIV. 229. zur Walke 281.

V.
Valet s. Knecht.
Velour de la Reine XIV. 596.
Velpe ib. 178. 183. glatter 185. facionirter 189. kammelgarner 202.
Verborgene Nath XV. 358.
Vergleichen, Leder XIII. 84. ein Kleid XV. 358.
Vergoldung auf Tapeten XV. 19. 33. 35. 78.
Verholen beym Pressen XIV. 319.
Versatz des Leders XIII. 43. des Tuchs XIV. 308.
Verschärfen, die Küpe XV. 224.
Verschürzen und Verschlingen, Knopflöcher ib. 353.
Versilbern, Leder ib.
Verspänen, eine Kutsche XIII. 190.
Verzug beym Tuchscheren XIV. 308.
Violett XV. 246. 283.
Vitriol s. Kupferwasser.
Volante XV. 370.
Vordergeschirr XIII. 202.
Vorderpauschen ib. 166.
Vorderspannchorden XIV. 430.
Vorderstiche der Sattler XIII. 159. der Schneider XV. 351.
Vorderstück der Perucke XIII. 337. 344.
Vorderzeug des Sattels ib. 178.
Vorguß der Wachslichter XIII. 421.
Vorreitesattel ib. 167.
Vorschlag bey Tuch XIV. 272.
Vorschuß bey Tuch ib 270.
Vorzug beym Wollkämmen ib. 30.
W.
Wachs XIII. 402, bändern 405. bleichen 409.
Wachsbleiche ib 402.
Wachsfackel ib. 431.
Wachslampen ib. 424.
Wachslichter ib 416.
Wachslichtzieher ib 415.
Wachsstock ib. 425.
Wachstuch XV. 21.
Wachstuchtapeten XV. 26.
Wachstuchtapetenfabrik ib. 19.
Wächter ib. 124.
Waffenfrisur ib. 277.
Wagen des Strumpfwirkerstuhls ib 98.
Wagenkasten XIII. 205.
Waidt XV. 214.
Waidtküpe ib. 221.
Waidttasche ib 255.
Walkarbeit der Zeugmacher XIV. 76. 337.
Walke der Weißgerber XIII. 98. 118. zu Tuch XIV. 274. 331. zu Strümpfen XV. 159 206.
Walkererde XIV. 288.
Walkribben ib. 282.
Walkstamin ib. 338.

Wälsche

Wälsche Nußschalen s. Nußschalen.
Wamme des Schweins XIII. 14.
Wanke XIV. 299.
Wanst des Rinds XIII. 9.
Warme Preße XIV. 317.
Wärmstock XIII 286.
Waschbanke XIV. 29.
Waschen, Handschuh XIII. 275. Wolle XIV. 29. 40 228. 328. Tücher XIV. 281.
Waschhandschuh XIII. 266.
Waschkorb XIV. 230.
Waschwolle ib. 20. 29.
Wässern s. moiriren.
Wässern, Leder XIII. 24. 73.
Watte, hansene XV. 309. seidene 312. baumwollene 314.
Wattenmacher XV. 308.
Wattseide XIV. 371. XV.
Waue s. Wiede und Waldt.
Weben XIV. 438.
Weberstuhl der Zeugmacher XIV. 53. 125. 153. 180. der Tuchmacher 225. der Tapetenmacher XV. 45. 59. s. Seidenwirkerstuhl.
Weiche Seide XIV. 386. XV. 273.
Weingraue Farbe ib. 259.
Weinstein und Asche ib. 255.
Weiße Seide ib. 268.
Weißer Pechdrath XIII. 219.
Weißes Alaunleder ib. 60.
Weißgares Leder ib 73. 77. 84. 258.
Weißgerber ib. 72.
Weiß Schäfenpergament ib. 138.
Wendespindel und Wendestock ib. 264. 269.
Werfen, Maschen XV. 173.
Werfbrühe XIV. 271.
Werkbanke ib. 61.
Werkbrett XIII. 154. 216. 261.
Werkmesser ib. 154. 261.
Werktruhe XIV. 260.
Werktisch zum Wachsstockzieher XIII. 446.
Weste XV. 348.
Westenzeug von Sammt XIV. 611.
Widerschneiden, den Kamm XIII 297.
Wiede XV. 247.
Wiederkehr des Kiepers XIV. 99.
Wiener Wagen XIII. 186.
Wickel von Wolle XIV. 23.
Wickeln, Seide auf der Wickelmaschine ib 387.
Winde der Schlächter XIII. 8. zum Bohrer ib 359. der Zeugbereiter XIV.
Windebrett ib. 374.

Winde=

Windeeisen XIII. 89.
Windenagel XV. 220.
Windestock XIII. 89.
Windfackel ib. 431.
Windtrocken ib 115.
Wippe XIV 580
Wirken, Strümpfe XV. 129
Wolf XIV. 233.
Wolle zu Tapeten XV. 40. zu Strümpfen XV. 122. 190. böhmische XIII 315. der Borsten ib. 354. s Schafwolle.
Wollene Strümpfe XV. 122. 191.
Wollene Zeugarten, glatte XIV 69. gekieperte 83. Fußarbeit 101. gezogene 123. geschnittene 177.
Wollner Damast ib. 153. Plüsch 183.
Wollkämmer ib 20.
Wollstreicher ib 236.
Wülste der Wolle ib. 241.
Wund von Leder XIII. 89.
Wurst, stopfen.ib. 16.
Wurstsattel ib. 168.
Wurstwagen ib 185.
Wüste des Hammels ib. 12.

Z.

Zahnbürste XIII. 365.
Zähne des Kamms ib. 292.
Zahnspitzfeile ib. 298.
Zampel XIV. 157. 529. falscher 547.
Zampelchorde XIV. 529.
Zampelstock ib. 530.
Zampelstuhl zu wollenen ib 154 und seidenen Zeugen 528, errichten 547.
Zaum XIII. 179. deutscher und englischer 180. zum Fahren. 202.
Zecklerhaare XIV. 337.
Zerschroten, Horn XIII. 283
Zettel der Weber XIV. 444.
Zeug s. Rumpel.
Zeugarten s. wollene und seidene Zeugarten.
Zeugbaum XIV 55.
Zeugfabrik ib 17.
Zeugmacher ib. 224.
Zibbelamm XIII. 13.
Ziegenhaare ib 314. 356.
Zieher ib. 299.
Ziehjunge XIV. 141. 496.
Ziehscheibe zum Wachsstock XIII. 427.
Ziehstock XIV. 167.
Zierlede XIII. 200.
Zimmtfarbe bey Wolle XV. 254. und Seide 282. 285.
Zindeltaft XIV. 443. 623.
Zöse XIV. 329.
Zug, bey Pferden XIII. 197. beym Leder 215. bey Tuch XIV. 293.
Zugarbeit, wollene ib. 123. seidene 471. bey Sammt. 545.
Zugstiefeln s. englische Zugstiefeln.
Zugstuhl s. Kegel- und Zampelstuhl.

Zu-

Zuhauen, den Kamm XIII. 291.
Zunähen, Handschuh XIII. 269.
Zunehmen bey Strümpfen XV. 199.
Zupfen, Borsten XIII. 360. Wolle XIV. 228.
Zur halben Wolle Tuch rauhen XIV. 303. scheren 307.
Zurichten, Leder XIII. 44. 53. 58. 92. 105. Borsten 360.
Zusammennadeln ib. 261.
Zuschneidebrett ib. 218.
Zustreichscheibe XIV. 315.
Zu Werke richten, Pergament XIII. 132.
Zwecken der Schuster ib. 236.
Zweymänniger Tuchmacherstuhl XIV. 255.
Zweyschnittige oder Zweyschürige Wolle ib. 7.
Zweystückiges wollenes Garn ib 10. 32.
Zwickel der Strümpfe, Schiebsel = XV. 150. englischer 153. Spitzzwickel 176. mit der Laufmasche 177. der gestrickten Strümpfe 200.
Zwirnbrett XIV. 375.
Zwirnen, Wolle XIV. 38. XV. Seide XIV. 384.
Zwirnmühle, kleine zur Wolle ib. 34. große zur Seide 376. der Strumpfwirker XV. 126.
Zwirnweiß der Seide s. milchweiß.

Alpha=

Alphabetisches Verzeichnis der sämtlichen in diesen funfzehn Sammlungen beschriebenen Fabriken, Künste und Handwerke.

A.

Alaunwerk X. 153.
Appreteur XIV. 207. 621. 653.

B.

Bäcker II. 1.
Barchentweber XII. 324.
Basselissefabrik XV. 40.
Beckenschläger IV. 222.
Beschauer VI. 217. XIV. 273.
Beutler, s. Handschuhmacher.
Bierbrauer XII. 91.
Bildhauer IX. 85.
Blattsetzer XII. 301. XIV. 60.
Bleyfabrik IV. 50.
Bleystiftmacher IX. 281.
*Blondenfabrik.
Blumenfabrik, s. Italiänische und Federblumenfabrik.
Bortenwirker III. 90.
Böttcher II. 55.
Brantweinbrenner XII, 114.
Broschirer XIV. 559.
Brunnenmacher I. 84.
Buchbinder I. 15.
Buchdrucker VIII. 165.
Büchsenmacher VII. 136.
Büchsenschäfter ib. 198.
Bürstenmacher XIII. 350.

C.

Canefaßmacher, s. Kanefaßmacher.
Cattunfabrik XII. 404.
Cattunweber ib. 322.
Chartenfabrik, s. Spielchartenfabrik.
Chirurgischer Instrumententenmacher VII. 3.
Cirkelschmid, s Zeugschmid.
Conditer XII. 181.
Corduanfabrik XIII. 67.

D.

Damastmacher, ein Leinweber XII. 363. ein Zeugmacher XIV. 153. ein Seidenwirker ib. 551.
Dammsetzer IX. 3
Diamantschneider IV. 2.
Distillateur XII. 122.

Drath=

Drathzieher III. 29. IV. 208.
Drechsler II. 106.
Drucker, s. Kattun- und Tapetenfabrik und Färber.

E.

Eisenhammer V. 184.
Emailleur X. 71.
Englischer Stuhlmacher XI. 180.
Equipeur der Gewehrfabrik VII. 98.
Eßigbrauer XII. 113.

F.

Facettenschneider, ein Glasschleifer X. 336.
Färber, s. Schön- Schwarz- und Seidenfärber.
*Fayance-Fabrik.
Federblumenfabrik XV. 300
Feilenhauer VI. 160.
Figurist, s. Bildhauer.
Fleischer, s. Schlächter.
Flitterschläger III. 80.
Flügelmacher XI. 240.
Formschneider VIII. 170. XII. 390.
Französischer Gerber XIII. 109.
Französischer Handschuhmacher ib. 276.
Frauenschneider XV. 363.

G.

Gazefabrik XIV. 632.
Gelbgiesser V. 87.
Gewehrfabrik VII. 73.
Glaser I. 47.
Glashütte X. 274.
Glasmacher ib. 309.
Glasschleifer ib. 330.
Glockengiesser, s. Rothgiesser.
Goldarbeiter, oder Goldschmid III. 127.
Goldschläger ib. 1.
Goldsticker, s. Sticker.
Gold- und Silberfabrik ib. 29
Gold- und Silberdrathzieher ib. 41.
Gold- und Silberplätter und Spinner ib. 53.
Graveur, s. hin und wieder in den Metallarbeitern.
Grobschmid, s. Huf- und Waffenschmid.
Großuhrmacher VII. 212.
Gürtler V. 111.

H.

Halbseidenzeugfabrik XIV. 647.
Handschuhmacher XIII. 258
Hautelissetapetenfabrik XV. 59.
Huf- und Waffenschmid V. 196.

J.

Instrumentenmacher, s. chirurg. und musikal. Instrumentenmacher.
Italiänische Blumenfabrik XV. 289.
Juvelirer III. 172.

K.

Kalkofen IX. 46.
Kalmangmacher XIV. 96.
Kammmacher XIII. 278.

Kane-

Kanefaßmacher XII. 334.
Kantenfabrik ib. 385.
Kesselbereiter IV. 220.
Kesselschläger ib. 218.
Kettenschmid VI. 216.
Klämpner V. 152.
Kleinuhrmacher VIII. 1.
Klingenschmid VII. 74.
Knaufmacher V. 133.
Knopfmacher XV. 316.
Korbmacher XI. 216.
Kuchenbäcker XII. 202.
Kugler, ein Glasschleifer X. 336.
Kunstdrechsler, s. Drechsler.
Kupferhammer IV. 123.
Kupferschmid ib. 149.
Kupferstecher und Drucker VIII. 241.
Küraßschmid VII. 96.
Kürschner.

L.

Lackirer X. 109.
Lackmacher ib. 142.
Langmesserschmid, s. Schwerdtfeger.
Latunschläger IV. 202.
Lautenmacher XI. 271.
Lederner Tapetenfabrik XV 75.
Lederthauer XIII. 58.
Leinweber XII. 296.
Lichtzieher, s. Seifensieder.
Lohgerber XIII. 21.
Lohmüller XII. 89.
Löthschlösser VI. 77. 216.

M.

Mahler X. 3.
Mannsschneider XV. 339.
Manschesterfabrik XII. 425.
Maurer II. 17.
Mechanicus VIII. 285.
Messerschmid und Messerfabrik VI. 183.
Meßingbrenner IV. 182.
Meßingfeiler VII. 98.
Meßingwerk IV. 181.
Miniaturmahler X. 61.
Modellirer V. 78. IX. 89.
Moulinier, s. Seidenzwirner.
Müller, s. Wassermüller, Windmüller 2c.
* Münze.
Musikalischer Instrumentenmacher XI. 240.

N.

Nadler II. 35.
Nagelschmid, s. Schwarz- und Weißnagelschmid.
Nopperie XIV. 243.

O.

Oblatenbäcker XII. 147.
Oehlmahler, s. Mahler.
Orgelbauer XI. 291.
Ornementenmacher, s. Verzierer.

P.

Pantoffelmacher XIII. 254.
Papiertapetenfabrik XV. 5.
Papiermüller XII. 444.
Paruckenmacher XIII. 306.
Pastelmahler X. 67.
Pergamentmacher XIII. 119
Petschierstecher IV. 40.
Pfefferküchler XII. 211.
Plüserin XIV. 235.

*Porcelanfabrik.
Posamentirer, s. Bortenwirker.
*Pottaschsieder.
Pulvermüller X. 236.

R.

Raschmacher XIV. 84. 224.
Riemer XIII 150.
Ringschmid VI. 216.
Rohrfeiler VII. 98.
Rohrschmid VII. 89.
Rothgerber, s. Lohgerber.
Rothgiesser V. 3.

S.

Saffian- und Corduanfabrik XIII. 67.
Salpetersiederey X. 219.
Salzsiederey ib. 179.
Sammtmacher XIV. 578.
Sattler XIII. 150
Savonnerietapetenfabrik XV. 66.
Schalenschneider VI. 216.
Scheibenzieher IV. 215.
Scherenschmid VI. 183. 216.
Schieferdecker IX. 241.
Schiffszimmermann XI. 92
Schlächter XIII. 3.
Schleifer VI. 217. VII. 33.
Schlösser VI. 23.
Schloßmacher VII. 98.
Schmelztiegelfabrik IX 270
Schnallen und Ringschmid VI. 216.
Schneider, s Manns- und Frauenschneider.
Schön- und Schwarzfärber XV. 214.
Schriftgiesser VII. 124.
Schriftsetzer, s. Buchdrucker.
Schuster XIII 212.
Schwarznagelschmid VI. 3.
Schwerdtfeger VII. 96.
Seidenfabrik ganz XIV. 348 und halbseidener Zeuge 647.
Seidenfärber XV. 267.
Seidenhaspler XIV. 367.
Seidenwicklerin ib. 387.
Seidenwirker ib. 442.
Seidenzwirner ib. 376.
Seifensieder XIII. 374.
Seiler XII. 245.
Siebmacher ib. 3.
Silberarbeiter III. 127.
Spanischer Weber XIV. 250
Spiegelfabrik X 310.
Spielchartenfabrik XII. 467
Sporer VI. 85.
Staffirmahler X. 106.
Stahlarbeiter VII. 49.
Staminmacher XIV. 74. 224.
Staminwäscher lib. 208.
Stärkemacher XII. 130
Stecher VII. 98.
Steinmetz IX. 62.
Steinschneider IV. 17.
Stellmacher XI. 138.
Sticker III. 78.
Strumpfstricker XV. 188.
Strumpfwirker ib. 90.
Stuhlaufsetzer ib. 92.
Stuhlmacher XI. 180.
Stuhlschlösser XV. 92.
Stuckaturarbeiter IX. 225.
Stückgiesser, s. Rothgiesser.

T.

Tafelschneider IV. 42.
Tapetenfabrik XV. 1.
Tapezierer XIII. 210.
Täschner ib. 203.
*Theerschweler.
Tischler I. 61.
Tobacksfabrik XII. 223.
Tobackspfeifenfabrik IX. 289.
Tobacksspinner XII. 232.
Töpfer I. 99.
*Trompetenmacher.
Tuchbereiter XIV. 213. 289
Tuchmacher ib. 327.
Tuchmanufaktur ib. 225.
Tuchscherer ib. 326. 332.

U.

Uhrgehäusemacher VIII. 106.
Uhrmacher, s. Groß- und Kleinuhrmacher.

V.

Vergolder IX. 186.
Verzierer, s. Bildhauer.

W.

Wachsbleiche und Wachslichtzieher XIII. 401.
Wachstuchtapetenfabr. XV 19.
Walkmüller XIV. 274.
Wapenschneider IV. 32.
Wassermüller XII. 35.
Wattenmacher XV. 308.
Weißgerber XIII. 72.
Weißnagelschmid VI. 15.
Windenmacher VI. 113.
Windmüller XII. 63.
Wollfabrik, s. Zeugfabrik und Tuchmanufaktur.
Wollkämmer XIV. 20.
Wollstreicher XII. 242. XIV. 236.

Z.

Zeltschneider, s. Schneider und Tapezierer.
Zeugfabrik XIV. 17.
Zeugfeiler, s. Meßingfeiler.
Zeugmacher XIV. 19.
Zeugschmid VI. 142.
Ziegelofen IX. 19.
Zimmermann XI. 27.
Zinngiesser IV. 69.
Zuckerbäcker, s. Conditer.
Zuckersiederey XII. 153.
Zwilligmacher ib. 343.

Die Tap

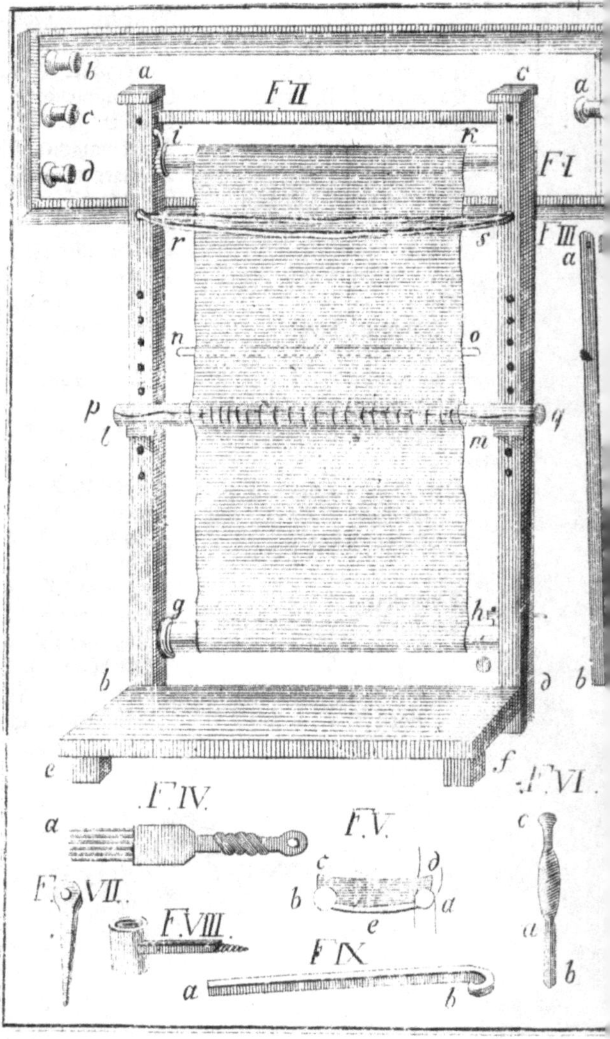

àbriken. Tab: I.

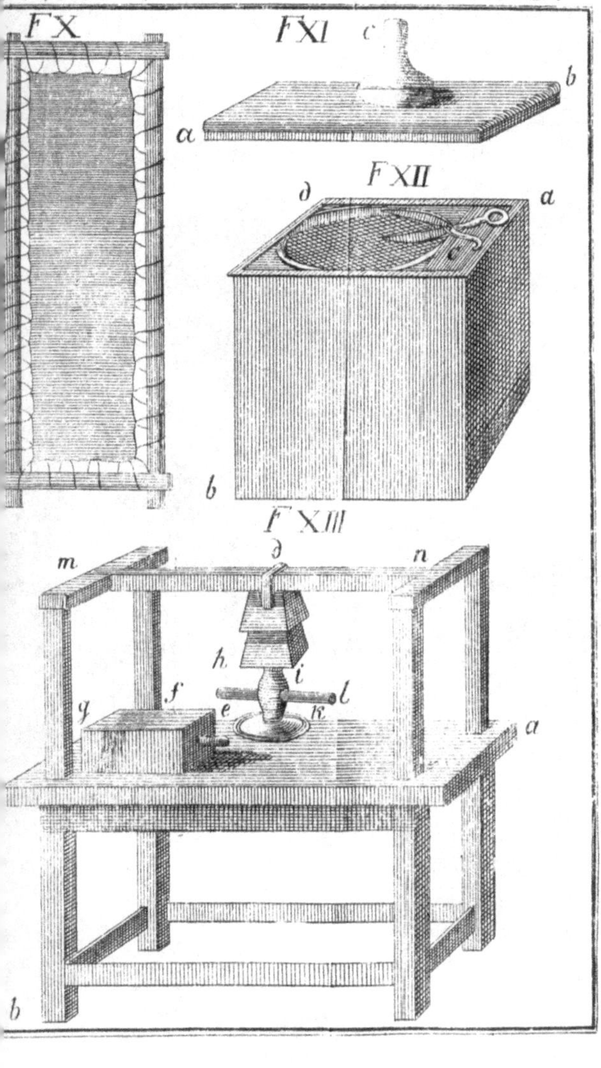

Der Strumpfwirker und St

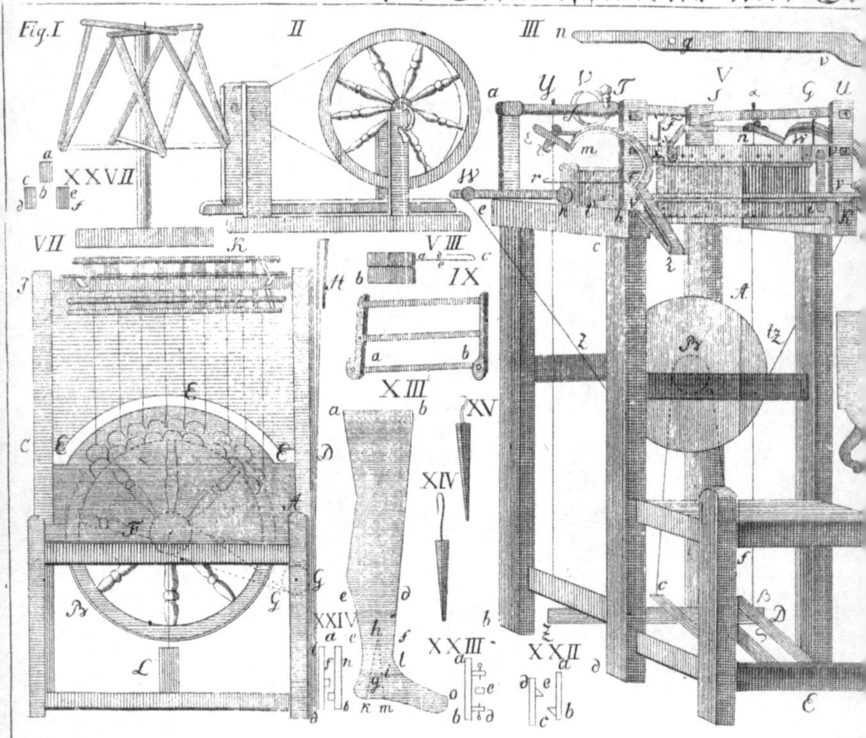

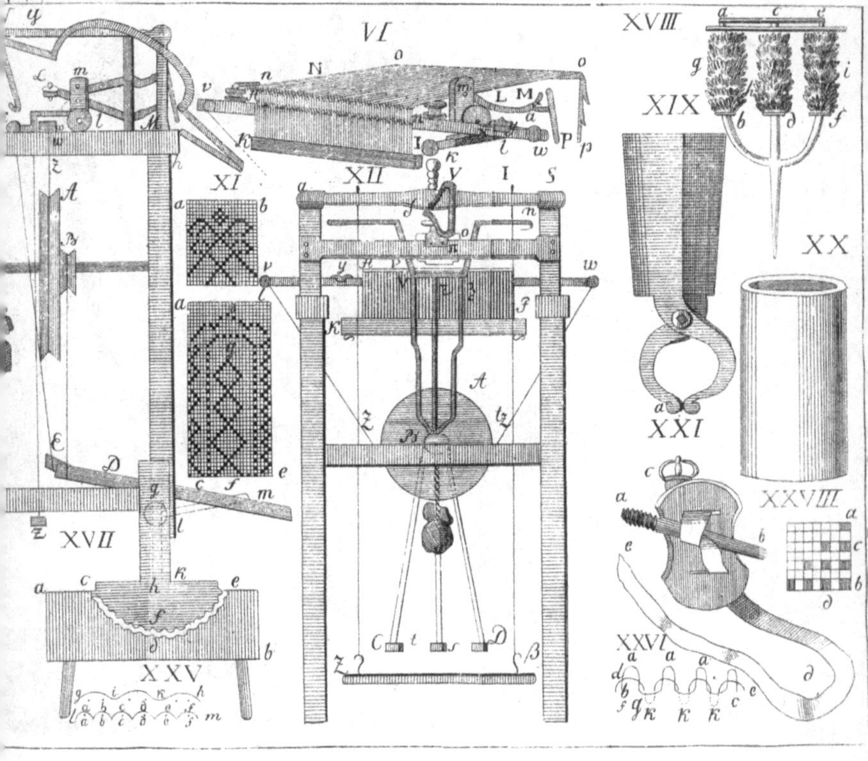
VI
XI
XII
XVII
XVIII
XIX
XX
XXI
XXV
XXVI
XXVIII

Der F

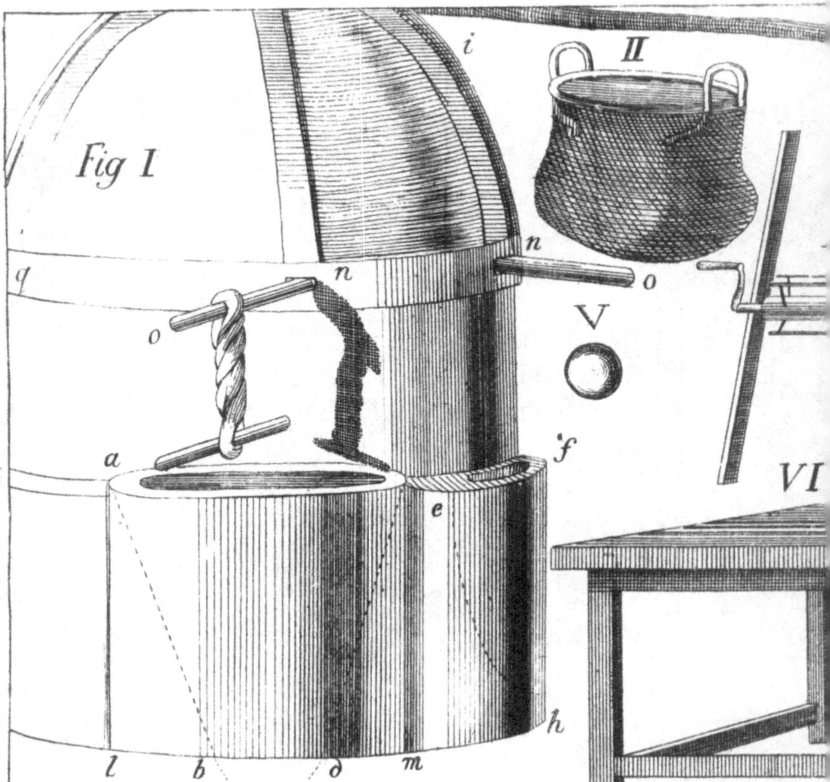

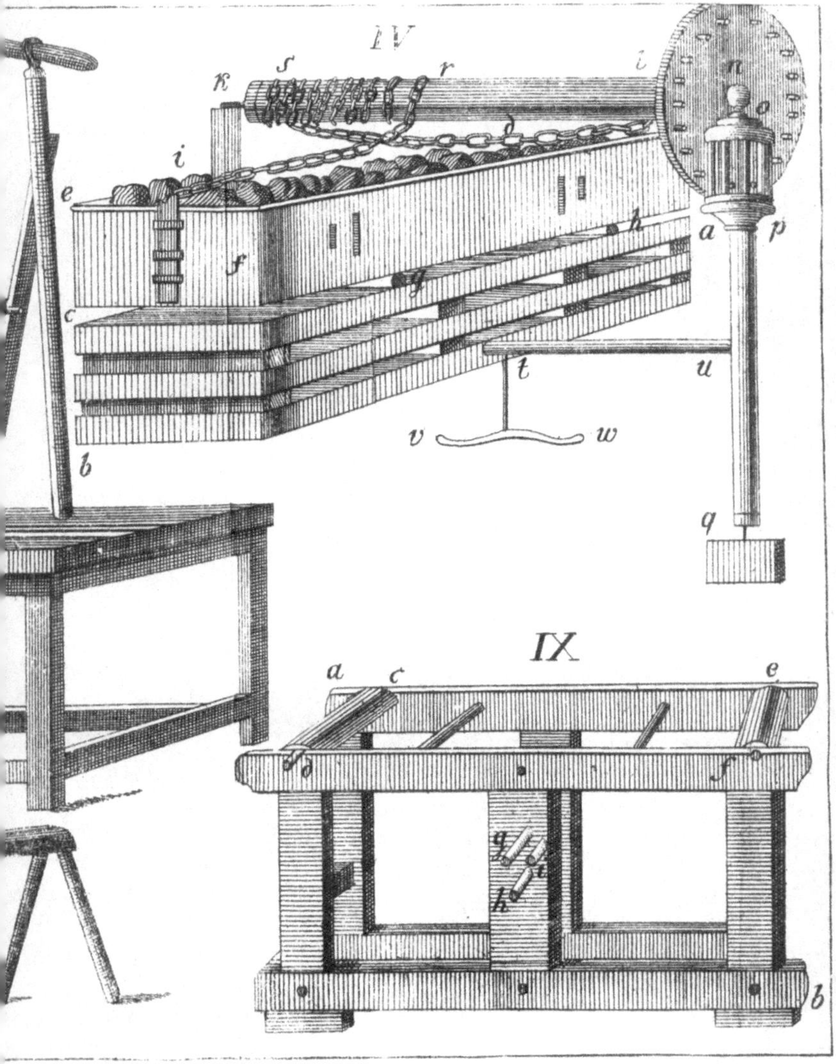
IV
k
s
r
l
n
o
d
i
e
f
h
a
p
g
c
t
u
v
w
b
q
IX
a
c
e
d
f
g
i
h
b

D. Blumenfabrik. u. Knopfmacher. Tab. IV

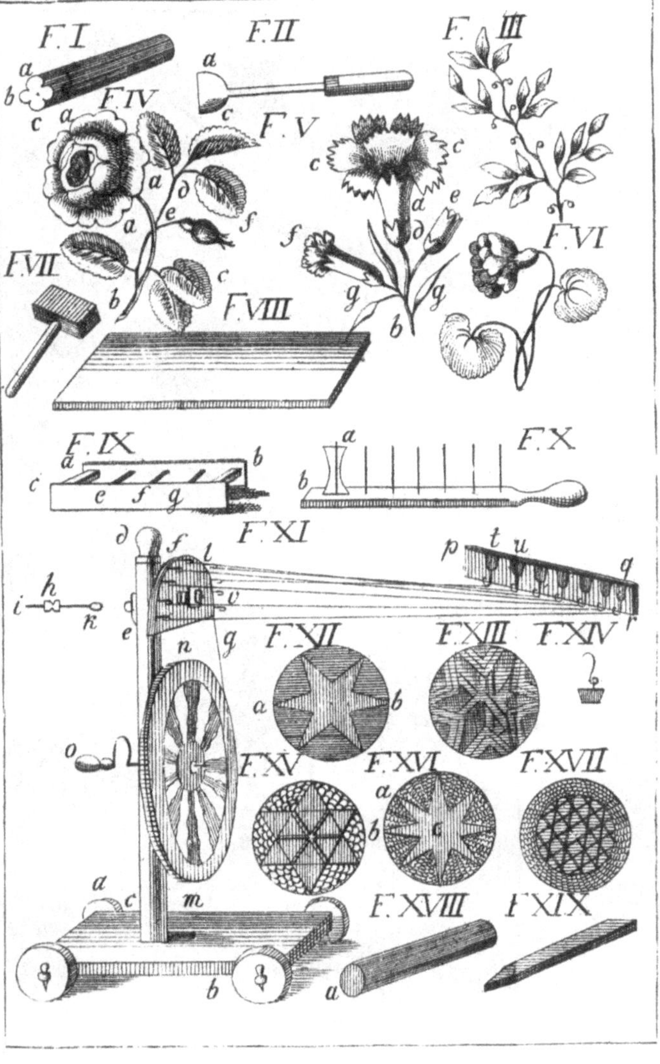

Der Schn

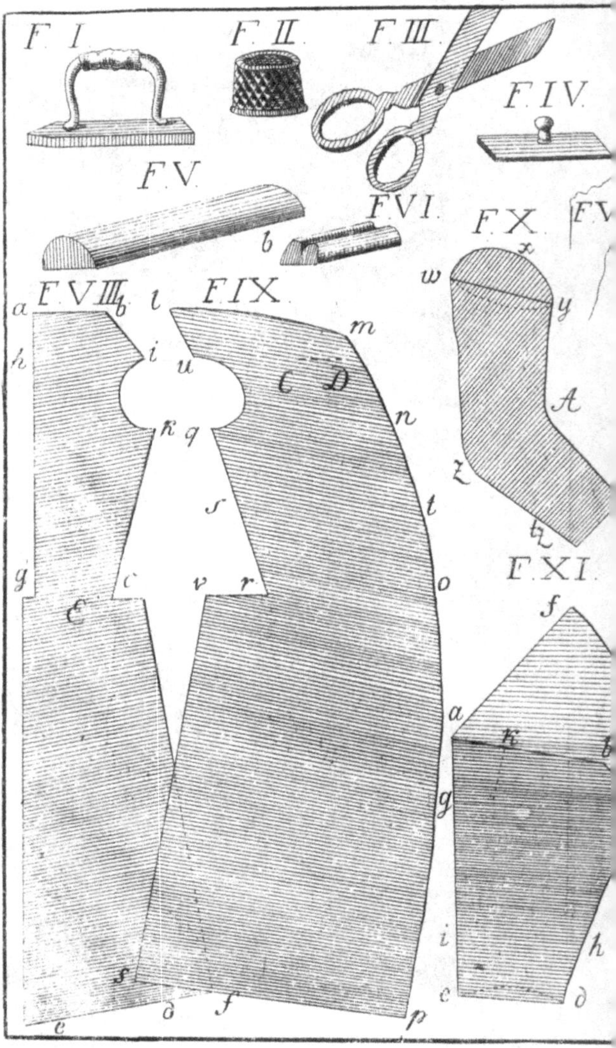

x. Tab: V.

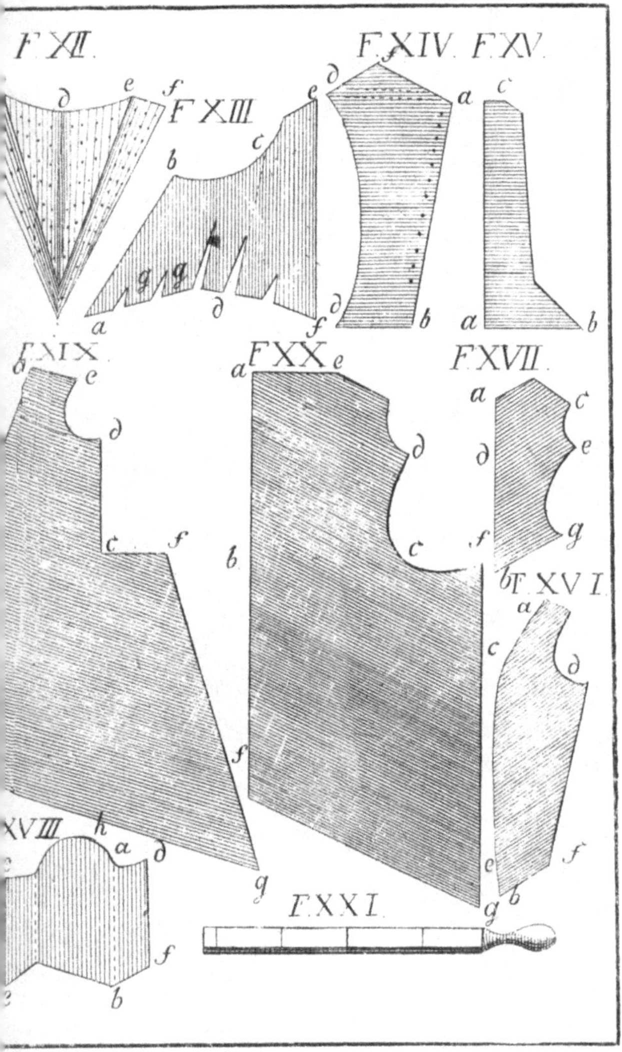